Analytische und numerische Methoden der Feldberechnung

Von Dr.-Ing. Gottlieb Strassacker
Akad. Direktor an der Universität Karlsruhe
und Dr.-Ing. Peter Strassacker
Siemens AG, Karlsruhe

Mit 117 Bildern

D1727157

B. G. Teubner Stuttgart 1993

Die Deutsche Bibliothek – CIP-Einheitsaufnahme

Strassacker, Gottlieb:
Analytische und numerische Methoden der Feldberechnung /
von Gottlieb Strassacker und Peter Strassacker. – Stuttgart :
Teubner, 1993
   ISBN 3-519-06168-6
NE: Strassacker, Peter:

© B. G. Teubner Stuttgart 1993
Printed in Germany
Gesamtherstellung: Präzis-Druck GmbH, Karlsruhe

Vorwort

Die Berechnung elektrischer und magnetischer Felder ist ein wichtiger Bestandteil der theoretischen Elektrotechnik. Allerdings sind die direkten analytischen Lösungen z.B. der Laplace– oder der Poissongleichung meist nur in geometrisch besonders ausgezeichneten Fällen der Rechteck–, der Zylinder– oder der Kugelsymmetrie möglich. Eine größere Vielfalt der Anpassung an Randbedingungen schafft die konforme Abbildung und das ebenfalls analytische Verfahren nach Schwarz–Christoffel. Dennoch wird es zur Feldberechnung vieler praktischer Aufgaben unumgänglich sein, sich der Hilfe eines numerischen Verfahrens zu bedienen.

Die in diesem Buch beschriebenen Methoden und Algorithmen beziehen sich hauptsächlich auf das elektrische Feld. Dennoch sind die Verfahren und Algorithmen mit anderen Konstanten auch für magnetische und andere Felder, wie zum Beispiel Temperaturfelder, anwendbar.

Da das hier vorliegende Buch als Weiterführung des TEUBNER Studienskripts Nr. 0101: *STRASSACKER, Rotation, Divergenz und das Drumherum* zu verstehen ist, werden die dort ausführlich behandelten Anwendungen der Vektoranalysis auf elektromagnetische Feldprobleme in diesem Lehrbuch im ersten Kapitel auf die Wiederholung der wesentlichen Zusammenhänge beschränkt. Kapitel 2 und 3 gehen dann ausführlicher auf die Voraussetzungen der konformen Abbildungen ein, so daß im Kapitel 4 die Praxis der konformen Abbildungen gezeigt werden kann. Das umfangreichste Kapitel 5 befaßt sich mit verschiedenen Verfahren der numerischen Feldberechnung.

Viele Einzelheiten, die im Abschnitt des "finiten Differenzenverfahrens" besprochen werden, können auch für andere numerische Verfahren angewandt werden.

Herrn Professor Dr. rer.nat. K. Reiß danken wir für zahlreiche wertvolle Hinweise.

Karlsruhe, im August 1993

G. und P. Strassacker

Inhaltsverzeichnis

1	Reelle Potentialfelder	1
	1.1 Die Begriffe Rotation und Divergenz	1
	1.1.1 Wirbelfelder und Rotation	1
	1.1.2 Quellenfeld und Divergenz	4
	1.1.3 Quellen und Wirbel an Grenzflächen	6
	1.2 Reelles Skalarpotential ϕ wirbelfreier Felder	8
	1.2.1 Exakte Lösung der Potentialgleichung in besonderen Fällen	9
	1.2.2 Lösung der Laplacegleichung durch Separation der Variablen	10
	1.2.3 Nur von einer Variablen abhängige Raumladungsdichte	11
	1.2.4 Zylindersymmetrische Abhängigkeit der Ladungsdichte .	12
	1.2.5 Kugelsymmetrie der Ladungsdichten	13
	1.3 Spiegelungsverfahren	14
	1.3.1 Spiegelungsverfahren beim Zweimedienproblem	18
	1.3.2 Spiegelungsverfahren bei Linien– oder Punktladungen gegenüber metallischen Ecken	26
	1.4 Vektorpotential **A** wirbelhafter Wirbelfelder	31
2	**Ebene Probleme und komplexes Potential**	**35**
	2.1 Potential– und Stromfunktion	35

2.2   Komplexes Potential   39

3   Grundlagen der konformen Abbildung   43

3.1   Gleichungen zur Feldberechnung   43

    3.1.1   Die vollständigen Ableitungen $d\underline{w}/d\underline{z}$ 44

    3.1.2   Ähnlichkeit und Winkeltreue konformer Abbildungen . .   46

3.2   Die Formeln zur Feldberechnung   47

    3.2.1   Zusammenfassung   49

4   Praxis der konformen Abbildung   53

4.1   Potenzfunktionen   54

    4.1.1   Der feldbestimmende Winkel   54

    4.1.2   Die Abbildung $\underline{z}=\underline{w}^{1/2}$ 56

    4.1.3   Weitere Potenzfunktionen   59

4.2   Die Abbildungsfunktion $\underline{z} = \underline{w}^{-1}$ 61

4.3   Die Exponentialabbildung $\underline{z} = exp(\underline{w})$ 64

    4.3.1   Konzentrische Kreiszylinder   64

    4.3.2   Exzentrische kreiszylindrische Leiter   67

4.4   Die trigonometrische Abbildung $\underline{z} = a \, sin \, \underline{w}$ 71

4.5   Die Simultanabbildung durch den Maxwellansatz   75

4.6   Die Abbildung für das Zweierbündel   77

4.7   Das Viererbündel bei Freileitungen   79

4.8   Eine weitere Abbildung   82

4.9   Mehrere konforme Abbildungen in Folge   84

4.10 Plotten von Potential– und Feldlinien   88

4.11 Invarianz von Energie und Kapazität   89

4.12 Polygonabbildungen nach Schwarz und Christoffel   92

4.12.1 Ecke gegen Ebene nach Schwarz–Christoffel 94

4.12.2 Rezeptartige Hinweise zu Schwarz–Christoffel 100

4.12.3 Halbebene über einer Vollebene 102

4.12.4 Ecke gegen Ecke als Beispiel mit vier Außenwinkeln . . 105

5 Numerische Verfahren der Feldberechnung   111

5.1 Das finite Differenzenverfahren 111

    5.1.1 Herleitung der Iterationsformeln 111

    5.1.2 Iterationsformeln im Strömungsfeld 116

    5.1.3 Iterationsformeln bei ebenen Problemen 121

    5.1.4 Matrizielle Lösung des Differenzenverfahrens 127

    5.1.5 Dreidimensionales Differenzenverfahren und homogene
        Materialien 129

    5.1.6 Dreidimensionales Differenzenverfahren bei inhomogenen
        Materialien 129

    5.1.7 Äquipotentiallinien und Feldlinien 132

    5.1.8 Differenzenverfahren höherer Ordnung 150

5.2 Das Relaxationsverfahren 151

    5.2.1 Ein einfaches Beispiel für handgerechnete Relaxation . . 152

    5.2.2 Relaxationsverfahren mit PCs oder Großrechnern 153

    5.2.3 Überrelaxationsverfahren mit Digitalrechnern 155

    5.2.4 Lösung der Poissongleichung 155

    5.2.5 Relaxationsverfahren dreidimensional 157

5.3 Numerische Behandlung von Biot–Savart 158

5.4 Das Momentenverfahren 165

    5.4.1 Theoretische Grundlagen 165

    5.4.2 Hinweise zu den Anwendungen 170

5.4.3   Vereinfachungen bei Dünndrahtanordnungen 170

5.4.4   Basisfunktionen für die Stromverteilung 173

5.4.5   Praxis des Momentenverfahrens bei Drahtgebilden . . . 173

5.4.6   Flächenstrukturen 176

5.4.7   Elektromagnetische Anregungen 177

5.4.8   Praxis des Momentenverfahrens 178

5.5   Das Monte – Carlo – Verfahren 184

5.6   Das Ersatzladungsverfahren 186

5.7   Methode der finiten Elemente 191

5.7.1   Aufteilung des felderfüllten Querschnitts 193

5.7.2   Approximationsfunktion innerhalb eines Elementes . . . 194

5.7.3   Elementegleichungen und Elementematrix 196

5.7.4   Ermittlung der Systemmatrix 198

5.7.5   Einführung der Randbedingungen 200

5.8   Das Programmsystem MAFIA 202

5.8.1   Theoretische Grundlagen 202

5.8.2   Der modulare Aufbau von MAFIA 206

5.8.3   Lösungsalgorithmen und Postprozessor 210

5.8.4   Feldberechnung 211

A Glossar 213

B Literatur 225

Index 228

Liste der hauptsächlich verwendeten Symbole

Vektoren sind fett gedruckt. Komplexe Größen sind unterstrichen, soweit sie nicht als Index oder als Exponent vorkommen.

Symbol	Einheit	Benennung
a	m^2	Fläche
$\mathbf{A}$	Vs/m	magnetisches Vektorpotential
$\mathbf{B}$	Vs/m^2	magnetische Flußdichte oder Induktion
C	As/V	Kapazität
$\mathbf{D}$	As/v	elektrische Flußdichte
$\dot{\mathbf{D}}$	A/m^2	Verschiebungsstromdichte
$da, \mathbf{da}$	m^2	skalares, vektorielles Flächenelement $\mathbf{da} = da\,\mathbf{n}_a$
$ds, \mathbf{ds}$	m	skalares, vektorielles Linienelement
dv	m^3	Volumenelement
$d\underline{w}$	1	Differential $d\underline{w} = du + j\,dv$
$d\underline{z}$	1	Differential $d\underline{z} = dx + j\,dy$
$\mathbf{E}$	V/m	Vektor elektrischer Feldstärke
$\underline{E}, \underline{E}^*$	V/m	komplexe, konjugiert komplexe elektr. Feldstärke
$\mathbf{e}_\alpha$	1	Einheitsvektor in α–Richtung
$\mathbf{e}_r$	1	Einheitsvektor in radialer Richtung
ϵ_0	$As/(Vm)$	elektrische Feldkonstante $= 8{,}85419 \cdot 10^{-12} AS/Vm$
ϵ_r	1	Dielektrizitätszahl, Permittivitätszahl
$\epsilon = \epsilon_0 \epsilon_r$	$As/(Vm)$	Permittivität
η	As/m^3	elektrische Raumladungsdichte
$\mathbf{e_x}, \mathbf{e_y}, \mathbf{e_z}$	1	Einheitsvektoren $\mathbf{e_z} = \mathbf{e_x} \times \mathbf{e_y}$
f	Hz	Frequenz
F	VAs/m	Kraft
F_w	V/m	Eichfaktor aus der $\underline{w}$–Ebene
$\mathbf{H}$	A/m	Vektor magnetischer Feldstärke
I	A	Gleichstrom
$i(t)$	A	Momentanwerte von Wechselstrom
$\hat{i}$	A	Amplitude eines harmonischen Wechselstromes
$\mathbf{J}$	A/m^2	Vektor elektrischer Stromdichte
$\mathbf{j}_a$	A/m	Vektor flächenhaften Strombelags

Symbol	Einheit	Benennung
κ	$A/(Vm)$	spezifische elektrische Leitfähigkeit
L	Vs/A	Induktivität, Selbstinduktivität
M	Vs/A	Gegeninduktivität
μ_0	$Vs/(Am)$	magnetische Feldkonstante $= 4\pi \cdot 10^{-7} Vs/Am$
μ_r	1	Permeabilttätszahl
$\mu = \mu_0\mu_r$	$Vs/(Am)$	Permeabilität
$\mathbf{n}_a$	1	Normalen–Einheitsvektor der Fläche $\mathbf{a}$
P_w, P_b, P_s	VA	Wirk–, Blind–, Scheinleistung
ϕ	V	elektrisches Skalarpotential
ϕ_m	Vs	magnetisches Skalarpotential, magnet. Fluß
Ψ	As	elektrischer Fluß
q, Q	As	elektrische Ladungen
$\dot{Q}(t)$	A	(kapazitiver) Verschiebungsstrom
$r, \mathbf{r}$	m	Radius, Radiusvektor
R	Ω	elektrischer Wirkwiderstand
ds	m	Linienelement
$d\mathbf{s}$	m	Vektor eines Linienelementes
σ	As/m^2	Flächenladungsdichte
t	s	Zeitvariable
T	s	Periodendauer
U	V	elektrische Gleichspannung
$u(t)$	V	Momentanwerte elektrischer Wechselspannung
$\hat{u}$	V	Amplitude einer harmonischen Wechselspannung
v, dv	m^3	Volumen, Volumenelement
$\underline{w}(\underline{z})$	1	konjugiertes Potential: $u(x, y) + jv(x, y)$
		u. Abbildungsfunktion, ohne elektr. Einheit
$\underline{w} = u + jv$	1	komplexe Variable, auch komplexes Potential
		in der Ebene des Homogenfeldes
W_e, W_m	VAs	elektrische, magnetische Energie
w_e, w_m	VAs/m^3	elektrische, magnetische Energiedichte
ω	$1/s$	Kreisfrequenz
$\underline{z} = x + jy$	1	dimensionslose komplexe Variable, auch komplexe
		Ebene, komplexes Potential der Aufgabenstellung
$\underline{z}(\underline{w})$	1	Umkehrfunktion der Abbildungsfunktion

Kapitel 1

Reelle Potentialfelder

1.1 Die Begriffe Rotation und Divergenz

1.1.1 Wirbelfelder und Rotation

Zur Herleitung der *Rotation* geht man vom Durchflutungs– oder dem Induktionsgesetz aus. Beide sind integrale Gesetze, die sich experimentell leicht überprüfen lassen. Als Ausgangsgleichung wählen wir das von den Grundlagen, z.B. /20/, her bekannte Durchflutungsgesetz für Leitungsstrom $i(t)$ und Verschiebungsstrom $\dot{Q}(t)$.

$$\oint \mathbf{H} \, d\mathbf{s} = \sum_{i=1}^{n} i_i(t) + \sum_{\nu=1}^{m} \dot{Q}(t) \tag{1.1}$$

Das heißt, das Linienintegral längs eines geschlossenen Weges s (= *Umlaufinte-gral*) über die magnetische Feldstärke, also die *magnetische Umlaufspannung*, ist gleich der Summe der vom Umlaufweg s umfaßten Ströme. Bezieht man beide Seiten von Gl.(1.1) auf die gleiche Querschnittsfläche a und läßt diese Fläche gegen null gehen, so erhält man eine flächenspezifische Aussage. Dabei ersetzen wir die Leitungsströme $i_i(t)$ und die Verschiebungsströme $\dot{Q}(t)$ durch die Flächenintegrale über ihre Stromdichten $\mathbf{J}$ und $\dot{\mathbf{D}}$. Die Verschiebungs-stromdichte $\dot{\mathbf{D}}$ ist die zeitliche Änderung der *elektrischen Flußdichte* $\mathbf{D} = dQ/da \cdot \mathbf{e_D}$.

$$\lim_{a \to 0} \frac{1}{a} \oint \mathbf{H} \, d\mathbf{s} = \lim_{a \to 0} \frac{1}{a} \left(\iint \mathbf{J} \, d\mathbf{a} + \iint \dot{\mathbf{D}} \, d\mathbf{a} \right) \tag{1.2}$$

Die magnetische Umlaufspannung um eine gegen null gehende Fläche (oder um ein sehr kleines Flächenelement herum), bezogen darauf, nennt man

Wirbeldichte oder *Rotation*, so daß die linke Seite von Gl.(1.2) als *rot* **H** geschrieben werden kann. Entsprechend müssen die Ausdrücke der rechten Seite von Gl.(1.2) ebenfalls Flächendichten: die *Leitungsstromdichte* **J** und die Verschiebungsstromdichte $\dot{\mathbf{D}}$ sein. Beide können das magnetische Feld **H** erzeugen.

Daher lautet die erste Maxwellgleichung, als Differentialform des Durchflutungsgesetzes, vollständig:

$$\boxed{rot\ \mathbf{H} = \mathbf{J} + \dot{\mathbf{D}}}\qquad\text{1. Maxwellgleichung}\qquad\qquad(1.3)$$

In Worten ausgedrückt lautet die erste Maxwellgleichung: Überall dort, wo ein Flächenelement entweder von Leitungsstromdichte **J** oder von Verschiebungsstromdichte $\dot{\mathbf{D}}$ oder von beiden durchsetzt wird, sind diese Stromdichten Ursachen magnetischer Feldlinien. Diese sind, mathematisch ausgedrückt, die Wirbeldichten oder die Rotation der davon erzeugten magnetischen Feldstärke **H**. Dabei werden diese das **H**–Feld verursachenden Stromdichten von den magnetischen Feldlinien rechtswendig umfaßt. Das so entstandene **H**–Feld ist ein *Wirbelfeld*.

In entsprechender Weise wird die zweite Maxwellgleichung aus dem Induktionsgesetz hergeleitet. Dieses lautet:

$$\oint \mathbf{E}\, d\mathbf{s} = -\frac{d\phi}{dt}\qquad\text{mit}\qquad \phi = \iint \mathbf{B}\, d\mathbf{a}\qquad\qquad(1.4)$$

Man teilt wieder beide Seiten durch eine gegen null gehende Fläche und bildet deren Grenzwert:

$$\lim_{a\to 0}\frac{1}{a}\oint \mathbf{E}\, d\mathbf{s} = \lim_{a\to 0}\frac{1}{a}\left(-\frac{d}{dt}\iint \mathbf{B}\, d\mathbf{a}\right)\qquad\qquad(1.5)$$

$$\boxed{rot\ \mathbf{E} = -\frac{d\mathbf{B}}{dt}}\qquad\text{2. Maxwellgleichung}\qquad\qquad(1.6)$$

Das heißt, zeitliche Änderungen der magnetischen Flußdichte **B** sind die Ursachen für das Entstehen elektrischer Feldlinien im Kleinen.

Die zweite Maxwellgleichung kann so beschrieben werden: Überall dort, wo ein Flächenelement von $-\dot{\mathbf{B}} = -d\mathbf{B}/dt$ durchsetzt wird, ist $-\dot{\mathbf{B}}$ Wirbelursache,

Wirbeldichte oder Rotation eines davon erzeugten **E**–Feldes. Die erzeugenden $-\dot{\mathbf{B}}$–Linien werden von den **E**–Linien rechtswendig umfaßt.

An Stellen, wo die verursachenden Größen **J** und/oder $\dot{\mathbf{D}}$ bzw. $-\dot{\mathbf{B}}$ vorkommen, sind die Wirbelfelder wirbelhaft. Wo diese Felder außerhalb ihrer Verursacher vorkommen, Beispiel: Magnetisches Feld außerhalb eines stromführenden Drahtes, sind die Wirbelfelder *wirbelfrei*. Es gibt also *wirbelhafte* und *wirbelfreie Wirbelfelder*.

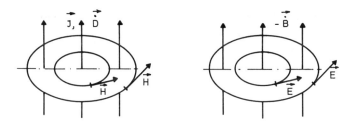

Bild 1.1: Rechtswendige Zuordnung der enstandenen Feldlinien zu ihren Verursachern

Alle Feldlinien, sowohl die eines wirbelfreien wie auch die eines wirbelhaften Wirbelfeldes, sind in sich geschlossene Linien, deren Form von der gegebenen Geometrie bestimmt wird. Nur wenn **J** oder $\dot{\mathbf{D}}$ bei der ersten Gleichung bzw. $-\dot{\mathbf{B}}$ bei der zweiten Maxwellgleichung ausnahmsweise rotationssymmetrisch in Kreisquerschnitten vorkommen, sind die davon erzeugten **H**– bzw. **E**–Linien im wirbelfreien und im wirbelhaften Magnetfeld Kreise.

Wählen wir als einfaches Beispiel dafür einen stromführenden, kreisrunden Metalldraht. In ihm sei Gleichstrom mit der Leitungsstromdichte **J** $= const.$ vorhanden. Demnach gilt innerhalb des Drahtquerschnittes:

$$rot\ \mathbf{H} = \mathbf{J} \qquad \text{und} \qquad \mathbf{H}(r) = \frac{J}{2}r\ \mathbf{e}_\alpha \qquad (1.7)$$

J erzeugt das ihm rechtswendig zugeordnete magnetische Feld. Außerhalb des Leitungsdrahtes, wo keine Stromdichte vorkommt, gilt:

$$rot\ \mathbf{H} = 0 \qquad \text{und} \qquad \mathbf{H}(r) = \frac{I}{2\pi r}\ \mathbf{e}_\alpha \qquad (1.8)$$

Die magnetische Feldstärke berechnet man hier, wie auch ansonsten, wann immer dies möglich ist, mittels des Durchflutungsgesetzes. Bei stromführenden

Leitern geht dies, wenn der stromführende Draht kreisförmigen Querschnitt hat und (gegenüber dem Abstand des Meßpunktes sehr weit, theoretisch unendlich weit) linear ausgedehnt ist; denn das Durchflutungsgesetz ist ja nur bei besonders einfachen Geometrien anwendbar. Weitere Beispiele: Die lange Zylinderspule, eine Toroidspule, Spulen und Transformatoren mit hochpermeablen Kernen, auch bei Rechteckform, siehe /20/. In Fällen mit schwierigeren Randbedingungen ist eine Integration der ersten Maxwellgleichung unter Berücksichtigung der gegebenen Randbedingungen erforderlich.

Innerhalb eines stromführenden Drahtes oder Leiters beliebigen Querschnitts herrscht also stets ein wirbelhaftes Magnetfeld. Außerhalb des stromführenden Leiters ist das Magnetfeld nur dann wirbelhaft, falls dort eine Verschiebungsstromdichte $\dot{\mathbf{D}}$ existiert, ansonsten ist es ein wirbelfreies Magnetfeld!

Entsprechend berechnet man die elektrische Feldstärke $\mathbf{E}$ aus gegebenen magnetischen Wirbeldichten $-\dot{\mathbf{B}}$ und, wann immer dies möglich ist, aus dem Induktionsgesetz. Beispiel: Wenn wir bei einem hochpermeablen Transformatorkern idealisierend annehmen, daß das äußere magnetische *Streufeld* gleich null sei, dann ist außerhalb dieses Kernes auch $-\dot{\mathbf{B}}$ gleich null. Dennoch gibt es um den Kern herum ein $\mathbf{E}$–Feld, aber ein wirbelfreies Wirbelfeld mit wiederum in sich geschlossenen Feldlinien.

1.1.2   Quellenfeld und Divergenz

Wir wissen, daß elektrische Punktladungen, Linienladungen, Flächenladungen und Raumladungen Quellen eines elektrischen Quellenfeldes sind. Dabei können die Punktladungen im Raum so dicht beieinander sein, daß wir sie als eine kontinuierliche Raumladungsdichte η betrachten dürfen. Ebenso können freie Ladungen z.B. auf einer Metalloberfläche kontinuierlich verteilt sein. In diesem Falle sprechen wir von einer Flächenladungsdichte σ. Quellen können aber auch durch Polarisation an Grenzflächen entstehen. Siehe Abschnitt 1.1.3.

Den allgemeinen Zusammenhang zwischen dem elektrischen Fluß Ψ außerhalb einer Hüllfläche und den von ihr eingeschlossenen Ladungen und Ladungsdichten liefert der Gaußsche Satz vom Hüllenfluß.

Er sagt aus, daß alle (rechts des Gleichheitszeichens von Gl.(1.9)) in einem endlichen Volumen aufsummierten Raum– und Flächenladungsdichten sowie

Punktladungen zum elektrischen Gesamtfluß, der aus der Hüllfläche austritt, (links des Gleichheitszeichens von Gl.(1.9)) beitragen. Diesen Gesamtfluß Ψ nennt man auch die *Ergiebigkeit* eines endlichen Volumens.

$$\oiint \mathbf{D}\, da = \underbrace{\iiint \eta\, dv + \iint \sigma\, da + \sum q_i}_{\Psi\, =\, \text{Ergiebigkeit}} \qquad (1.9)$$

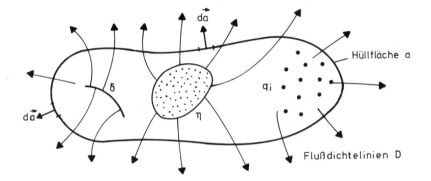

Bild 1.2: Beitrag aller Ladungen in einem endlichen Volumen, das von der Hüllfläche a umfaßt wird, zum elektrischen Fluß $\oiint \mathbf{D}\, da$

Ist bei Vergrößerung der Hüllfläche der zusätzlich umfaßte Raum ladungsfrei, so erhöht sich die Ergiebigkeit dort nicht weiter, sondern bleibt konstant.

Der Begriff "Divergenz" (*div*, klein geschrieben) bedeutet Volumendichte elektrischer Raumladungen. Diese Divergenz wird aus dem Gaußschen Satz für den Fall von kontinuierlichen Raumladungsdichten abgeleitet, also aus:

$$\oiint \mathbf{D}\, da = \iiint \eta\, dv \qquad \text{wird wegen} \qquad (1.10)$$

$$\lim_{v \to 0} \frac{1}{v} \iiint \eta\, dv = div\, \mathbf{D} : \qquad (1.11)$$

$$div\, \mathbf{D} = \eta \quad \text{und für} \quad \epsilon_r = const : \quad div\, \mathbf{E} = \frac{\eta}{\epsilon_0 \epsilon_r} = \frac{\eta}{\epsilon} \qquad (1.12)$$

Quellen und Senken sind Anfang und Ende elektrischer Felder. Ansonsten sind die Quellenfelder (in ihrem Verlauf) quellenfrei. Das heißt, die Zahl der Feldlinien oder der Feldröhren bleibt im Verlauf eines quellenfreien Quellenfeldes konstant.

1.1.3   Quellen und Wirbel an Grenzflächen

Neben der räumlichen Divergenz (div,   klein geschrieben) gibt es auch "Divergenz" (Div, groß geschrieben), zum Beispiel als Flächenladungsdichte σ. Sie ist eine Sprungquelle für $\mathbf{D}$ und für $\mathbf{E}$, siehe Bild 1.3, auch im homogenen Medium, bei dem an einer Grenzfläche $\epsilon_1 = \epsilon_2$ ist:

$$Div\,\mathbf{D} = \sigma \quad \text{oder} \quad D_{2n} - D_{1n} = \sigma \quad \text{und} \quad \frac{E_{2n}}{E_{1n}} = \frac{\sigma}{\epsilon_2 E_{1n}} \qquad (1.13)$$

Ferner gibt es Sprungquellen von $\mathbf{E}$ (z.B. in einem Kondensator) oder von $\mathbf{H}$ an Ferromagnetika (z.B. von Magneten) durch Polarisation. Denn es gibt sprunghafte Änderungen von ϵ oder μ an Grenzflächen mit Normalkomponenten von $\mathbf{E}$ oder $\mathbf{H}$. Existieren an der Grenzfläche des Dielektrikums eines Kondensators, die senkrecht von $\mathbf{D}$–Linien durchsetzt wird, sowohl eine Flächenladungsdichte σ, als auch einen Sprung der Dielektrizitätszahl ϵ_r, dann gilt wegen $D_{2n} - D_{1n} = \sigma$:

$$\epsilon_2 E_{2n} - \epsilon_1 E_{1n} = \sigma \quad \text{also} \quad \frac{E_{2n}}{E_{1n}} = \frac{\epsilon_1}{\epsilon_2} + \frac{\sigma}{\epsilon_2 E_{1n}} \qquad (1.14)$$

Entsprechend gilt bei einem Sprung der Permeabilitätszahl an der Polfläche eines Magneten:

$$Div\,\mathbf{B} = 0 \quad \text{daher} \quad B_{2n} = B_{1n} \quad \text{und} \quad \frac{H_{2n}}{H_{1n}} = \frac{\mu_1}{\mu_2} \qquad (1.15)$$

Nun zu den Sprungrotationen bei sprunghaften Änderungen von ϵ beziehungsweise von μ tangentiell oder quer zum Feld. Sprunghafte μ-Änderungen quer zum $\mathbf{H}$–Feld sind *Sprungwirbel* von $\mathbf{B}$. Sprunghafte ϵ-Änderungen quer zum $\mathbf{E}$–Feld sind *Sprungwirbel* von $\mathbf{D}$. An solchen Grenzflächen gelten die Gleichungen der Sprungrotation (*Rot*, groß geschrieben):

$$Rot\,\mathbf{E} = 0 \quad \text{daher} \quad E_{1t} = E_{2t} \quad \text{oder} \quad \frac{D_{1t}}{D_{2t}} = \frac{\epsilon_1}{\epsilon_2} \qquad (1.16)$$

Entsprechend für das Magnetfeld:

$$Rot\,\mathbf{H} = 0 \quad \text{daher} \quad H_{1t} = H_{2t} \quad \text{oder} \quad \frac{B_{1t}}{B_{2t}} = \frac{\mu_1}{\mu_2} \qquad (1.17)$$

Mit einem flächenhaften *Strombelag* $\mathbf{j_a}$ in einer dünnen Grenzfläche, z.B. in einer metallischen Folie, mit der Einheit $[j_a] = A/m$ (zum Unterschied von $[J] = A/m^2$), gehen die Tangentialkomponenten von $\mathbf{H}$ nicht mehr stetig über:

$$Rot\ \mathbf{H} = \mathbf{j_a} \qquad \text{daher} \qquad \mathbf{H}_{2t} - \mathbf{H}_{1t} = \mathbf{j_a} \qquad (1.18)$$

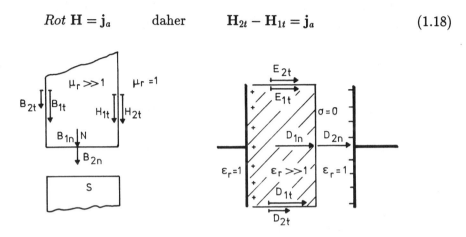

Bild 1.3: Feldgrößen an Grenzflächen ohne Strom– und ohne Flußbelag. Links: $Rot\ \mathbf{H} = 0$, aber $Rot\ \mathbf{B} \neq 0$. Rechts: $Rot\ E = 0$, aber $Rot\ D \neq 0$. Daher: $H_{1t} = H_{2t}$, aber $B_{1t} \neq B_{2t}$ und $E_{1t} = E_{2t}$, aber $D_{1t} \neq D_{2t}$

Die Sprungrotation von $\mathbf{E}$ muß keineswegs, wie in Lehrbüchern oft zu lesen ist, null sein. Ebenso wie Leitungsstrom als flächenhaften Strombelag $\mathbf{j_a}$ in einem dünnen Metallblech vorkommen kann, wodurch die magnetische Feldstärke von der einen zur anderen Seite des Bleches eine sprunghafte Änderung erfährt, so ist es auch möglich, daß magnetischer Fluß als flächenhafter *Flußbelag* $\mathbf{b}$ in einem hochpermeablen dünnen ferromagnetischen Blech vorkommt. $-\dot{\mathbf{b}}$ ist dann Ursache für sprunghafte Änderung der elektrischen Feldstärke beim Durchschreiten des Blättchens von der einen zur anderen Seite hin. In der Technik gibt es Anwendungen davon z.B. bei der magnetischen Zählung der Zähne eines Zahnrades mittels des Magnetverstärkerprinzips. Für $\mathbf{E}$ gilt hierbei:

$$Rot\ \mathbf{E} = -\dot{\mathbf{b}} \qquad \text{daher} \qquad \mathbf{E}_{2t} - \mathbf{E}_{1t} = -\dot{\mathbf{b}} \qquad (1.19)$$

Zu bemerken ist noch, daß stets gilt: $Div\ \mathbf{B} = 0$, also sind die Normalkomponenten: $B_{1n} = B_{2n}$. Denn noch immer gibt es keine magnetischen Einzelpole! Jeder zerbrochene Magnet hat wieder Nord– und Südpol.

1.2 Reelles Skalarpotential ϕ wirbelfreier Felder

Quellenfelder sind stets wirbelfrei: $rot\,\mathbf{E} = 0$. Daher können elektrische Feldstärken durch Gradientenbildung aus einem Skalarpotential ϕ abgeleitet werden. Es gilt ja mit ∇ in rechtwinkligen Koordinaten:

$$\nabla = \frac{\partial}{\partial x}\mathbf{e_x} + \frac{\partial}{\partial y}\mathbf{e_y} + \frac{\partial}{\partial z}\mathbf{e_z} : \tag{1.20}$$

$$rot(grad\ \phi) = \nabla \times (\nabla\phi) = (\nabla \times \nabla)\phi \equiv 0 \tag{1.21}$$

Das heißt, alle Gradientenfelder sind aus mathematischen Gründen wirbelfrei. Daher kann die elektrische Feldstärke als Gradientenfeld eines ortsabhängigen Skalarpotentials $\phi(x, y, z)$ dargestellt werden:

$$\boxed{\mathbf{E} = -grad\ \phi = -\nabla\phi} \tag{1.22}$$

Gibt es in einem Bereich Raumladungsdichten η, so daß $div\,\mathbf{D} = \eta$ ist, und diese Raumladungen befinden sich in einem homogenen Medium: $\epsilon_r = const$, dann gilt:

$$div\,\mathbf{D} = \epsilon\,div\,\mathbf{E} = \eta \quad\text{und}\quad div\,\mathbf{E} = \frac{\eta}{\epsilon} \tag{1.23}$$

Setzt man $\mathbf{E} = -grad\ \phi$ in Gl.(1.23) ein, so erhält man mit

$$\Delta = \nabla^2 = (\frac{\partial}{\partial x}\mathbf{e_x} + \frac{\partial}{\partial y}\mathbf{e_y} + \frac{\partial}{\partial z}\mathbf{e_z})^2 = \frac{\partial^2}{\partial x^2} + \frac{\partial^2}{\partial y^2} + \frac{\partial^2}{\partial z^2} : \tag{1.24}$$

$$div(-grad\ \phi) = \nabla(-\nabla\phi) = -\nabla^2\phi = -\Delta\phi = \frac{\eta}{\epsilon} \tag{1.25}$$

$$\boxed{\Delta\phi = -\frac{\eta}{\epsilon}} \tag{1.26}$$

Gl.(1.26) ist die Poissonsche Differentialgleichung. Ist das betrachtete Raumgebiet quellenfrei, dann erhalten wir die Laplacesche Differentialgleichung:

$$\boxed{\Delta\phi = 0} \tag{1.27}$$

Nicht nur Quellenfelder, sondern ebenso wirbelfreie Wirbelfelder können durch ein Skalarpotential dargestellt werden. Beispiel: Das Magnetfeld außerhalb eines stromführenden Drahtes. Dort ist es wirbelfrei. Legen wir eine Sperrfläche von der Drahtoberfläche radial nach außen, so können auf beiden Seiten dieser Sperrfläche Ersatzladungen einerseits als Quellen und andererseits als Senken angebracht werden. Siehe Bild 1.4.

Durch dieses Gedankenexperiment gelingt es, das wirbelfreie Wirbelfeld in ein Quellenfeld umzuformen, so daß ein Skalarpotential ϕ_m seine Berechtigung erhält. Beispiel: Das magnetische Skalarpotential ϕ_m. Es läßt sich darstellen als

$$\boxed{\mathbf{H} = -grad\ \phi_m} \qquad \text{falls:} \qquad rot\ \mathbf{H} = 0 \tag{1.28}$$

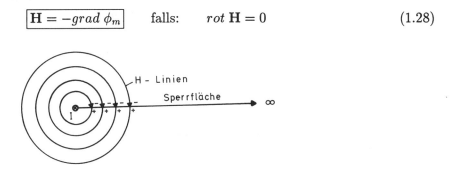

Bild 1.4: Sperrfläche mit Ladungen zur Umwandlung eines wirbelfreien Wirbelfeldes in ein Quellenfeld.

1.2.1 Exakte Lösung der Potentialgleichung in besonderen Fällen

Handelt es sich um ebene Probleme eines Skalarfeldes, mit Potentialen $\phi = \phi(x, y)$, die nur von zwei Variablen abhängen, dann können beispielsweise folgende Funktionen exakte Lösungen der Laplaceschen Potentialgleichung sein:

$$\phi(x, y) = c\, e^{ax \pm jay} \qquad \text{mit} \qquad a, c = const \tag{1.29}$$

Als andere einfache, exakte Lösungen kommen in Frage:

$$\phi(x, y) = ax, \quad ay, \quad e^{ax} \sin ay, \quad e^{ax} \cos ay, \quad \cos ax \cdot \cosh ay, \tag{1.30}$$

$$\phi(x,y) = ax^2 - ay^2 \qquad \text{oder} \qquad \phi = ax^3 - 3axy^2 \qquad (1.31)$$

Welche dieser Funktionen im Einzelfalle als Lösung der Laplacegleichung verwendet werden kann, hängt allein von den Randbedingungen ab. Diese können auch so ungünstig vorgegeben sein, daß keine analytische Lösung zur Hand ist, so daß nur numerische Lösungen in Frage kommen.

1.2.2 Lösung der Laplacegleichung durch Separation der Variablen

Wir gehen der Übersichtlichkeit halber von einem zu bestimmenden, ebenen elektrostatischen Feld aus. Es sei wieder frei von Ladungsdichten, da ansonsten die Poisson– an Stelle der Laplacegleichung zu lösen wäre. Wir setzen homogenes Dielektrikum, also konstante Dielektrizitätszahl voraus. Für das ebene Feld, ohne z–Abhängigkeit, reduziert sich die Laplacegleichung auf:

$$\frac{\partial^2 \phi}{\partial x^2} + \frac{\partial^2 \phi}{\partial y^2} = 0 \qquad (1.32)$$

Als Lösungsansatz verwenden wir das Produkt zweier Funktionen $X(x)$ und $Y(y)$, die jeweils nur von einer Variablen abhängen:

$$\phi = X(x)\,Y(y) \qquad (1.33)$$

Dieser Ansatz ist immer dann vorteilhaft, wenn die (metallische) Feldberandung in einer x– oder in einer y–Ebene liegt. Dann nämlich ist eine der beiden Funktionen $X(x)$ oder $Y(y)$ konstant, weil das Potential an diesem Feldrand konstant ist. Wir setzen Gl.(1.33) in (1.32) ein und erhalten:

$$Y \frac{d^2 X}{dx^2} + X \frac{d^2 Y}{dy^2} = 0 \qquad (1.34)$$

Die partiellen Ableitungen konnten durch vollständige ersetzt werden, da die Funktionen $X(x)$ und $Y(y)$ jeweils nur von einer Variablen abhängen. Teilt man Gl.(1.34) durch das Produkt der beiden Funktionen, so erhält man die folgende Gleichung, deren erster Summand nur von x und deren zweiter Summand nur von y abhängt:

$$\frac{1}{X(x)} \frac{d^2 X(x)}{dx^2} + \frac{1}{Y(y)} \frac{d^2 Y(y)}{dy^2} = 0 \qquad (1.35)$$

Damit diese Summe für alle Werte von x und y zu null wird, gibt es als einfachste Lösung: Jeder der beiden Summanden muß konstant sein. Damit aber kann die vorangehende Gleichung in zwei gewöhnliche Differentialgleichungen aufgeteilt werden:

$$\frac{1}{X}\frac{d^2X}{dx^2} = k^2 \quad \text{und} \quad \frac{1}{Y}\frac{d^2Y}{dy^2} = -k^2 \tag{1.36}$$

k wird Separationskonstante genannt und kann auch komplex sein. Diese beiden Differentialgleichungen können somit auch wie folgt angeschrieben werden:

$$\frac{d^2X}{dx^2} - k^2X = 0 \quad \text{und} \quad \frac{d^2Y}{dy^2} + k^2Y = 0 \tag{1.37}$$

Lösungen für den Sonderfall $k^2 = 0$ sind Funktionen:

$$X = a_1x + b_1 \quad \text{und} \quad Y = c_1y + d_1, \tag{1.38}$$

wobei a_1, b_1, c_1 und d_1 Konstanten sind. Ein Potential, das die Potentialgleichung (1.32) erfüllt, ist auf Grund von Gl.(1.38) von der Form:

$$\phi = a + bx + cy + dxy. \tag{1.39}$$

Für den allgemeineren Fall, daß $k^2 \neq 0$ ist, sind jene Funktionen Lösungen, die sich beim Differenzieren selbst reproduzieren, wobei ihre zweite Ableitung plus/minus die Funktion selbst null ergeben muß. Beispiele wurden im Abschnitt 1.2.1 genannt.

Die Separation der Laplacegleichung bei dreidimensionalen Aufgaben ist in analoger Weise möglich.

1.2.3 Nur von einer Variablen abhängige Raumladungsdichte

In einem homogenen Medium sei eine nur von der Kordinate x abhängige Raumladungsdichte $\eta = \eta(x)$ gegeben. Wie ist die Poissongleichung zu lösen? Sie lautet in rechtwinkligen Koordinaten:

$$\Delta\phi \equiv \frac{\partial^2\phi}{\partial x^2} + \frac{\partial^2\phi}{\partial y^2} + \frac{\partial^2\phi}{\partial z^2} = -\frac{\eta(x)}{\epsilon} \tag{1.40}$$

Sie ist linear, die Potentiale sind skalare Größen, die man auch linear
überlagern darf. Daher ist hier die klassische Separation der Poissongleichung
in ihre Komponenten erlaubt:

$$\frac{\partial^2 \phi}{\partial x^2} = -\frac{\eta(x)}{\epsilon} + const_0 \tag{1.41}$$

Zusätzlich existieren durch die Raumladungsdichte $\eta(x)$ die Terme:

$$\frac{\partial^2 \phi}{\partial y^2} = const_1 \qquad \text{und} \qquad \frac{\partial^2 \phi}{\partial z^2} = const_2 \tag{1.42}$$

Diese Gleichungen sind einzeln zu integrieren. Die Integrationskonstanten
fallen unterschiedlich aus, je nachdem, ob es sich um endlich oder um
unendlich ausgedehnte Ladungsdichten handelt. Bei nur endlicher Ausdehnung
sind die Randeinflüsse von Bedeutung und zu berücksichtigen.

1.2.4 Zylindersymmetrische Abhängigkeit der Ladungsdichte

Um die linear ausgedehnte Kathode einer Elektronenröhre herum stelle sich
winkelunabhängig eine nur vom Radius r abhängige Raumladungsdichte $\eta(r)$
ein. Die Poissongleichung in Zylinderkoordinaten lautet:

$$\Delta \phi \equiv \frac{1}{r}\frac{\partial}{\partial r}(r\frac{\partial \phi}{\partial r}) + \frac{1}{r^2}\frac{\partial^2 \phi}{\partial \alpha^2} + \frac{\partial^2 \phi}{\partial z^2} = -\frac{\eta(r)}{\epsilon} \tag{1.43}$$

Aus Symmetriegründen ist nur das erste, nach r differenzierte Potential, hier
interessant. Abhängig vom Radius ist somit:

$$\Delta \phi|_r = \frac{1}{r}\frac{\partial}{\partial r}(r\frac{\partial \phi}{\partial r}) = -\frac{\eta(r)}{\epsilon} \tag{1.44}$$

Obige Gleichung ist zu integrieren. Die Integration ist leicht möglich. Das
Ergebnis hängt von der Ortsverteilung $\eta(r)$ ab. Einfachstes Beispiel: $\eta(r) =$
const.

Interessiert nur die elektrische Feldstärke, so kann man bei solchen Aufgaben
auch mit dem elektrischen Fluß $\Psi(r)$ oder mit der *Ergiebigkeit* $\sum Q(r)$
arbeiten. Denn Ψ und $\sum Q$ sind von der gleichen Art und Einheit. Jedoch

wird die Ergiebigkeit mit $\sum Q$ häufiger zur Berechnung der Ergiebigkeit aller in einem endlichen Volumen eingeschlossenen Ladungen verwendet.

Bei unserem Beispiel mit der Raumladungsdichte um einen idealisiert langen Draht (=Kathode) der Länge l, gilt außerhalb der Kathode vom Radius r_0, aber innerhalb des von Raumladungsdichte erfüllten Zylinders:

$$\text{Elektrischer Fluß: } \Psi(r) = \sum Q(r) = \iiint \eta \, dv = \int_{r_0}^{r} \eta(r) \, 2\pi r l \, dr \tag{1.45}$$

Boden und Deckel liefern wegen des im wesentlichen radial gerichteten Feldes keinen Beitrag, sind also vernachlässigbar.

Die elektrische Feldstärke $\mathbf{E}$ erhält man dann bei der hier gegebenen Zylindersymmetrie aus dem Quotienten von elektrischem Fluß oder eingeschlossener Ladung und der sie umgebenden, mit ϵ multiplizierten Oberfläche, wobei Boden und Deckel wegen des theoretisch unendlich langen Zylinders keinen Beitrag liefern:

$$\mathbf{E}(\mathbf{r}) = \frac{Q(r)}{2\pi r l \epsilon} \, \mathbf{e_r} = \frac{2\pi l}{2\pi r l \epsilon} \int_{r_0}^{r} \eta(r) \, r \, dr \tag{1.46}$$

1.2.5 Kugelsymmetrie der Ladungsdichten

Einen der Zylindersymmetrie analogen Rechengang führt man bei kugelsymmetrischen Ladungen und Ladungsdichten durch. In Kugelkoordinaten lautet die Poissongleichung:

$$\boxed{\Delta\phi \equiv \frac{1}{r^2}\frac{\partial}{\partial r}(r^2\frac{\partial\phi}{\partial r}) + \frac{1}{r^2 sin\vartheta}\frac{\partial}{\partial\vartheta}(sin\vartheta\frac{\partial\phi}{\partial\vartheta}) + \frac{1}{r^2 sin^2\vartheta}\frac{\partial^2\phi}{\partial\alpha^2} = -\frac{\eta(r)}{\epsilon}} \tag{1.47}$$

In diesem Falle ist der aus Symmetriegründen von Gl.(1.28) zu berücksichtigende Term:

$$\Delta\phi|_r = \frac{1}{r^2}\frac{\partial}{\partial r}(r^2\frac{\partial\phi}{\partial r}) = -\frac{\eta(r)}{\epsilon} \tag{1.48}$$

1.3   Spiegelungsverfahren

Dieses Verfahren ermöglicht unter Zuhilfenahme von Spiegel– oder Ersatzladungen die analytisch exakte Lösung einiger Feldprobleme, die ansonsten
schwer zugänglich wären. Beispiele dafür sind insbesondere einzelne Linien–
und Punktladungen, die sich nahe einer leitfähigen Ebene oder auch zweier
leitfähiger Halbebenen befinden.

Das einfachste, fast triviale Beispiel ist die Anwendung des Spiegelungsverfahrens zur Berechnung der elektrischen Feldstärke eines (theoretisch unendlich)
langen, geraden Drahtes (Linienleiters). Er liege im konstanten Abstand d
von einer leitfähigen Ebene, die geerdet ist, und er trage pro Längeneinheit
die Ladung Q/l.

Wegen der Erdung muß auf der Ebene das Potential $\phi = 0$ sein. Wie bekannt
ist, müssen die elektrischen Feldlinien senkrecht auf die leitfähige Ebene
auftreffen (Randbedingung). Diese Forderung kann aus Symmetriegründen
leicht erfüllt werden, wenn die leitfähige Ebene entfernt wird und wenn dafür
auf der anderen Seite der bisherigen Ebene im gleichen Abstand d ein Spiegel–
Linienleiter die längenbezogene Spiegelladung $-Q/l$ trägt. Bild 1.5 zeigt die
Anordnung. Da keine z–Abhängigkeit vorliegt, handelt es sich um ein ebenes
Problem.

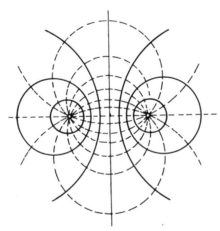

Bild 1.5: Linienleiter gegen elektrisch leitende Ebene, die dann entfernt wird,
          mit Spiegelladung

Die elektrische Feldstärke eines Linienleiters gegen eine leitfähige Ebene ist somit aus der vektoriellen Überlagerung der Feldstärken der zwei Linienleiter exakt berechenbar. Die leitfähige Ebene bleibt jetzt außer Betracht. Das resultierende Potential erhält man als skalare Summe der beiden Einzelpotentiale im Aufpunkt (Meßpunkt) P.

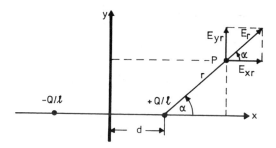

Bild 1.6: Linienleiter mit $+Q/l$ rechts und Bildleiter mit $-Q/l$ links der Trennebene, je im Abstand d davon. r ist der Abstand des Meßpunktes P vom Linienleiter

Für zunächst nur den rechten Linienleiter mit der positiven Ladung Q/l, siehe Bild 1.6, gilt mit $r = \sqrt{y^2 + (x - d)^2}$:

$$\mathbf{D} = \frac{Q}{l\,2\pi r}\,\mathbf{e_r} \qquad \text{und} \qquad \mathbf{E} = \frac{Q}{l\,2\pi r\,\epsilon}\,\mathbf{e_r} \qquad (1.49)$$

Am besten, man zerlegt die vektoriellen Größen in ihre Komponenten; wir tun dies gleich für die elektrische Feldstärke, herrührend vom rechten Linienleiter mit dem Index r:

$$\begin{aligned}
E_{xr} &= E_r \cos\alpha = E_r\,\frac{x - d}{r} = E_r\frac{x - d}{\sqrt{y^2 + (x - d)^2}} \\
E_{yr} &= E_r \sin\alpha = E_r\,\frac{y}{r} = E_r\frac{y}{\sqrt{y^2 + (x - d)^2}}
\end{aligned} \qquad (1.50)$$

Da aber D_r und E_r selbst im Nenner auch den Abstand r aufweisen, ist:

$$E_{xr} = \frac{Q}{2\pi\epsilon l}\,\frac{x - d}{y^2 + (x - d)^2}; \qquad E_{yr} = \frac{Q}{2\pi\epsilon l}\,\frac{y}{y^2 + (x - d)^2} \qquad (1.51)$$

Entsprechende Ausdrücke erhält man für den linken Linienleiter, wobei $(x - d)$ durch $(x + d)$ und Q/l durch $-Q/l$ zu ersetzen sind. Somit werden aus der

Überlagerung der linken mit den rechten Komponenten die resultierenden
Komponenten der Feldstärke:

$$E_{xres} = \frac{Q}{2\pi\epsilon l} \left(\frac{x-d}{y^2 + (x-d)^2} - \frac{x+d}{y^2 + (x+d)^2} \right)$$

$$E_{yres} = \frac{Q}{2\pi\epsilon l} \left(\frac{y}{y^2 + (x-d)^2} - \frac{y}{y^2 + (x+d)^2} \right) \qquad (1.52)$$

Scheinbar duale Aufgabe: Würde man den Feldverlauf zwischen einer leitfähigen Ebene und einem geraden Linienleiter, der wieder im konstanten Abstand
d, rechts von der leitfähigen Ebene verläuft, berechnen wollen, wobei jedoch
die Ebene die gleiche Ladung +Q trägt wie der Linienleiter, so führte diese
Aufgabenstellung zur gleichen Lösung wie wir sie bei der Aufgabe nach Bild
1.5 hatten. Denn eine auf die leitfähige Ebene aufgebrachte Ladung +Q
würde sich durch die abstoßende Kraft +Q der Linienladung sofort nach
$y = \pm\infty$ verflüchtigen. Dagegen wird sich durch Influenz auf der Oberfläche
der Ebene, gegenüber der Linienladung, eine negative Ladung −Q derart
einstellen, daß die von der Linienladung ausgehenden Feldlinien bei den
influenzierten Flächenladungen der Metallebene senkrecht auftreffen. Dies
wird ja von der Statik gefordert und von der Realität erfüllt! Allerdings würde
die linke Oberfläche der leitfähigen Ebene durch die Influenz eine gegenpolige
Oberflächenladung annehmen. Daher hätte das Feldbild links der Ebene ein
anderes Aussehen als es im Bild 1.5 zu sehen ist.

Die Influenzerscheinung ist verwandt mit dem Einbringen eines Bleches
in einen Plattenkondensator. Auch dort stellt sich an den Oberflächen
des Bleches durch Influenz jeweils eine gegenüber der benachbarten Platte
gegenpolige Flächenladung ein.

Da Aufgaben mit einer oder mehreren zueinander parallelen Linienladungen,
die ihrerseits parallel zu einer leitfähigen Ebene verlaufen, zweidimensionale,
also ebene Probleme sind, können auch sie mittels konformer Abbildung gelöst
werden. Siehe Kapitel 4.

Ebenfalls mit dem Spiegelungsverfahren, nicht jedoch mittels konformer Abbildung, kann die dreidimensionale Aufgabe gelöst werden: Eine (oder einige
wenige) Punktladung(en) befinde(n) sich wiederum vor einer leitfähigen (z.B.
geerdeten) Ebene. Man bringe im gleichen, senkrechten Abstand auf der
anderen Seite der Ebene die entsprechende(n) Punktladung(en) an.

Handelt es sich um nur e i n e Punktladung q und um eine geerdete Ebene, wobei die z−Koordinate senkrecht zur Zeichenebene steht, dann gilt im homogenen Medium für die Originalladung q mit den Koordinaten $x = d$, $y = z = 0$. bzw. für die Spiegelladung $-q$ mit den Koordinaten $x = -d$, $y = z = 0$:

$$\mathbf{E} = \frac{q}{4\pi r^2 \epsilon} \mathbf{e_r} \qquad \text{bzw.} \qquad \mathbf{E} = \frac{-q}{4\pi r^2 \epsilon} \mathbf{e_r}, \qquad (1.53)$$

mit $r = \sqrt{y^2 + (x-d)^2 + z^2}$ für die Originalladung rechts, bzw. $r = \sqrt{y^2 + (x+d)^2 + z^2}$ für die Spiegelladung links der Ebene, wenn $z = 0$ die z−Koordinate der beiden Punktladungen ist.

Entsprechend lauten die Feldstärke–Komponenten E_{xr}, E_{yr} und E_{zr} (siehe wieder Bild 1.6 und die Gln.(1.50)), die hier allein von der Originalladung $+q$ (rechts) herrühren:

$$\begin{aligned}
E_{xr} &= E_r \cos\alpha = E_r \frac{x-d}{r} = \frac{q}{4\pi r^2 \epsilon} \frac{x-d}{\sqrt{y^2 + (x-d)^2 + z^2}} \\
&= \frac{q}{4\pi\epsilon} \frac{x-d}{(y^2 + (x-d)^2 + z^2)^{3/2}} \qquad (1.54) \\
E_{yr} &= E_r \sin\alpha = E_r \frac{y}{r} = \frac{q}{4\pi r^2 \epsilon} \frac{y}{\sqrt{y^2 + (x-d)^2 + z^2}} \\
&= \frac{q}{4\pi\epsilon} \frac{y}{(y^2 + (x-d)^2 + z^2)^{3/2}} \qquad (1.55)
\end{aligned}$$

Da die Punktladung bei $x = d$, aber bei $y = z = 0$ plaziert ist, erhält man E_{zr} analog zu E_{yr} zu:

$$E_{zr} = \frac{q}{4\pi\epsilon} \frac{z}{(y^2 + (x-d)^2 + z^2)^{3/2}} \qquad (1.56)$$

Analoge Ausdrücke erhält man für die Spiegelladung bei Ersetzen von q durch $-q$ und $(x-d)$ durch $(x+d)$, so daß die resultierenden Feldstärkekomponenten:

$$E_{xres} = \frac{q}{4\pi\epsilon} \left(\frac{x-d}{(y^2 + (x-d)^2 + z^2)^{3/2}} - \frac{x+d}{(y^2 + (x+d)^2 + z^2)^{3/2}} \right) \qquad (1.57)$$

$$E_{yres} = \frac{q}{4\pi\epsilon}\left(\frac{y}{(y^2 + (x-d)^2 + z^2)^{3/2}} - \frac{y}{(y^2 + (x+d)^2 + z^2)^{3/2}}\right) \quad (1.58)$$

$$E_{zres} = \frac{q}{4\pi\epsilon}\left(\frac{z}{(y^2 + (x-d)^2 + z^2)^{3/2}} - \frac{z}{(y^2 + (x+d)^2 + z^2)^{3/2}}\right) \quad (1.59)$$

1.3.1 Spiegelungsverfahren beim Zweimedienproblem

Eine das Papier senkrecht durchdringende Ebene mit der Lage $x = 0$ teile den Raum in zwei Halbräume mit unterschiedlichen, nichtleitenden Medien: Rechts Medium 1 mit $\epsilon_{r1} = const_1$, links Medium 2 mit $\epsilon_{r2} = const_2$. Eine Punktladung q liege bei $x = d$, $y = 0$, $z = 0$.

Randbedingungen: An der nichtleitenden Grenzfläche, die keine freien Ladungen trage, zwischen Medium 1 und Medium 2 muß gelten: $Div\,\mathbf{D} = 0$ und $Rot\,\mathbf{E} = 0$. Dies bedeutet, daß die Normalkomponente der elektrischen Flußdichte D_n und die Tangentialkomponente der elektrischen Feldstärke E_t stetig, d.h. mit gleichem Betrag und Richtung von dem einen in das andere Medium übergehen. Wenn diese Forderungen erfüllt werden, ist die Aufgabe gelöst. Die Spiegelladungen müssen entsprechend gewählt werden.

Wir werden bei der Lösung dieser Aufgabe nicht schematisch die genannten Randbedingungen zu erfüllen trachten, sondern eine physikalisch anschauliche, systematische Lösung erarbeiten. Dazu machen wir zwei Teilbetrachtungen.

1. Teil

Wir verwenden vorab nur das elektrische Flußdichtefeld $\mathbf{D}$ nach Bild 1.7. Wir wählen zunächst jeweils ein homogenes Medium mit Punktladungen q von gleichem Betrag im Abstand d links und rechts von der Grenzfläche. Das Medium im Bild 1.7a habe die Dielektrizitätszahl ϵ_{r1}, im Bild 1.7b die Dielektrizitätszahl ϵ_{r2}.

In beiden Medien existiert an den Grenzflächen aus Symmetriegründen nur eine Normalkomponente von $\mathbf{D}$, also D_{n1} im Bild 1.7a und D_{n2} im Bild 1.7b. Trotz unterschiedlicher Dielektrizitätszahlen gilt für gleiche Abstände d und gleiche Ladungen q: $\quad D_{n1} = D_{n2} = D_n$. Denn ohne Flächenladungen in der Grenzfläche ist $Div\,\mathbf{D} = 0$, also $D_{n1} = D_{n2}$. Siehe Bild 1.7.

Da überall an der gedachten Grenzfläche vom Bild 1.7a und 1.7b $E_t = 0$ und $D_{n1} = D_{n2}$ ist, dürfen wir die Bilder (korrekter: die Felder!): Linker Teil von

1.7a und rechter Teil von 1.7b als Bild 1.8 zusammensetzen und erhalten so, ohne eine Grenzbedingung zu verletzen, in dem Zweimedienproblem an deren Grenzfläche wieder die gleiche Flußdichte D_n. Siehe Bild 1.8.

Bild 1.7a (links) hat die gleiche Flußdichte wie Bild 1.7b (rechts). Wegen $Div \mathbf{D} = 0$ ist: $D_{n1} = D_{n2} = D_n$ trotz verschiedener Medien:

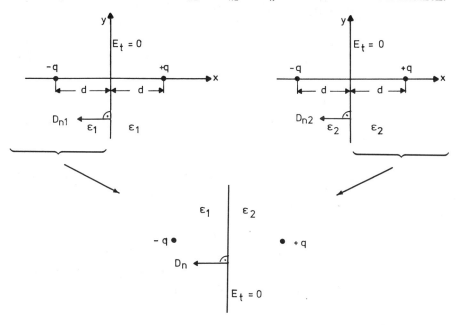

Bild 1.8: Überlagerung der linken Hälfte von 1.7a mit der rechten Hälfte von 1.7b

2. Teil

Eine ähnliche Überlegung machen wir mit den Tangentialkomponenten von $\mathbf{E}$, also mit E_t. Wir betrachten wieder zwei Medien, von denen jedes in sich homogen sei. Unsere Punktladungen sollen jetzt aber links und rechts der Grenzflächen gleichpolige Ladungen tragen. Dadurch entstehen Felder, die einander abstoßen, so daß an beiden Grenzflächen nur Tangential-, nicht aber Normalkomponenten von E auftreten.

Zunächst aber soll Bild 1.9 in einem Schnitt durch die Ladungen in einem homogenen Medium den Feldlinienverlauf für den angestrebten Fall zeigen: Links und rechts von einer Trennfläche befinden sich gleichstarke

Punktladungen $+p$ im gleichen Abstand d von der Ordinate.

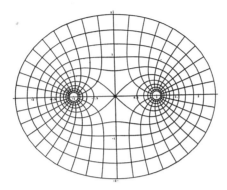

Bild 1.9: Feldlinienbild bei $z = 0$ gleichpoliger Punktladungen p, links und rechts einer Trennfläche, im homogenen Medium

Bild 1.10 zeigt die Tangentialkomponenten E_{t1} und E_{t2}, wobei das Medium im Bild 1.10a die Dielektrizitätszahl ϵ_{r1}, und im Bild 1.10b die Dielektrizitätszahl ϵ_{r2} habe.

In beiden Medien existiert an den Grenzflächen aus Symmetriegründen nur eine Tangentialkomponente von **E**, also E_{t1} im Bild 1.10a und E_{t2} im Bild 1.10b. Wegen der unterschiedlichen Dielektrizitätszahlen gilt hier für gleiche Abstände d und gleiche Punktladungen $+p$ (anders als bei den Flußdichten nach Bild 1.7): $E_{t1} \neq E_{t2}$. Siehe Bild 1.10. Normalkomponenten D_n sind an der Grenzfläche gleich null.

Die Überlagerung der Teilfelder von Bild 1.10a mit 1.10b im Bild 1.11 ist störungsfrei nur dann möglich, wenn wir dafür sorgen, daß E_{t1} vom Bild 1.10a mit E_{t2} von 1.10b übereinstimmt. Die Stetigkeit des D_n-Feldes an der Grenzfläche muß nicht beachtet werden, da dort keine Normalkomponente von D auftritt.

Wir wissen, daß die elektrische Feldstärke **E** außerhalb einer Punktladung, aber innerhalb des homogenen Mediums, unter anderem $1/\epsilon$ proportional ist. Wollen wir an der Grenzfläche des Bildes 1.11 gleiche Komponenten $E_{t1} = E_{t2}$ erreichen, so müssen die unterschiedlichen ϵ beider Halbräume durch unterschiedliche Beträge der Punktladungen ausgeglichen werden. Damit erhalten wir eine erste Bestimmungsgleichung für die Ladungen:

$$p_2 = \frac{\epsilon_2}{\epsilon_1}p_1 \tag{1.60}$$

Bild 1.10a (links) hat die gleiche Flußdichte wie Bild 1.10b (rechts):
$E_{t1} \neq E_{t2}$ wegen verschiedener Medien:

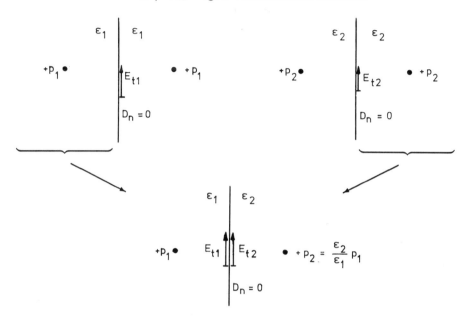

Bild 1.11: Zusammensetzen der linken Hälfte von Bild 1.10a mit der rechten
           Hälfte von Bild 1.10b

Ergebnis von Teil 2: Bei unterschiedlichen Dielektrizitätszahlen der beiden
Medien auf beiden Seiten der Grenzfläche von Bild 1.11 gehen die Tangentialkomponenten von **E** nur dann stetig über, wenn sich die Ladungen p_2 zu p_1
wie die Permittivitäten ϵ_2 zu ϵ_1 verhalten.

Zusammenfassung der Teile 1 und 2

Die Teilfelder von Teil 1 und Teil 2 (Bilder 1.7 bis 1.11) sind nun so zu
zusammenzusetzen, daß man die gewünschte Aufgabenstellung erhält.

Aufgabe: Wir wollen das Zweimedienproblem lösen, wobei nach Bild 1.12 im

linken Medium keine Ladung, im rechten Medium jedoch die vorgegebene
Punktladung s existiert.

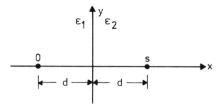

Bild 1.12: Zu lösendes Zweimedienproblem mit s als gegebener Punktladung

Die Summe null der links im Bild 1.13a anzusetzenden Punktladungen:
$-q + p_1 = 0$ ist die zweite Bestimmungsgleichung für die zu berechnenden
Ladungen!

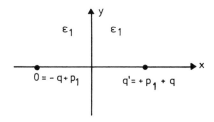

Bild 1.13a: Zur Berechnung des linken Halbfeldes sind nur rechts Bild–
          Punktladungen erforderlich. Links ist $-q + p_1 = 0$.

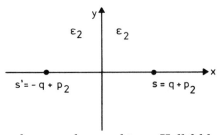

Bild 1.13b: Zur Berechnung des rechten Halbfeldes sind links Bild–
          Punktladungen s' und rechts die tatsächliche Punktladung s
          erforderlich!

$q' \neq s$ im Bild 1.13a und $s' \neq 0$ im Bild 1.13b sind also Hilfs– oder

Spiegelladungen, die wegen unterschiedlicher ϵ–Werte von den tatsächlichen Ladungen der Aufgabenstellung abweichen!

Zur Erinnerung: Aus der Teilbetrachtung 1 folgte, daß trotz unterschiedlicher Dielektrizitätszahlen beider Seiten die Normalkomponenten $D_{n1} = D_{n2}$ einander gleich sind; denn sie hängen nicht von ϵ ab, sondern nur von den Ladungen $|-q| = |+q|$ und den hier gleichen Entfernungen d zur Grenzfläche. Da ja die Beträge der Ladungen $+q$ und $-q$ einander gleich sind, mußte bei ihnen keine Indizierung zur Unterscheidung von linker und rechter Ladung vorgenommen werden. Dagegen folgte aus der Teilbetrachtung 2, daß sich die Ladungen von links zu rechts wie die Dielektrizitätszahlen verhalten müssen, damit die Tangentialkomponenten $E_{t1} = E_{t2}$ stetig übergehen. Deswegen mußten diese unterschiedlichen Ladungen als p_1 und p_2 indiziert werden. Im Teilbild 1.13a und im Teilbild 1.13b haben wir links und rechts Ladungen, die keine der Grenzbedingungen verletzen!

Die drei Bestimmungsgleichungen für unsere Punktladungen sind damit:

$$\text{Linke Hälfte vom Bild 1.13a ladungsfrei:} \quad -q + p_1 = 0 \qquad (1.61)$$

$$\text{Rechte Hälfte vom Bild 1.13b Punktladung} \quad s = q + p_2 \qquad (1.62)$$

$$Rot\,\mathbf{E} = 0 \quad \text{also} \quad E_{t1} = E_{t2} \quad \text{durch} \quad p_2 = \frac{\epsilon_2}{\epsilon_1}p_1 \qquad (1.63)$$

Durch einfache arithmetische Berechnung erhalten wir p_1 und q zu:

$$(1 + \frac{\epsilon_2}{\epsilon_1})p_1 = s; \qquad p_1 = \frac{\epsilon_1}{\epsilon_2 + \epsilon_1}s \qquad (1.64)$$

$$(1 + \frac{\epsilon_2}{\epsilon_1})q = s; \qquad q = \frac{\epsilon_1}{\epsilon_2 + \epsilon_1}s \qquad (1.65)$$

Die Bilder 1.13a und 1.13b zeigen auf Grund der genannten Ergebnisse, welche Ladungen auf welcher Seite anzubringen sind, um das jeweilige Halbfeld damit zu berechnen.

Die im Bild 1.13a rechts anzubringende Bildladung q', zur Berechnung des Feldes auf der linken Seite, hat den Wert:

$$q' = p_1 + q = 2\,\frac{\epsilon_1}{\epsilon_1 + \epsilon_2}\,s \qquad (1.66)$$

Und die im Bild 1.13b links anzubringend Bildladung s', zur Berechnung des Feldes auf der rechten Seite, hat den Wert:

$$s' = -q + p_2 = \left(\frac{-\epsilon_1}{\epsilon_2 + \epsilon_1} + \frac{\epsilon_2}{\epsilon_1}\frac{\epsilon_1}{\epsilon_2 + \epsilon_1}\right)s = \frac{\epsilon_2 - \epsilon_1}{\epsilon_2 + \epsilon_1}s \qquad (1.67)$$

Berücksichtigt man, daß sich die Komponenten des linken Halbraumes berechnen lassen zu:

$$\begin{aligned}
E_x = E_r \cos\alpha &= \frac{Q}{4\pi r^2 \epsilon}\frac{x - d}{r} \\
E_y = E_r \sin\alpha &= \frac{Q}{4\pi r^2 \epsilon}\frac{y}{r} \\
E_z = E_r \sin\beta &= \frac{Q}{4\pi r^2 \epsilon}\frac{z}{r}
\end{aligned} \qquad (1.68)$$

dann erhält man für unser Beispiel mit $Q = q' = p_1 + q$ die elektrische Feldstärke $\mathbf{E_l}$ im linken Halbfeld, in ihren drei kartesischen Komponenten. Abkürzend bedeutet in Gl.(1.69): $Nenner = ((x - d)^2 + y^2 + z^2)^{3/2}$. Damit ist

$$\mathbf{E_l} = \frac{1}{4\pi\epsilon_1}\left(\frac{(p_1 + q)(x - d)}{Nenner}, \frac{(p_1 + q)y}{Nenner}, \frac{(p_1 + q)z}{Nenner}\right) \qquad (1.69)$$

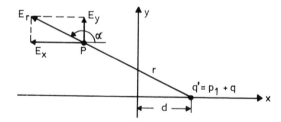

Bild 1.14a: Komponenten der Feldstärke im linken Halbraum

Zur Bestimmung des rechten Halbfeldes für Bild 1.13b benötigen wir, wie beschrieben wurde, links die Punktladung $s' = -q + p_2$ und zusätzlich rechts der Grenzfläche die vorgegebene Ladung s. Dafür erhalten wir unter Beachtung von Bild 1.14b die Feldstärke $\mathbf{E_r}$:

$$\mathbf{E_r} = \frac{1}{4\pi\epsilon_2} \left(\frac{s\,(x-d)}{((x-d)^2+y^2+z^2)^{3/2}} + \frac{(-q+p_2)\,(x+d)}{((x+d)^2+y^2+z^2)^{3/2}} \right) \mathbf{e_x}$$

$$+ \frac{1}{4\pi\epsilon_2} \left(\frac{s\,y}{((x-d)^2+y^2+z^2)^{3/2}} + \frac{(-q+p_2)\,y}{((x+d)^2+y^2+z^2)^{3/2}} \right) \mathbf{e_y} \qquad (1.70)$$

$$+ \frac{1}{4\pi\epsilon_2} \left(\frac{s\,z}{((x-d)^2+y^2+z^2)^{3/2}} + \frac{(-q+p_2)\,z}{((x+d)^2+y^2+z^2)^{3/2}} \right) \mathbf{e_z}$$

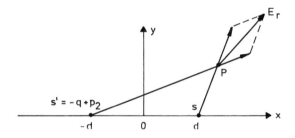

Bild 1.14b: Komponenten der Feldstärke im rechten Halbraum

Das Spiegelungsverfahren kann ebenso angewandt werden, wenn Potential oder Feldstärke nicht für die hier vorgegebene Punktladung s, sondern für Linienladungen, die parallel zur Grenzfläche der beiden Medien verlaufen, berechnet werden sollen.

Beim Zweimedienproblem ist das Spiegelungsverfahren auch anwendbar zur Feldberechnung für eine Punkt- oder Linienladung innerhalb oder außerhalb eines kreisförmigen dielektrischen Zylinders oder für eine Punktladung innerhalb oder außerhalb einer dielektrischen Kugel (mit anderem ϵ).

Die Einmedienprobleme, aber mit metallischem Kreiszylinder und mit einer Linienladung parallel zu dessen Achse oder mit einer metallischen Kugeloberfläche und einer Punktladung außerhalb, sind ebenfalls mit dem Spiegelungverfahren zu lösen. Bei all diesen Verfahren wird auf die Literatur verwiesen, insbesondere auf Reiß, /11/ und /12/.

Bei der feldtheoretischen Berechnung von z.B. Planartransistoren interessieren gelegentlich auch ein mehrschichtige Feldprobleme. Die Lösung des Drei- und Vierschichtenproblems entnehme man ebenfalls der Literatur /13/.

1.3.2   Spiegelungsverfahren bei Linien– oder Punktladungen gegenüber metallischen Ecken

Hat man zwei metallische Halbebenen, die in einem Winkel zueinander stehen und sich an der Schnittkante berühren, und verlaufen parallel zu diesen Halbebenen Linienladungen oder separieren die Halbebenen die Punktladungen, so kann für gewisse Öffnungswinkel zwischen den Halbebenen, das Spiegelungsverfahren zur Feldberechnung angewandt werden. Das Medium zwischen den Halbebenen sei homogen.

Bild 1.15 zeigt als Beispiel eine Punktladung $+q$ am Punkt 1 zwischen zwei Halbebenen, die im Winkel von 90^0 zueinander stehen und die ergänzend notwendigen Spiegelladungen. Um das Verfahren besser verstehen zu können, nehmen wir an, die metallischen Halbebenen seien geerdet, so daß sie das elektrische Potential null annehmen.

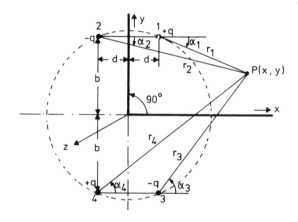

Bild 1.15: Punktladung beim Punkt 1 und Spiegelladungen bei den Punkten
         2, 3 und 4 in der Ebene $z = 0$

Die Punktladung $+q$ bei 1 erfordert eine negative Spiegel–Punktladung $-q$ bei 2, im gleichen Abstand d von der Ebene, hier: der positiven y–Achse. Die Spur der zweiten Halbebene ist aber die positive x–Achse. Auch die dadurch gekennzeichnete Halbebene ist geerdet, sie muß daher auch das Potential null Volt annehmen. Dies aber ist nur dann der Fall, wenn wir symmetrisch zur x–Achse im gleichen Abstand b von ihr, bei den Punkten 3 und 4, ebenfalls Spiegelladungen anbringen: Bei 3: $-q$, bei 4: $+q$.

Man erkennt die Notwendigkeit dieser Spiegelladungen besonders gut, indem man die zwei Spuren der Halbebenen verlängert. Im Bild 1.15 sind diese Verlängerungen die negative x–Achse und die negative y–Achse.

Die elektrische Feldstärke zwischen den beiden Halbebenen im ersten Quadranten bestimmt sich dann durch gleichzeitiges Zusammenwirken (Überlagerung) aller vier Punktladungen in den Aufpunkten P, nachdem man die Halbebenen entfernt hat. Da die Feldstärken der vier Ladungen unterschiedliche Richtungen haben, können nur ihre Komponenten algebraisch addiert werden. Bei Punktladungen entstehen räumliche Felder. Die Ebenen in z–Richtung, senkrecht zur Papierebene, sind nicht gezeichnet.

In der Ebene $z = 0$ $(x - y$–Ebene$)$ gilt:

$$\begin{aligned}
E_{x\,res} &= E_{r1}cos\,\alpha_1 + E_{r2}cos\,\alpha_2 + E_{r3}cos\,\alpha_3 + E_{r4}cos\,\alpha_4 \\
&= \frac{q}{4\pi\epsilon}\left(\frac{x-d}{r_1{}^3} - \frac{x+d}{r_2{}^3} - \frac{x-d}{r_3{}^3} + \frac{x+d}{r_4{}^3}\right)
\end{aligned}$$

Die Abstände r_1, r_2, r_3 und r_4 sind:

$$\begin{aligned}
r_1 &= \sqrt{(x-d)^2 + (y-b)^2 + z^2} \\
r_2 &= \sqrt{(x+d)^2 + (y-b)^2 + z^2} \\
r_3 &= \sqrt{(x-d)^2 + (y+b)^2 + z^2} \\
r_4 &= \sqrt{(x+d)^2 + (y+b)^2 + z^2}
\end{aligned} \qquad (1.71)$$

In entsprechender Weise sind die resultierenden y– und z–Komponenten zu berechnen. Bei den y–Komponenten enthalten die Zähler, entsprechend den Gleichungen (1.67) bis (1.69) jeweils $y \pm b$, bei den z–Komponenten enthalten sie jeweils ein z.

Schon an diesem Beispiel der rechtwinklig zueinander stehenden Halbebenen erkennt man, daß Ladungen und Gegenladungen jeweils Paarweise vorhanden sein müssen, um beide Halbebenen auf Nullpotential zu bekommen.

Wir wollen als zweites Beispiel eine Linienladung annehmen, die parallel zu zwei im Winkel von 45^0 zueinander stehenden Halbebenen verläuft. Bild 1.16

zeigt die Anordnung.

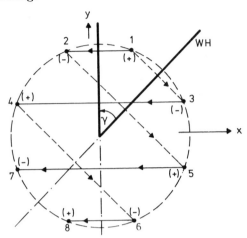

Bild 1.16: Halbebenen im Winkel von 45^0 mit Linienladung durch Punkt 1

Auch hier müssen Linienladungen Q/l und Gegenladungen $-Q/l$ paarweise bezüglich beider Halbebenen (d.h. bezüglich deren Spuren und der Verlängerungen dieser Spuren) auftreten, damit auf den Halbebenen Nullpotential herrschen kann.

Der Einfachheit halber reden wir in diesem Absatz von Ladungen und Spiegelladungen, meinen aber Linienladungen und Spiegel–Linienladungen. Die Winkelhalbierende zwischen der x– und der y–Achse nennen wir abkürzend WH, die y–Achse einfach y. Und der besseren Übersicht wegen sind im Bild 1.16 die Ladungspaare bezüglich der y–Achse mit durchgezogen Linien verbunden. Die Ladungspaare bezüglich der Winkelhalbierenden (zweite Halbebene) sind mit unterbrochenen Linien verbunden. Die Ladung bei 1 liegt beliebig zwischen y und WH und erfordert sowohl bei 2 wie auch bei 3 je eine Spiegelladung. 2 erfordert bei 5 eine Spiegelladung bezüglich WH, 5 bei 7 eine Spiegelladung bezüglich y; 3 erfordert bei 4 eine Spiegelladung bezüglich y, 4 bei 6 eine Spiegelladung bezüglich WH und 6 bei 8 eine Spiegelladung bezüglich y. Ladung und Spiegelladung haben je umgekehrtes Vorzeichen. 7 und 8 benötigen keine Spiegelladungen, da sie gegenseitig Spiegelladung zueinander sind.

Hat die Original–Linienladung bei 1 positives Vorzeichen $(+Q/l)$, dann erhalten die Linienladungen bei 2, 3, 6 und 7 negatives $(-Q/l)$ und bei 4, 5 und 8 wieder positives Vorzeichen $(+Q/l)$. Wie man sieht, sind die Beträge von Originalladungen und Spiegelladungen einander gleich.

Berücksichtigt man, daß sowohl bei Punktladungen wie auch bei Linienladungen zwischen zwei Halbebenen die Ladungen und die Spiegelladungen stets paarweise auftreten müssen, so folgt aus den beiden besprochenen Beispielen, daß das Spiegelungsverfahren für Feldberechnungen zwischen zwei Halbebenen nur anwendbar ist, falls 360^0 dividiert durch den Öffnungswinkel γ der Halbebenen eine gerade Zahl ist. Randbedingung: In den Vollwinkel muß eine geradzahlige Anzahl von Sektoren hineinpassen:

$$\boxed{\frac{360^0}{\gamma} \stackrel{!}{=} \text{ geradzahlig}} \tag{1.72}$$

Man erkennt hier auch: Je kleiner der Winkel γ zwischen den beiden Halbebenen ist, desto mehr Spiegelladungen treten auf:

$$\frac{360^0}{\gamma} = \text{Anzahl der Sektoren} \tag{1.73}$$

$$\text{Anzahl der Spiegelladungen} = \text{Sektorenzahl} - 1 \tag{1.74}$$

Zur Berechnung der Feldstärke sind die metallischen Halbebenen wieder zu entfernen und die vektorielle Überlagerung der Feldstärken aller Spiegelladungen mit derjenigen der Originalladung ergibt das resultierende Feld im Sektor der Originalladung.

Bei nur einer Punktladung zwischen den metallisch verbundenen Halbebenen liegen alle Spiegelladungen in der gleichen z–Ebene (z.B. z = 0) mit der Originalladung. Liegen mehrere Punktladungen in verschiedenen z–Ebenen zwischen den Halbebenen, so liegt die zu jeder Punktladung gehörende Spiegelladung mit dieser in einer Ebene.

Da Linienladungen zwischen den Halbebenen und parallel zu diesen stets ein ebenes Feld ergeben, kann die zugehörige Feldstärke auch mittels konformer Abbildung gelöst werden. Für Punktladungen mit einem dreidimensionalen Feld gilt dies nicht.

Versucht man, das Feld einer Punkt– oder Linienladung mit dem Spiegelungsverfahren zu berechnen, für den Fall, daß 360^0 dividiert durch den Öffnungswinkel α der Ecke eine u n g e r a d e ganze Zahl ergibt, so findet man, wie das folgende Beispiel zeigt, die Lösung einer anderen Aufgabenstellung.

Öffnungswinkel $\alpha = 360^0/3 = 120^0$ (oder $360^0/5$, $360^0/7$, $360^0/9$, ...)

Wir wählen als einfachstes Beispiel eine Ecke mit dem Öffnungswinkel $\alpha = 120^0 = 360^0/3$. Eine Ladung darin, rechts oben, sei gegeben. Siehe Bild 1.17. Die metallische Ecke sei geerdet, so daß Nullpotential definiert ist. Wir teilen den Vollwinkel in weitere Ecken von je 120^0 und verlängern die Spuren der Halbebenen strichpunktiert bis zu dem gezeichneten Hilfskreis.

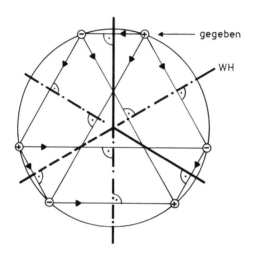

Bild 1.17: Metallische Ecke mit Öffnungswinkel 120^0

Spiegelsymmetrisch zur Richtung einer jeden Halbebene muß eine gegenpolige Ladung gleichen Betrages angesetzt werden. Führt man dies konsequent durch, wie es Bild 1.17 zeigt, so erhält man schließlich je zwei gegenpolige Ladungen innerhalb einer jeden Ecke. Dies aber ist die Lösung einer anderen feldtheoretischen Aufgabe; nämlich der Aufgabe von zwei Punktladungen in einer Ebene, zwischen den beiden Halbebenen, symmetrisch zu WH. Unsere Aufgabe aber lautete: Es sollte das Feld von nur einer Linien– oder Punktladung innerhalb der (geerdeten) metallischen Ecke bestimmt werden!

Entsprechendes gilt für ungeradzahlige Bruchteile von 360^0, also für Öffnungswinkel: $\alpha = 360^0/5$, $360^0/7$, $360^0/9$, etc., was anhand von Zeichnungen leicht festgestellt werden kann.

1.4 Vektorpotential A wirbelhafter Wirbelfelder

Wir betrachten nochmals die erste Maxwellgleichung, jedoch vereinfacht nur
für Leitungs–, ohne Verschiebungsstromdichte, wie dies üblich ist, wenn das
reelle Vektorpotential **A** hergeleitet wird:

$$rot\ \mathbf{H} = \mathbf{J} \tag{1.75}$$

Das zugeordnete *Vektorpotential* **A** genügt mit dem Ansatz

$$\mathbf{H} = \frac{1}{\mu} rot\ \mathbf{A} \qquad \boxed{\mathbf{B} = rot\ \mathbf{A}} \tag{1.76}$$

der Gleichung:

$$div\ \mathbf{B} = 0 \quad \text{denn es ist ja} \tag{1.77}$$

$$div\ \mathbf{B} = div(rot\mathbf{A}) = \nabla\ (\nabla \times \mathbf{A}) = (\nabla \times \nabla)\mathbf{A} \equiv 0 \tag{1.78}$$

Die stets gültige Quellenfreiheit der magnetischen Flußdichte **B** ist also erfüllt,
so daß $\mathbf{B} = rot\ \mathbf{A}$ einzulässiger Ansatz war.

Die Differentialgleichung des Vektorpotentials **A** lautet im homogenen
Medium mit $\mu = const$ (Herleitung siehe z.B. /20/):

$$\boxed{\Delta\mathbf{A} = -\mu\mathbf{J}} \tag{1.79}$$

beinhaltet für die Komponenten A_x, A_y und A_z je eine lineare Differentialgleichung zweiter Ordnung, die in ihrem mathematischen Aufbau der Poisson-
schen Differentialgleichung entspricht. Für die Komponente A_z des Vektorpotentials lautet die Differentialgleichung ausführlich:

$$\frac{\partial^2 A_z}{\partial x^2} + \frac{\partial^2 A_z}{\partial y^2} + \frac{\partial^2 A_z}{\partial z^2} = -\mu\,J_z \tag{1.80}$$

Und zum Vergleich die ausführliche Poissongleichung:

$$\frac{\partial^2 \phi}{\partial x^2} + \frac{\partial^2 \phi}{\partial y^2} + \frac{\partial^2 \phi}{\partial z^2} = -\frac{\eta_q}{\epsilon} \tag{1.81}$$

die in der symbolischen Schreibweise lautet:

$$\boxed{\Delta\phi = -\frac{\eta_q}{\epsilon}}\tag{1.82}$$

Bei der Lösung der Poissongleichung braucht man zwei verschiedene Koordinatensysteme: (x, y, z) für den festen Auf– oder Meßpunkt $P(x, y, z)$, dagegen beispielsweise (ξ, ρ, ζ) für die Volumenelemente dv_q mit Raumladungsdichte η_q, über die integriert wird. Siehe Bild 1.18.

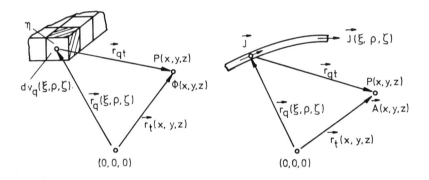

Bild 1.18: Links zur Indizierung bei der Lösung der Poissongleichung, rechts zur Indizierung bei der Lösung der Differentialgleichung des Vektorpotentials

Dann können die drei Lösungen der Differentialgleichung des Vektorpotentials analog zur Lösung der Poissongleichung (siehe /20/) sofort angeschrieben werden.

Die Poissongleichung mit η_q in den Raumpunkten (ξ, ρ, ζ) hat die Lösung:

$$\phi(x, y, z) = \frac{1}{4\pi\epsilon} \iiint_v \frac{\eta_q}{|\mathbf{r}_{qt}|}\, dv_q \tag{1.83}$$

η_q ist die quellenhafte Raumladungsdichte, $\mathbf{r}_{qt}$ der Vektor vom Volumenelement der Quelle q zum Aufpunkt $P(x, y, z)$ mit dem dort herrschenden Potential $\phi(x, y, z)$.

Allein durch Analogiebildung: η_q entspricht den Komponenten von J, $1/\epsilon_q$ entspricht μ und $\phi(x, y, z)$ entspricht den Komponenten von $\mathbf{A(x, y, z)}$, erhalten wir die Lösung für die Komponenten A_x, A_y, A_z des Vektorpotentials zu:

$$A_x = \frac{\mu}{4\pi} \iiint\limits_v \frac{J_x}{|\mathbf{r}_{qt}|} \, dv_q \tag{1.84}$$

$$A_y = \frac{\mu}{4\pi} \iiint\limits_v \frac{J_y}{|\mathbf{r}_{qt}|} \, dv_q \tag{1.85}$$

$$A_z = \frac{\mu}{4\pi} \iiint\limits_v \frac{J_z}{|\mathbf{r}_{qt}|} \, dv_q \tag{1.86}$$

Auch hier haben die Stromdichten J_x, J_y, J_z, über die integriert wird, sowie dv_q einerseits und A_x, A_y, A_z verschiedene Koordinaten. Beispielsweise sind auch hier J_x, J_y, J_z Funktionen von (ξ, ρ, ζ), während A_x, A_y, A_z Funktionen von (x, y, z) sind. $|\mathbf{r}_{qt}|$ ist der Betrag des Vektors vom Stromdichte führenden Volumenelement dv_q zum Aufpunkt $P(x, y, z)$ mit dem Vektorpotential **A**.

Sind beispielsweise die Leitungsstromdichten $J_x = J_y = 0$ und nur $J_z \neq 0$, dann bleibt für A_x und A_y jeweils nur eine Laplacesche Differentialgleichung übrig, die mitunter zusätzlich zur Differentialgleichung des Vektorpotentials gelöst werden muß.

Betrachten wir als Beispiel die nur in z–Richtung gerichtete Komponente A_z des Vektorpotentials **A** nach den Gln.(1.81) und (1.87). Diese Komponente ist durch die ebenfalls in z–Richtung vorkommende Leitungsstromdichte J_z verursacht. Es handele sich um einen in z–Richtung ausgedehnten, dünnen, stromführenden Draht. Wie wir wissen, wird davon ein in der $x - y$–Ebene liegendes, ebenes magnetisches Feld erzeugt. Dieses Feld kann das von uns später zu betrachtende ebene Feld sein. Andere Komponenten des Vektorpotentials dürfen allerdings nicht existieren:

$$\mathbf{A} = (0, \, 0, \, A_z) \tag{1.87}$$

Dann ist die zugehörige Feldstärke oder Flußdichte, nennen wir sie neutral **F**:

$$\mathbf{F} = (F_x(x,y), \, F_y(x,y), \, 0) \tag{1.88}$$

Nach den Gesetzen der Feldtheorie ist es möglich, aus diesem Vektorpotential, das ein ebenes Feld beschreibt und das nur aus der Komponente $A_z \neq 0$

besteht, über die Rotation *rot* .... eine ebene Feldgröße **f** zu erhalten. In rechtwinkligen Koordinaten ist *rot* **A**:

$$
\mathbf{f} = \begin{vmatrix} \mathbf{e_x} & \mathbf{e_y} & \mathbf{e_z} \\ \dfrac{\partial}{\partial x} & \dfrac{\partial}{\partial y} & \dfrac{\partial}{\partial z} \\ 0 & 0 & A_z \end{vmatrix}
\tag{1.89}
$$

Somit ist:

$$
\mathbf{f} = rot\ \mathbf{A} = \frac{\partial A_z}{\partial y}\ \mathbf{e_x} - \frac{\partial A_z}{\partial x}\ \mathbf{e_y},
\tag{1.90}
$$

Nun ist, was aber erst mit den Gleichungen (2.8) bis (2.10) gezeigt werden kann, die Funktion **F**, die uns interessiert:

$$
\mathbf{F} = -\mathbf{f} = -rot\ \mathbf{A} = -\frac{\partial A_z}{\partial y}\ \mathbf{e_x} + \frac{\partial A_z}{\partial x}\ \mathbf{e_y}
\tag{1.91}
$$

Wir werden sehen, daß das ebene Feld $\mathbf{F}(x, y)$ das gleiche ebene Feld erzeugt, das wir aus den Funktionen $\phi(x, y)$ bzw. $\psi(x, y)$ erhalten.

In theoretischen Aufgaben kann man noch einen Schritt weiter gehen und die Komponente $A_z \neq 0$ des Vektorpotentials auch dann vorgeben, wenn keine Stromdichte J_z existiert, allein um daraus über *rot* **A** ein ebenes Feld zu berechnen!

Kapitel 2

Ebene Probleme und komplexes Potential

2.1 Potential– und Stromfunktion

Wir wollen nun den häufigen Fall ebener Probleme betrachten. Bei ihnen hängen die Feldstärken nicht von der Koordinate z ab. Es gilt daher generell $\partial/\partial z = 0$. Solche Probleme können mit dem komplexen Potential behandelt werden.

Wir sehen uns die Operation rot nochmals im dreidimensionalen Raum für rechtwinklige Koordinaten, am Beispiel der elektrischen Feldstärke an:

$$rot\, \mathbf{E} = \left(\frac{\partial E_z}{\partial y} - \frac{\partial E_x}{\partial z}, \ \frac{\partial E_x}{\partial z} - \frac{\partial E_z}{\partial x}, \ \frac{\partial E_y}{\partial x} - \frac{\partial E_x}{\partial y} \right) \tag{2.1}$$

Nun berücksichtigen wir, daß bei ebenen Feldern $\partial/\partial z = 0$ sein muß. Dann bleibt:

$$rot\, \mathbf{E} = \left(\frac{\partial E_z}{\partial y}, \ -\frac{\partial E_z}{\partial x}, \ \frac{\partial E_y}{\partial x} - \frac{\partial E_x}{\partial y} \right) \tag{2.2}$$

Da ebene Felder behandelt werden sollen, kann eine z–Komponente, falls diese überhaupt auftritt, höchstens als Konstante, nicht aber als eine ortsabhängige Variable vorkommen. Daher ist auch:

$$\frac{\partial E_z}{\partial y} = \frac{\partial E_z}{\partial x} = 0 \qquad \text{also} \qquad E_z = const. \tag{2.3}$$

Somit bleibt von rot **E** bei ebenen Problemen übrig:

$$\boxed{rot\ \mathbf{E} = (\frac{\partial E_y}{\partial x} - \frac{\partial E_x}{\partial y})\mathbf{e_z}} \tag{2.4}$$

Wir zielen darauf ab, im nächsten Kapitel konforme Abbildung zu machen. Dabei müssen unter anderem Rotation und Divergenz null sein. Für die elektrische Feldstärke bedeutet dies:

$$rot\ \mathbf{E} = \frac{\partial E_y}{\partial x} - \frac{\partial E_x}{\partial y} = 0 \tag{2.5}$$

Diese Gleichung kann aus der skalaren Ortsfunktion $\mathbf{E} = -grad\,\phi(x,y)$ erfüllt werden:

$$\boxed{E_x = -\frac{\partial \phi}{\partial x}} \quad \text{und} \quad \boxed{E_y = -\frac{\partial \phi}{\partial y}} \tag{2.6}$$

Hier wird das das elektrische wirbelfreie Feld, wie im dreidimensionalen Fall, jedoch nur mit den Komponenten E_x und E_y, aus einem Skalarpotential $\phi(x,y)$ gewonnen.

Da wir außer dem wirbelfreien auch noch einen quellenfreien Raum fordern, muß sein:

$$div\ \mathbf{E} = \frac{\partial E_x}{\partial x} + \frac{\partial E_y}{\partial y} = 0 \tag{2.7}$$

Bekanntlich stehen Äquipotential– und Feldlinien senkrecht aufeinander. Die Äquipotentiallinien erhält man in der Ebene aus $\phi(x,y)$ für $\phi = const$. Die Feld– oder (im leitfähigen Medium) Stromlinien erhält man aus einer anderen skalaren Ortsfunktion, die wir $\psi(x,y)$ nennen wollen, durch $\psi = const$. Wir nennen $\psi(x,y)$ die *Stromfunktion*. Man kann die Feldstärken auch aus dieser Stromfunktion ψ berechnen, gemäß:

$$\boxed{E_x = -\frac{\partial \psi}{\partial y}} \quad \text{und} \quad \boxed{E_y = +\frac{\partial \psi}{\partial x}} \tag{2.8}$$

Die Differentialgleichung (2.7) kann außer durch Gl.(2.6) auch durch die gerade genannten Feldstärken nach Gl.(2.8) befriedigt werden.

Wir benötigen beide Funktionen: $\phi(x,y)$ und $\psi(x,y)$, da sie uns später zu komplexem Potential und zu den Cauchy–Riemannschen Differential-gleichungen führen. Zunächst aber wollen wir sehen, daß unsere skalare Stromfunktion $\psi(x,y)$, abgesehen vom Vorzeichen, mit dem Vektorpotential für ebene Felder $A_z(x,y)$ vergleichbar ist. (Siehe hierzu die letzten Abschnitte vom Kapitel 1.)

Dazu vergleichen wir die Komponenten E_x und E_y aus Gl.(2.8) mit den Komponenten der Gl.(1.79) aus dem Vektorpotential **A** für ebene Felder. Dort waren

$$E_x = -\frac{\partial A_z}{\partial y} \quad \text{und} \quad E_y = +\frac{\partial A_z}{\partial x} \tag{2.9}$$

die Komponenten eines ebenen Feldes. Da E_x und ebenso E_y als linke Seiten der Gln.(2.8) und (2.9) einander gleich sind, müssen auch die rechten Seiten, die partiellen Ableitungen, einander gleich sein, d.h.:

$$\frac{\partial \psi}{\partial y} = \frac{\partial A_z}{\partial y} \quad \text{und} \quad \frac{\partial \psi}{\partial x} = \frac{\partial A_z}{\partial x} \tag{2.10}$$

Dies aber bedeutet, abgesehen von einer Integrationskonstanten, die Gleichheit:

$$\boxed{\psi = A_z} \tag{2.11}$$

Die aus der Stromfunktion ψ abgeleiteten Feldstärken sind gleich den aus dem Vektorpotential $\mathbf{A}(0,0,A_z)$ abgeleiteten Feldstärken ebener Felder. Man kann daher im Bedarfsfalle die Feldstärken ebener Felder, z.B. E_x und E_y, wahlweise aus einer der beiden skalaren Ortsfunktionen $\phi(x,y)$ und $\psi(x,y)$ oder aber auch, falls dies im Einzelfalle zweckmäßig erscheint, aus der z-Komponente des Vektorpotentials $A_z(x,y)$ berechnen. Bei dreidimensionalen Feldern gibt es die Gleichheit zwischen ψ und A_z nicht!

Nun haben wir, wenn wir vom Vektorpotential **A** absehen, die Komponenten E_x und E_y einmal aus dem Skalarpotential ϕ das andere Mal aus der ebenfalls skalaren Ortsfunktion ψ dargestellt. Aus den Gleichungen (2.6) und (2.8) folgt, daß

$$\boxed{\frac{\partial \phi}{\partial x} = \frac{\partial \psi}{\partial y}} \quad \text{und} \quad \boxed{\frac{\partial \phi}{\partial y} = -\frac{\partial \psi}{\partial x}} \tag{2.12}$$

Diesen Zusammenhang zwischen Strom– und Potentialfunktion nennt man die *Cauchy–Riemannschen Differentialgleichungen*. Rein formal betrachtet sagen sie aus, daß eine skalare Ortsfunktion ϕ nach x differenziert zum gleichen Ergebnis führt, wie eine andere Ortsfunktion ψ, die nach y differenziert wird. Ferner: ϕ nach y differenziert, ist gleich $-\psi$ nach x differenziert. Tatsächlich gelten diese Cauchy–Riemann–Gleichungen, wie in den Voraussetzungen gefordert wurde, nur bei Quellen– und Wirbelfreiheit der in Frage kommenden Felder.

Das heißt, sie gelten für analytische (=stetige und differenzierbare) Funktionen. Sowohl ϕ wie auch ψ müssen quellen– und wirbelfreie Felder darstellen, wie sie in der Statik (ohne Quellen und Grenzflächen) und im streng stationären Strömungsfeld (ohne Wirbel) vorkommen.

$\phi(x, y)$ und $\psi(x, y)$ sind solche analytische Funktionen sowohl bei statischen wie auch bei quasistatischen (streng stationären) Strömungsfeldern. Es dürfen auch keine Quellen oder Wirbel an Grenzflächen mit sprungartigen Längs– oder Queränderungen der Felder auftreten. Sie würden den Feldverlauf stören und wären ein Verstoß gegen die getroffenen Voraussetzungen der Quellen– und Wirbelfreiheit.

Da aber elektrische und magnetische Felder durch Quellen oder durch Wirbel entstehen, müssen die Orte der Erzeugung bei der Feldbeschreibung durch ϕ oder ψ ausgegrenzt werden. Zur Beschreibung mittels ϕ oder ψ eignen sich sowohl quellenfreie Quellenfelder (sie sind stets wirbelfrei) als auch wirbelfreie Wirbelfelder (sie sind quellenfrei).

Wir nannten ϕ die *Potentialfunktion* und ψ die *Stromfunktion*. Wir können zeigen, daß Linien $\phi = const$, also Äquipotentiallinien und Linien $\psi = const$, also Äquistromlinien senkrecht aufeinander stehen. Da beide Funktionen Skalarfunktionen und daher selbst ungerichtete Größen sind, verwenden wir ihre Gradienten. Stehen diese senkrecht aufeinander, so tun dies auch die zugehörigen Äquipotential– bzw. Äquistromlinien.

Wir bilden also $grad\ \phi$ und $grad\ \psi$:

$$grad\ \phi = \frac{\partial\phi}{\partial x}\ \mathbf{e_x} + \frac{\partial\phi}{\partial y}\ \mathbf{e_y} \qquad (2.13)$$

Wegen der Gültigkeit der Cauchy–Riemannschen Differentialgleichungen gilt:

$$grad\ \psi = \frac{\partial\psi}{\partial x}\ \mathbf{e_x} + \frac{\partial\psi}{\partial y}\mathbf{e_y} = -\frac{\partial\phi}{\partial y}\ \mathbf{e_x} + \frac{\partial\phi}{\partial x}\ \mathbf{e_y} \qquad (2.14)$$

Und das Skalarprodukt beider Gradientenvektoren ist:

$$grad\ \phi \cdot grad\ \psi = -\frac{\partial \phi}{\partial x}\frac{\partial \phi}{\partial y}\mathbf{e_x}^2 + \frac{\partial \phi}{\partial y}\frac{\partial \phi}{\partial x}\mathbf{e_y}^2 = 0 \qquad (2.15)$$

Somit ist gezeigt worden, daß die beiden Gradienten und daher auch die zugehörigen Äquilinien senkrecht aufeinander stehen. Die Äquipotentiallinien repräsentieren konstantes Potential, die Äquistromlinien repräsentieren die Feld– oder Stromlinien.

Beide Funktionen ϕ und ψ genügen im quellenfreien Raum der Laplaceschen Differentialgleichung, was nachfolgend gezeigt wird.

Aus den Gln.(2.6) und (2.7) folgt für ϕ wegen der Quellenfreiheit $div\ \mathbf{E} = 0$:

$$div\ \mathbf{E} = div(-grad\ \phi) = -\frac{\partial^2 \phi}{\partial x^2} - \frac{\partial^2 \phi}{\partial y^2} = -\Delta\phi = 0 \qquad (2.16)$$

Ebenso gilt bei den getroffenen Voraussetzungen für die quellenfreie (und natürlich auch wirbelfreie) Funktion ψ, das ebenso wie ϕ eine analytische Funktion sein muß:

$$div\ \mathbf{E} = div(grad\ \psi) = \frac{\partial^2 \psi}{\partial x^2} + \frac{\partial^2 \psi}{\partial y^2} = \Delta\ \psi = 0, \qquad (2.17)$$

Da, wie wir bereits wissen, Linien $\phi = const$ und Linien $\psi = const$ senkrecht aufeinander stehen, nennt man beide auch *orthogonale Potentiale*. Man kann im Einzelfall auch entscheiden, ob ϕ oder ob ψ Potentialfunktion sein soll. Die andere Funktion ist dann jeweils die Stromfunktion.

2.2   Komplexes Potential

Wir sind dabei, die Voraussetzungen für konforme Abbildungen zu erarbeiten. Diese konformen Abbildungen können nur auf ebene Probleme angewandt werden. Solche ebenen Probleme lassen sich oftmals besonders einfach mit der komplexen, zweidimensionalen Rechnung behandeln. Daher wollen wir jetzt sehen, wie sich Potentialfunktion, Stromfunktion und Feldstärken komplex berechnen lassen.

Wir gehen aus von einem komplexen Potential

$$\underline{w} = u + jv \qquad\qquad (2.18)$$

Wie man sieht, stehen Linien $u = const$ und Linien $v = const$, hier als Linien, parallel zu den Achsen einer $\underline{w}$-Ebene, orthogonal aufeinander. Ebenso wie die Potentiale $\phi(x, y)$ und $\psi(x, y)$ reelle analytische Funktionen von x und y waren, können dies auch die die reellen Variablen $u(x, y)$ und $v(x, y)$ der komplexen Funktion $\underline{w}$ sein.

Im Hinblick auf das komplexe Potential, das wir nun besprechen wollen, ersetzen wir $\phi(x, y)$ durch $u(x, y)$ und $\psi(x, y)$ durch $v(x, y)$. Dieser Übergang geschieht nur deshalb, weil $u(x, y)$ und $v(x, y)$ bei komplexem Potential und nachher auch bei der konformen Abbildung gängige Funktionsbezeichnungen sind, während ϕ und ψ üblicherweise den Skalarpotentialen vorbehalten sind.

Ebenso wie u und v zur komplexen Variablen $\underline{w}$ zusammengefaßt wird, lassen sich auch x und y zur komplexen Variablen $\underline{z}$ zusammenfassen.

Da wir nur andere Funktionsnamen, bei gleich gebliebenen Voraussetzungen, verwendet haben, gelten die Cauchy–Riemannschen Differentialgleichungen auch für $u(x, y)$ und für $v(x, y)$:

$$\boxed{\frac{\partial u}{\partial x} = \frac{\partial v}{\partial y}} \qquad \text{und} \qquad \boxed{\frac{\partial v}{\partial x} = -\frac{\partial u}{\partial y}} \qquad (2.19)$$

Differenziert man beide Gleichungen nach x, vertauscht die Reihenfolge der Differentiation, setzt jeweils die andere Cauchy–Riemann–Gleichung ein und sortiert nach einer Seite, dann erhält man die Laplacesche Potentialgleichung:

$$
\begin{aligned}
\frac{\partial u}{\partial x} &= \frac{\partial v}{\partial y} & \frac{\partial v}{\partial x} &= -\frac{\partial u}{\partial y} \\
\frac{\partial^2 u}{\partial x^2} &= \frac{\partial}{\partial x}\left(\frac{\partial v}{\partial y}\right) & \frac{\partial^2 v}{\partial x^2} &= -\frac{\partial}{\partial x}\left(\frac{\partial u}{\partial y}\right) \\
\frac{\partial^2 u}{\partial x^2} &= \frac{\partial}{\partial y}\left(\frac{\partial v}{\partial x}\right) & \frac{\partial^2 v}{\partial x^2} &= -\frac{\partial}{\partial y}\left(\frac{\partial u}{\partial x}\right) \\
\frac{\partial^2 u}{\partial x^2} &= \frac{\partial}{\partial y}\left(\frac{-\partial u}{\partial y}\right) & \frac{\partial^2 v}{\partial x^2} &= -\frac{\partial}{\partial y}\left(\frac{\partial v}{\partial y}\right)
\end{aligned}
\qquad (2.20)
$$

$$\boxed{\frac{\partial^2 u}{\partial x^2} + \frac{\partial^2 u}{\partial y^2} = 0} \qquad\qquad \boxed{\frac{\partial^2 v}{\partial x^2} + \frac{\partial^2 v}{\partial y^2} = 0}$$

Man sieht, u und v genügen der Laplaceschen Differentialgleichung.

Man faßt in der Regel u und v zusammen zum *komplexen Potential* $\underline{w} = u + jv$ und nennt u und v *konjugierte Potentiale*, obgleich es sich um orthogonale Potentiale handelt. Denn nur bei diesen ist die Funktion $f(\underline{z})$ *analytisch* oder *holomorph* oder *regulär*. Damit diese Eigenschaft bei praktischen Aufgaben erfüllt ist, muß $f(\underline{z})$ im Sinne der Funktionentheorie differenzierbar sein, das heißt, $u(x,y)$ und $v(x,y)$ müssen im Punkte $\underline{z}$ stetige partielle Ableitungen haben, damit die Cauchy–Riemannschen Differentialgleichungen (Bedingungsgleichungen!) überprüft werden können. Sind die Cauchy–Riemannschen Differentialgleichungen erfüllt, dann ist $\underline{w} = f(\underline{z})$ eine holomorphe oder analytische oder reguläre Funktion.

Da u und v im allgemeinen von den Variablen x und y abhängen, kann man diese Variablen auch ausdrücken durch $\underline{z} = x + jy$ bzw. durch $\underline{z}^* = x - jy$, wobei $\underline{z}^*$ die konjugiert komplexe Variable zu $\underline{z}$ darstellt. ($\underline{z}$ hat hier nichts zu tun mit der sonst üblichen Verwendung als Variable der dritten Dimension!) Somit wird:

$$x = \frac{\underline{z} + \underline{z}^*}{2} \qquad \text{und} \qquad y = \frac{\underline{z} - \underline{z}^*}{2j} \qquad (2.21)$$

Man kann damit die Potentiale u und v anstatt durch x und y durch $\underline{z}$ und $\underline{z}*$ ausdrücken. Also:

$$u = f(\underline{z}, \underline{z}^*) \qquad \text{und} \qquad v = g(\underline{z}, \underline{z}^*) \qquad (2.22)$$

Hierbei muß man allerdings aufpassen, denn falls man $\underline{w} = \underline{w}(\underline{z}, \underline{z}^*)$ nur als Funktion von $\underline{z}$ und $\underline{z}^*$ und n i c h t von $\underline{z}$ a l l e i n angeben kann, dann ist x nicht starr mit jy zu $\underline{z}$ verbunden, weswegen $\underline{w}$ in der Regel nicht analytisch ist, und u und v keine konjugierten Potentiale sind. Solche Funktionen werden sich daher für konforme Abbildungen nicht eignen. Dagegen sind alle jene Funktionen analytisch, die sich anschreiben lassen als:

$$\boxed{\underline{w} = f(\underline{z}) = f(x + jy)} \qquad (2.23)$$

Einfachstes Beispiel einer nicht analytischen Funktion: $\underline{w} = u + jv = x - jy = \underline{z}*$. Statt $x + jy$ hat man hier $x - jy$; mit dem Realteil $u = x$ und dem Imaginärteil $v = -y$. Wir wenden Cauchy–Riemann an:

$$\frac{\partial u}{\partial x} = 1 \quad \neq \quad \frac{\partial v}{\partial y} = -1 \quad (\text{obwohl} \quad \frac{\partial v}{\partial x} = 0 \quad = \quad -\frac{\partial u}{\partial y} = 0).$$

Schon hier, in diesem wirklich einfachsten aller Beispiele, sind die Cauchy–Riemann–Gleichungen verletzt, also nicht erfüllt. Nehmen wir dagegen: $\underline{w} = u + jv = x + jy = \underline{z}$, so erhalten wir aus $u = x$, $v = y$:

$$\frac{\partial u}{\partial x} = 1 \quad = \quad \frac{\partial v}{\partial y} = 1 \quad \text{und} \quad \frac{\partial u}{\partial y} = 0 \quad = \quad \frac{-\partial v}{\partial x} = 0.$$

Hierbei sind die Cauchy–Riemann–Gleichungen erfüllt!

Achtung: Auch Funktionen der Art $\underline{w} = f(|\underline{z}|^2)$ mit $|\underline{z}|^2 = x^2 + y^2$, die zwar nur von $\underline{z}$ abhängen, genügen des Betrages von $\underline{z}$ wegen, nicht den Cauchy–Riemannschen Differentialgleichungen, was man leicht an der einfachen Funktion $\underline{w} = |\underline{z}|^2$ untersuchen kann.

Aus $\underline{w} = |\underline{z}|^2$ folgt wegen $|\underline{z}|^2 = \underline{z}\,\underline{z}^*$ der Realteil: $u = x^2 + y^2$; der Imaginärteil ist: $v = 0$. Damit wird $\partial u / \partial x = 2x \neq \partial v / \partial y = 0$, ebenso $\partial v / \partial x = 0 \neq -\partial u / \partial y = -2y$!

Achtung: Überdies gilt: Wenn in einzelnen Punkten die Ableitungen $d\underline{f}/d\underline{z} = 0$ oder $d f/d\underline{z} = \infty$ ist, dann ist eine ansonsten analytische Funktion in diesen *singulären* Punkten nicht analytisch. (Beispiel hierzu: Der Koordinatenursprung bei Potenzabbildungen. Für die Abszisse gilt dort bei der Abbildung im Koordinatennullpunkt nicht die Winkeltreue!)

Kapitel 3

Grundlagen der konformen Abbildung

3.1 Gleichungen zur Feldberechnung

Hat man ein ebenes Problem mit einem so sehr inhomogenen Feld, daß die Feldberechnung in geschlossener analytischer Darstellung nicht möglich ist, dann kann konforme Abbildung hilfreich sein. Der Grundgedanke ist: Man bildet das inhomogene Feld, dessen Feldstärke man berechnen will, auf ein Homogenfeld (z.B. auf das Feld eines Plattenkondensators) ab und kann, auf Grund der Invarianz der Feldstärke bei der Abbildung, die inhomogene Feldstärke berechnen.

Die Schwierigkeit der konformen Abbildung besteht nun hauptsächlich darin, die richtige oder eine geeignete Abbildungsfunktion zu finden. Denn es gibt keine Methode, die zwangsläufig zur Abbildungsfunktion führt. Man verschafft sich daher häufig einen Katalog, also eine Sammlung von Abbildungsfunktionen, siehe z.B. /2/ und /10/, die einen Überblick über die verschiedenen Möglichkeiten der Abbildung geben. In vielen Fällen kann ein und dieselbe Abbildungsfunktion, je nach Wahl bestimmter Konstanten, unterschiedliche Feldbilder berechnen, wie wir sehen werden.

Im Abschnitt 1.4, Gleichung (1.92), wurde gezeigt, daß ein ebenes Feld aus der Wirbeldichte rot **A** eines Vektorpotentials gebildet werden kann, wenn dieses Vektorpotential nur eine Komponente, hier $A_z \neq 0$ aufweist.

Im Abschnitt 2.1 haben wir eine ebene Feldstärke aus dem Skalarpotential ϕ, Gleichung (2.6) und aus dem Skalarpotential ψ der Stromlinien, Gleichung (2.8) angegeben.

Für $grad\ \phi$ und für $grad\ \psi$ gilt Quellen– und Wirbelfreiheit. Es gelten die

Cauchy–Riemannschen Differentialgleichungen und die Laplacesche Potential-gleichung. Zusätzlich sind die Funktionen ϕ und ψ, wie gezeigt wurde, Ortho-gonalscharen.

Damit haben wir alle Voraussetzungen, um konforme Abbildung zu beginnen.

So wie wir im Abschnitt 2.2 die Potentiale u und v zu einem komplexen Potential $\underline{w}$ zusammengefaßt haben, können wir dies auch mit ϕ und ψ tun. Dabei ist $\underline{\chi} = \underline{f}(\underline{z})$ und es sind $u = g(x, y)$, $v = h(x, y)$:

$$\underline{\chi}(\underline{z}) = \phi(x, y) + j\psi(x, y) \qquad (3.1)$$

Es entsprechen einander völlig gleichwertig, also identisch:

$$\underline{\chi}(\underline{z}) \equiv \underline{w}(\underline{z}); \qquad \phi(x, y) \equiv u(x, y); \qquad \psi(x, y) \equiv v(x, y). \qquad (3.2)$$

Daraus wollen wir die komplexe Feldstärke $\underline{F}$ berechnen. Rein schreibtechnisch tun wir uns leichter, mit $\underline{w} = u + jv$ zu arbeiten. Vielleicht sind $\underline{w}$, u und v auch leichter voneinander zu unterscheiden als $\underline{\chi}$, ϕ und ψ. Die Lösungen können wir danach, falls wir dies wünschen, für $\underline{\chi} = \phi + j\psi$ übernehmen.

3.1.1   Die vollständigen Ableitungen $d\underline{w}/d\underline{z}$

Wir benötigen diese Ableitungen zur Herleitung einiger Formeln für die Feldberechnung.

$$\frac{d\underline{w}}{d\underline{z}} = \frac{d(u + jv)}{d(x + jy)} = \frac{du + jdv}{dx + jdy}, \qquad (3.3)$$

wobei $u = u(x, y)$ und ebenso $v = v(x, y)$ sind. Mit den vollständigen Differentialen werden:

$$du = \frac{\partial u}{\partial x} \, dx + \frac{\partial u}{\partial y} \, dy \qquad \text{und} \qquad dv = \frac{\partial v}{\partial x} \, dx + \frac{\partial v}{\partial y} \, dy, \qquad (3.4)$$

Setzt man Gl.(3.4) in Gl.(3.3) ein, so erhält man:

$$\frac{d\underline{w}}{d\underline{z}} = \frac{\dfrac{\partial u}{\partial x}dx + \dfrac{\partial u}{\partial y}dy + j\dfrac{\partial v}{\partial x}dx + j\dfrac{\partial v}{\partial y}dy}{dx + jdy} \qquad \cdot \frac{\dfrac{1}{dx}}{\dfrac{1}{dx}} \qquad (3.5)$$

$$\frac{dw}{dz} = \frac{\dfrac{\partial u}{\partial x} \cdot 1 + \dfrac{\partial u}{\partial y}\dfrac{dy}{dx} + j\dfrac{\partial v}{\partial x} \cdot 1 + j\dfrac{\partial v}{\partial y}\dfrac{dy}{dx}}{1 + j\dfrac{dy}{dx}}$$

Jetzt werden für $\partial u/\partial y$ und für $\partial v/\partial y$ die Cauchy–Riemannschen Differential-gleichungen eingesetzt, dann wird sortiert:

$$\frac{dw}{dz} = \frac{\dfrac{\partial u}{\partial x} - \dfrac{\partial v}{\partial x}\dfrac{dy}{dx} + j\dfrac{\partial v}{\partial x} + j\dfrac{\partial u}{\partial x}\dfrac{dy}{dx}}{1 + j\dfrac{dy}{dx}}$$

$$= \frac{\dfrac{\partial u}{\partial x} + j\dfrac{\partial v}{\partial x} + j\dfrac{dy}{dx}\left(\dfrac{\partial u}{\partial x} + j\dfrac{\partial v}{\partial x}\right)}{1 + j\dfrac{dy}{dx}}$$

$$= \frac{1 + j\dfrac{dy}{dx}}{1 + j\dfrac{dy}{dx}}\left(\frac{\partial u}{\partial x} + j\frac{\partial v}{\partial x}\right) \tag{3.6}$$

Somit ist schließlich:

$$\frac{dw}{dz} = \frac{\partial u}{\partial x} + j\frac{\partial v}{\partial x} = \frac{\partial(u + jv)}{\partial x} = \frac{\partial w}{\partial x} \tag{3.7}$$

Erweitert man Gl.(3.5) mit $1/dy$ anstatt mit $1/dx$ und setzt dann die Cauchy–Riemannschen Differentialgleichungen in umgekehrter Weise ein, so daß $\partial u/\partial x$ und $\partial v/\partial x$ substituiert werden, dann erhält man analog zu Gl.(3.7):

$$\frac{dw}{dz} = \frac{\partial v}{\partial y} + \frac{\partial u}{\partial(jy)} = \frac{\partial(u + jv)}{\partial(jy)} = \frac{\partial w}{\partial(jy)} = -j\frac{\partial w}{\partial y} \tag{3.8}$$

Der besseren Übersicht wegen multiplizieren wir diese Gleichung mit j, beginnen auf der linken Seite mit $\partial w/\partial y$ und erhalten:

$$j\left(-j\frac{\partial w}{\partial y}\right) = j\frac{\partial v}{\partial y} + j\frac{\partial u}{\partial(jy)}$$

$$\frac{\partial \underline{w}}{\partial y} = \frac{\partial u}{\partial y} + j \frac{\partial v}{\partial y} \tag{3.9}$$

Man erkennt hieraus, daß die bei konformer Abbildung auftretenden Verzerrungen in $x-$ und in $y-$ Richtung mit dem gleichen Maßstab erfolgen!

3.1.2 Ähnlichkeit und Winkeltreue konformer Abbildungen

Ist eine abbildende Funktion analytisch, d.h. stetig und differenzierbar, was durch Erfüllen der Cauchy–Riemannschen Differentialgleichungen nachgewiesen wird, dann nennt man die Abbildung *konform*. Solche Abbildungen sind im Kleinen *ähnlich* und *winkeltreu*, was gezeigt werden soll.

$\underline{z} = x + jy$ ist eine komplexe Veränderliche in der komplexen Ebene. $\underline{z}$ hat dabei nichts zu tun mit der dritten Raumdimension. Vielmehr besteht eine Verwandtschaft mit einem ebenen Vektor $\mathbf{r} = r\,(cos\,\varphi + j\,sin\,\varphi)$; denn beide markieren einen Punkt, $\mathbf{r}$ jedoch in der reellen, $\underline{z}$ in der komplexen Ebene.

In einem Punkt $\underline{z}_1$ der komplexen Ebene geben wir zwei differentielle vektorähnliche Zeiger an: $d\underline{z}_1$ und $d\underline{z}_2$, die im Kleinen einen Winkel α gegeneinander haben mögen. Wir wollen sehen, wie α vom Punkt $\underline{z}_1$ in den Winkel β im Punkt $\underline{w}_1$ der $\underline{w}$–Ebene abgebildet wird. Dazu bilden wir die differentiellen Zeiger $d\underline{w}_1$ und $d\underline{w}_2$, wobei wir eine Abbildungsfunktion $\underline{w} = \underline{f}(\underline{z})$ als gegeben voraussetzen:

$$d\underline{\mathbf{w}}_1 = \left.\frac{d\underline{f}}{d\underline{z}}\right|_{\underline{z}_1} \cdot d\underline{\mathbf{z}}_1 = \underline{f}'(\underline{z}_1)\,d\underline{\mathbf{z}}_1 \tag{3.10}$$

$$d\underline{\mathbf{w}}_2 = \left.\frac{d\underline{f}}{d\underline{z}}\right|_{\underline{z}_1} \cdot d\underline{\mathbf{z}}_2 = \underline{f}'(\underline{z}_1)\,d\underline{\mathbf{z}}_2 \tag{3.11}$$

Ergebnis: Die Abbildungsfunktion für $d\underline{z}_1$ und $d\underline{z}_2$ nach $d\underline{w}_1$ und $d\underline{w}_2$ ist jeweils die gleiche, nämlich $\underline{f}'(\underline{z}_1) = d\underline{w}/d\underline{z}|_{\underline{z}_1}$: Das bedeutet *Ähnlichkeit im Kleinen!* Nun zum Abbildungswinkel:

$$\alpha = arg(d\underline{\mathbf{z}}_2) - arg(d\underline{\mathbf{z}}_1) \quad \text{und} \quad \beta = arg(d\underline{\mathbf{w}}_2) - arg(d\underline{\mathbf{w}}_1)$$

$$= arg(\underline{f}' \cdot d\underline{\mathbf{z}}_2) - arg(\underline{f}' \cdot d\underline{\mathbf{z}}_1)$$

$$= arg(\underline{f}') + arg(d\underline{\mathbf{z}}_2) - arg(\underline{f}') - arg(d\underline{\mathbf{z}}_1)$$

$$= arg(d\underline{\mathbf{z}}_2) - arg(d\underline{\mathbf{z}}_1) = \alpha \tag{3.12}$$

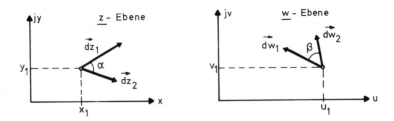

Bild 3.1, links: Winkel α in der $\underline{z}$–Ebene, rechts: gleicher Winkel $\beta = \alpha$ in der $\underline{w}$–Ebene

3.2 Die Formeln zur Feldberechnung

Bei konformer Abbildung, auf die wir hier hinarbeiten, wird das Feld einer Ebene auf eine andere Ebene abgebildet. Die beiden Ebenen sind die $\underline{z}(x,y)$–Ebene und die davon abhängige $\underline{w}(\underline{z}) = u(x,y) + jv(x,y)$ – Ebene.

Es gibt für die Feldberechnung zwei Möglichkeiten: Wir können uns entscheiden, entweder $u(x,y)$ oder $v(x,y)$ als Potential anzuwenden. Der eine Fall ist dual zum anderen und löst, bei gegebener Abbildungsfunktion, in der Regel ganz unterschiedliche Feldprobleme, wie wir sehen werden.

Oft aber kommt es vor, daß man entweder $v(x,y)$ oder $u(x,y)$ explizit gegeben hat und zur Berechnung der Feldstärke deren Gradient bilden will. Dann erhält man die gesuchte elektrische oder magnetische Feldstärke $\mathbf{F}$ durch Gradientenbildung aus dem gewählten Potential $u(x,y)$ oder $v(x,y)$ reell zu:

$$\boxed{\mathbf{F} = -grad\, u(x,y) = -\frac{\partial u(x,y)}{\partial x}\, \mathbf{e_x} - \frac{\partial u(x,y)}{\partial y}\, \mathbf{e_y}} \qquad (3.13)$$

Oder aus dem reellen $v(x,y)$ zu:

$$\boxed{\mathbf{F} = -grad\, v(x,y) = -\frac{\partial v(x,y)}{\partial x}\, \mathbf{e_x} - \frac{\partial v(x,y)}{\partial y}\, \mathbf{e_y}} \qquad (3.14)$$

Aber nicht immer stehen $u(x,y)$ und $v(x,y)$ explizit zur Verfügung. Oder es ist zweckmäßiger, zur Feldberechnung die Abbildungsfunktion $\underline{w} = f(\underline{z})$ selbst zu verwenden.

Hierzu gehen wir von den Gleichungen (3.7) und (3.8) aus und verwenden zusätzlich die Cauchy–Riemannschen Differentialgleichungen.

Es war Gl.(3.7):

$$\frac{d\underline{w}(\underline{z})}{d\underline{z}} = \frac{\partial u(x,y)}{\partial x} + j\frac{\partial v(x,y)}{\partial x} \tag{3.15}$$

Um hiermit zu den Feldlösungen zu kommen, darf nur $u(x,y)$ oder nur $v(x,y)$ als Potential bzw. als unabhängige Variable auf der rechten Seite des Gleichheitszeichens stehen. Wir müssen daher auf die Gleichung (3.15) die Cauchy-Riemannschen Dgln. anwenden.

Da aber nach Cauchy–Riemann: $\partial u/\partial x = \partial v/\partial y$ und $\partial v/\partial x = -\partial u/\partial y$ ist, gilt weiter für u als Potential:

$$\frac{d\underline{w}(\underline{z})}{d\underline{z}} = \frac{\partial u(x,y)}{\partial x} - j\frac{\partial u(x,y)}{\partial y} \tag{3.16}$$

Wir schreiben zum Vergleich nochmals Gl.(3.13) mit $grad\ u(x,y)$ reell an:

$$\mathbf{F} = -grad\ u(x,y) = -\frac{\partial u(x,y)}{\partial x}\ \mathbf{e_x} - \frac{\partial u(x,y)}{\partial y}\ \mathbf{e_y} \tag{3.17}$$

Da wir bei konformer Abbildung komplexe Größen brauchen, schreiben wir Gl.(3.17) nochmals, aber jetzt in komplexer Schreibweise (F unterstrichen) an. Dabei ist $j = \sqrt{-1}$ und wir erhalten:

$$\underline{F}(\underline{z}) = -\frac{\partial u(x,y)}{\partial x} - j\frac{\partial u(x,y)}{\partial y} \tag{3.18}$$

Betrachten wir nun Gl.(3.16) und vergleichen ihre Komponenten $\partial u/\partial x$ und $\partial u/\partial y$ mit den Komponenten der Gl.(3.17), dann erhalten wir daraus die x- und die y-Komponenten F_x und F_y der Feldstärke. Dabei ist zu beachten, daß die folgende Gleichung wegen des positiven Vorzeichens vor j die konjugiert komplexe Feldstärke $\underline{F}^*(\underline{z})$ liefert:

$$\boxed{-\frac{d\underline{w}(x,y)}{d\underline{z}} = -\frac{\partial u(x,y)}{\partial x} + j\frac{\partial u(x,y)}{\partial y} = F_x - jF_y = \underline{F}^*(\underline{z})} \tag{3.19}$$

Analog zur Herleitung der Gleichung (3.19) soll nun mit dem ebenso möglichen Potential $v(x, y)$ verfahren werden. Dazu gehen wir zurück zur Gleichung (3.7) und ersetzen darin, wieder durch Anwendung von Cauchy–Riemann, $u(x, y)$ so, daß rechts des Gleichheitszeichens nur das Potential $v(x, y)$ steht:

$$\frac{d\underline{w}(\underline{z})}{d\underline{z}} = \frac{\partial v(x, y)}{\partial y} + j\frac{\partial v(x, y)}{\partial x} \qquad (3.20)$$

Vergleichen wir diese Gleichung mit dem Gradienten

$$grad\, v(x, y) = -\frac{\partial v(x, y)}{\partial x}\, \mathbf{e_x} - \frac{\partial v(x, y)}{\partial y}\, \mathbf{e_y}\,, \qquad (3.21)$$

so sehen wir, daß

$$\boxed{\underline{F}^*(\underline{z}) = +j\frac{d\underline{w}(\underline{z})}{d\underline{z}} = -\frac{\partial v(x, y)}{\partial x} + j\frac{\partial v(x, y)}{\partial y}}. \qquad (3.22)$$

Somit haben wir die vollständige Ableitung $d\underline{w}/d\underline{z}$ ausgeschöpft. Die beiden umrahmten Gleichungen (3.19) und (3.22) sind, wie schon gesagt wurde, jeweils dann brauchbar, wenn die Abbildungsfunktion $\underline{w} = f(\underline{z})$ gegeben ist und zur Feldberechnung ausgewertet werden soll.

3.2.1 Zusammenfassung der Formeln

Im Kapitel 2 haben wir zunächst ebene Felder mit der reellen Potentialfunktion ϕ und der reellen Stromfunktion ψ berechnet. Wir haben uns von dem Ausdruck "Stromfunktion" wieder gelöst und von "orthogonalen Potentialen" gesprochen. Beide Potentiale haben der Laplaceschen Potentialgleichung genügt.

Dann haben wir das komplexe Potential $\underline{w} = u + jv$ eingeführt und gesehen, daß sowohl u wie auch v als konjugierte Potentiale sowohl der Laplaceschen Potentialgleichung, wie auch den Cauchy–Riemannschen Differentialgleichungen genügen. Statt $\underline{w} = u + jv$ kann man ebenso die komplex angeschriebenen, konjugierten Potentiale $\underline{\chi} = \phi + j\psi$ verwenden.

Konforme Abbildung, die wir betreiben wollen, spielt sich im Komplexen ab. Die Ebene, in der unsere Aufgabenstellung mit inhomogenem Feld und unbekannten, gesuchten Feldstärken gegeben ist, sei auf jeden Fall die $z(x,y)$–Ebene.

Wir können nun entweder mit der komplexen Ebene $\underline{w}(u(x,y),\ v(x,y))$ oder mit der komplexen Ebene $\chi(\phi(x,y),\ \psi(x,y))$ arbeiten. Wir haben uns der Übersichtlichkeit wegen und aus schreibtechnischen Gründen bei der Erstellung dieser Niederschrift, bereits für die $\underline{w}$–Ebene und gegen die χ–Ebene entschieden.

Dabei kann wahlweise $u(x,y)$ oder $v(x,y)$ als Potentialfunktion verwendet werden. Die andere, nicht als Potential gewählte Funktion, ist dann Stromfunktion. Ob wir im Einzelfalle $u(x,y)$ oder $v(x,y)$ als elektrisches oder magnetisches Potential verwenden, hängt, wie wir sehen werden, von der Abbildungsfunktion und von der gestellten Aufgabe ab.

Feldaufgaben, die wir mit konformer Abbildung lösen wollen, seien also in der z–Ebene, nach Bild 3.2 gegeben:

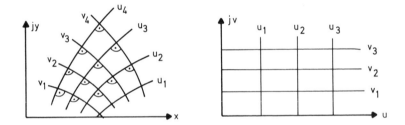

Bild 3.2: Koordinatensysteme der z–Ebene: (x,y) und der $\underline{w}$–Ebene: (u,v)

Betragsformeln zur Feldberechnung

Ohne Herleitung seien noch zwei Formeln zur Feldberechnung angegeben. Sie liefern nur die Beträge und eignen sich für solche Aufgaben, bei denen die partiellen Ableitungen der Umkehrfunktionen, also $\partial x/\partial u$ und $\partial y/\partial u$ oder: $\partial x/\partial v$ und $\partial y/\partial v$ gegeben sind.

Im Falle, daß $u(x,y)$ als Potential gewählt wird, gilt:

$$|\underline{F}| = |F_x + jF_y| = \frac{1}{\sqrt{(\frac{\partial x}{\partial u})^2 + (\frac{\partial y}{\partial u})^2}} \qquad (3.23)$$

Und für den Fall, daß $v(x, y)$ als Potential gewählt wird, gilt:

$$\underline{|F|} = |F_x + jF_y| = \frac{1}{\sqrt{(\frac{\partial x}{\partial v})^2 + (\frac{\partial y}{\partial v})^2}} \tag{3.24}$$

Folgende Formeln, die wir bereits hergeleitet haben, stehen uns zur Berechnung der elektrischen oder magnetischen Feldstärken zur Verfügung. Diese Formeln sind aber auch zur Berechnung anderer quellen- und wirbelfreien Felder, wie beispielsweise Temperaturfelder, verwendbar. Der Übersichtlichkeit halber seien sie in Tabelle 1 zusammengefaßt. Wir schreiben diese Ergebnisformeln in den nachfolgend nur noch verwendeten Variablen $\underline{w}(x, y) = u(x, y) + jv(x, y)$ an. **F** ist die vektorielle, $\underline{F}$ ist die komplexe und $\underline{F}^*$ die konjugiert komplexe Feldstärke.

Komplexes Potential $\underline{w}(\underline{z}) = u(x,y) + jv(x,y)$			
Potential $= u(x,y)$		Potential $= v(x,y)$	
1)	$\underline{F}^* = -\dfrac{d\underline{w}(\underline{z})}{d\underline{z}} = F_x - jF_y$	4)	$\underline{F}^* = +j\dfrac{d\underline{w}(\underline{z})}{d\underline{z}} = F_x - jF_y$
2)	$\mathbf{F} = -grad\, u(x,y)$	5)	$\mathbf{F} = -grad\, v(x,y)$
3)	$\underline{|F|} = \dfrac{1}{\sqrt{(\frac{\partial x}{\partial u})^2 + (\frac{\partial y}{\partial u})^2}}$	6)	$\underline{|F|} = \dfrac{1}{\sqrt{(\frac{\partial x}{\partial v})^2 + (\frac{\partial y}{\partial v})^2}}$

Tabelle 1: Formeln zur Feldberechnung bei konformer Abbildung

Kapitel 4

Praxis der konformen Abbildung

Es sei nochmals betont, daß die konforme Abbildung nur zur Lösung von ebenen, quellen- und wirbelfreien Feldproblemen angewandt werden kann. Sind diese Voraussetzungen erfüllt, dann gelten die Cauchy–Riemannschen Differentialgleichungen.

Metallische Flächen als Ränder müssen sich senkrecht zur Zeichenebene (in z–Richtung) sehr weit (theoretisch unendlich weit) ausdehnen. Parallel zu diesen können auch Linienquellen oder –senken verlaufen. Dagegen ist jede Anordnung einer einzelnen oder mehrerer Punktladungen oder eine örtlich begrenzte Raumladungsdichte, die als Quellen oder Senken im Raum wirken, kein ebenes, sondern ein räumliches Feldproblem und daher mittels konformer Abbildung nicht berechenbar.

Die praktische Durchführung einer konformen Abbildung kann in drei Teilaufgaben zerlegt werden: Bei gegebener Geometrie muß die Abbildungs-funktion ermittelt werden. Dies ist meist der schwierigste Teil der Aufgabe. Bei vorgegebener Abbildungsfunktion ist die Abbildungsgeometrie zu ermitteln. Als Zweites müssen diejenigen Randpotentiale festgelegt werden, die den gewünschten Feldausschnitt begrenzen, die also die Randwerte festlegen. Als Drittes ist die Feldberechnung durchzuführen.

Wir bezeichnen $\underline{w} = \underline{w}(\underline{z})$ als "Abbildungsfunktion". Demnach ist $\underline{z} = \underline{z}(\underline{w})$ die "Umkehrfunktion der Abbildungsfunktion". Zur Vermeidung dieser umständlichen Ausdrucksweise, nennen wir auch $\underline{z} = \underline{z}(\underline{w})$ "Abbildungs-funktion".

Hat man die Abbildungsfunktion $\underline{w}(\underline{z})$ und kann Real- und Imaginärteil voneinander separiert als komplexes Potential $\underline{w}(\underline{z}) = u(x, y) + jv(x, y)$ angeben, dann werden $u(x, y)$ und $v(x, y)$, dem Bedarf entsprechend, als

Potential– oder als Stromfunktion verwendet: Wenn $u(x,y) = const$ die Äquipotentiallinien liefert, dann erhalten wir aus $v(x,y) = const$ die Feld– oder Stromlinien, oder umgekehrt: $v(x,y) = const$ liefert Äquipotentiallinien und $u(x,y) = const$ die Feld– oder Stromlinien.

Andererseits braucht man die Umkehrfunktion $\underline{z} = \underline{z}(\underline{w})$, um zu erkennen, welche Geometrie die aus der $\underline{w}$–Ebene abgebildeten Geraden $u = const$ beziehungsweise $v = const$ dort annehmen.

Bei den theoretischen Betrachtungen des vorangehenden Kapitels haben wir uns nicht auf eine bestimmte Feldgröße festgelegt, sondern neutral komplex $\underline{F}$, bzw. als Vektor $\mathbf{F}$ gewählt. Dabei konnte die dadurch ausgedrückte Feldgröße durchaus eine bezogene und daher dimensionslose elektrische oder magnetische Größe sein. Berechnen wir künfig dimensionsbehaftete Größen, beispielsweise elektrische Feldstärken, so müssen die in der Tabelle 1 zusammengefaßten Formeln noch mit einem *Eichfaktor* (aus der $\underline{w}$–Ebene) ergänzt werden. Die Beispiele werden dies zeigen.

Wir werden bei unseren Beispielen die gesuchten Felder und deren Randgeometrien in der $\underline{z}$–Ebene darstellen, in der $\underline{w}$–Ebene dagegen das bekannte Homogenfeld. Wir wollen auch vereinbaren, daß wir künftig von einem v/u–System sprechen, wenn $v(x,y)$ als Potentialfunktion gewählt wird. Entsprechend sei $u(x,y)$ dann Potentialfunktion, wenn wir von einem u/v–System sprechen. F_z bzw. $\underline{F}_z$ sei die Feldstärke in der z–Ebene.

4.1   Potenzfunktionen

4.1.1   Der feldbestimmende Winkel

Zur Einführung gehen wir etwas ausführlicher vor, als es sonst üblich ist. Gegeben sei eine Potenz–Abbildungsfunktion $\underline{z} = \underline{w}^p$ mit zunächst $p < 1$, z.B. $\underline{z} = \underline{w}^{1/2}$. Das heißt, daß alle Punkte der komplexen $\underline{w}$–Ebene nach dieser Abbildungsfunktion auf die $\underline{z}$–Ebene und umgekehrt abgebildet werden. Tatsächlich aber interessiert uns nur die Abbildung der in der $\underline{w}$–Ebene vorgegebenen Geometrie.

Diese sei vorab nur die Koordinate $v_0 = 0$, die Abszisse der $\underline{w}$–Ebene. Für den Anfang wollen wir diese Abszisse punktweise in die $\underline{z}$–Ebene abbilden. Dazu betrachten wir Betrag und Argument der Abbildungsfunktion:

$$\underline{z} = \underline{w}^{1/2} = \sqrt{r_w \, e^{j\varphi}} = \sqrt{r_w} \, e^{j\varphi/2} \qquad (4.1)$$

Punktweises Abbilden bedeutet hier: Alle Beträge r_w der $\underline{w}$-Polarkoordinaten werden radiziert, die Winkel φ der $\underline{w}$-Ebene werden halbiert. Sie ergeben in der $\underline{z}$-Ebene den Winkel γ.

Die positive Halbabszisse hat die Winkel $\varphi = 0^0$, d.h. diese Halbgerade wird nur radiziert, bleibt aber ansonsten nach der Abbildung auch in der $\underline{z}$-Ebene positive Halbabszisse. Die negative Halbabszisse der $\underline{w}$-Ebene aber wird nicht nur radiziert, sondern erfährt eine Halbierung ihres Winkels von 180^0: $\gamma = 180^0/2 = 90^0$. Daher erscheint die ganze Abszisse der $\underline{w}$-Ebene in der $\underline{z}$-Ebene als Ecke mit rechtem Winkel.

Achtung: Die ganze $\underline{w}$-Ebene wird durch $\underline{z} = \underline{w}^{1/2}$ auf die obere halbe $\underline{z}$-Ebene abgebildet. Dabei wird die obere Hälfte der $\underline{w}$-Ebene ($v > 0$) auf die Hyperbeln im ersten Quadranten der $\underline{z}$-Ebene abgebildet mit der positiven Abszisse und der positiven Ordinate als Begrenzungen. Die untere $\underline{w}$-Halbebene wird durch $\underline{z} = \underline{w}^{1/2}$, in den zweiten Quadranten der $\underline{z}$-Ebene abgebildet, wobei die positive Ordinate und die negative Abszisse der $\underline{z}$-Ebene Ränder sind.

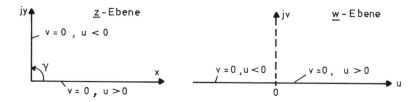

Bild 4.1: Links die Abbildung $\underline{z} = \underline{w}^{1/2}$ in der $\underline{z}$-Ebene; rechts die $\underline{w}$-Ebene mit der abzubildenden Abszisse

Natürlich handelt es sich in der $\underline{z}$-Ebene theoretisch um zwei senkrecht zur Zeichenebene unendlich weit ausgedehnte Halbebenen, die im rechten Winkel zueinander stehen. Deren Abbild in der $\underline{w}$-Ebene ist ein Plattenkondensator mit theoretisch unendlich weit ausgedehnten Platten.

Schreibt man als Exponenten in $\underline{z} = \underline{w}^p$ an Stelle von p allgemeiner: $p = \gamma/\pi$ und setzt in unserem Beispiel $\gamma/\pi = 1/2$, dann ergibt sich $\gamma = \pi/2$ als *feldbestimmenden Winkel* der nach $\underline{z}$ abgebildeten Abszisse der $\underline{w}$–Ebene.

Andere Beispiele für den feldbestimmenden Winkel γ in der $\underline{z}$–Ebene für die abgebildete Abszisse $v = v_0 = 0$ sind:

$p = \gamma/\pi=$	1/5	1/4	2/3	3/2	2
$\gamma = p \cdot \pi=$	$\pi/5$	$\pi/4$	$2\pi/3$	$3\pi/2$	2π

Tabelle 2: Feldbestimmender Winkel bei verschiedenen Exponenten

4.1.2   Die Abbildung $\underline{z} = \underline{w}^{1/2}$

Wir wählen als einfachste Geometrie in der $\underline{w}$–Ebene einen Platten-kondensator, dessen Plattenausdehnung theoretisch unendlich groß sein möge. Im Bild 4.2, rechts, sehen wir die Platten als Linien $v = const$. D.h. Geraden $v = const$ sind in der $\underline{w}$–Ebene Äquipotentiallinien. Es handelt sich also um ein v/u–System. Die Platten werden wie üblich an eine Spannung gelegt, wobei wir die homogene elektrische Feldstärke kennen. Als Spuren der Platten wählen wir die Koordinaten: $v_0 = 0$ (Abszisse) und $v_1 = 2\,cm$. Der Plattenabstand ist also $2\,cm$.

Wenn wir die zweite Platte der $\underline{w}$–Ebene mit $v = 2cm$, ebenfalls in Polarkoordinaten punktweise abbilden, so erhalten wir in der $\underline{z}$–Ebene die gezeichnete Hyperbel als Spur einer ebenfalls unendlich weit ausgedehnten hyperbelartigen Fläche.

In der Praxis berechnet man die abgebildete Funktion nicht punktweise, sondern verschafft sich, soweit möglich, einen analytischen Ausdruck.

Man zerlegt, was fast immer möglich ist, die Abbildungsfunktion in ihren Real– und ihren Imaginärteil. Dazu quadrieren wir die hier gegebene Funktion:

$$\underline{z}^2 = \underline{w}; \quad (x + jy)^2 = u + jv; \quad (x^2 + j\,2xy - y^2) = u + jv \qquad (4.2)$$

Der Realteil ist: $u = x^2 - y^2$; \qquad der Imaginärteil ist: $v = 2xy$.

Wir haben uns entschlossen, $v(x,y)$ als Potential zu verwenden. Nun suchen wir die Äquipotentiallinien der Abbildung in der $\underline{z}$–Ebene. Dazu muß $v =$

$v_c = const$ gesetzt werden und man erhält:

$$v_c = 2xy, \qquad \text{also} \qquad \boxed{x\,y = \frac{v_c}{2}} \tag{4.3}$$

Für verschiedene v_c erhält man eine Schar von Hyperbeln im ersten Quadranten der $\underline{z}$-Ebene, sofern $v_c > 0$ ist. Ist jedoch $v_c < 0$ (Parallelplatte in der $\underline{w}$-Ebene unterhalb der Abszisse,) dann liegt die Hperbelschar im zweiten Quadranten der $\underline{z}$-Ebene. Siehe Bild 4.2.

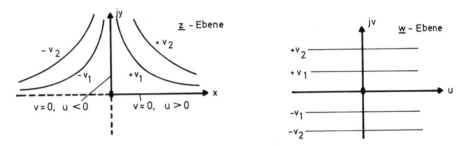

Bild 4.2: Abbildung von Geraden $v_c = const$ der $\underline{w}$-Ebene in die $\underline{z}$-Ebene

$d\underline{z}/d\underline{w} = f'(\underline{z}) = 1/(2\sqrt{\underline{w}})$ wird null für $\underline{w} = \infty$ und wird ∞ für $\underline{w}=0$. In $\underline{w}=0$ und ∞ haben wir daher keine analytische Funktion. Gelegentlich nennt man diese Stellen auch *Verzweigungspunkte*. Würde man die untere Hälfte der $\underline{z}$-Ebene mit der Funktion $\underline{w} = \underline{z}^2$ auf die $\underline{w}$-Ebene abbilden wollen, so käme man dort in das zweite Riemannsche Blatt, was nicht zulässig ist. (Riemannsche Blätter liegen übereinander, wobei eine dieser Ebenen in die andere übergeht.)

Die Feldberechnung

Zur Feldberechnung kann man, da die Abbildungsfunktion gegeben ist, etwa die Formel 4) auf Seite 51 verwenden. Unsere Abbildungsfunktion lautete $\underline{z} = \sqrt{\underline{w}}$. Daraus erhalten wir $\underline{F}_z^*$ in der $\underline{z}$-Ebene.

$$
\begin{aligned}
\underline{F}_z^* \;\hat{=}&\quad j\frac{d\underline{w}}{d\underline{z}} = j\,\frac{1}{d\underline{z}/d\underline{w}} \\[2mm]
\hat{=}&\quad F_x - jF_y \hat{=} -2\,y + j2\,x
\end{aligned}
\tag{4.4}
$$

Wir schreiben hier das Zeichen "$\hat{=}$", weil wir den *Eichfaktor* (siehe weiter unten), der für den richtigen Zahlenwert und für die richtige Einheit verantwortlich ist, noch nicht berücksichtigt haben. In der $\underline{w}$ – Ebene haben wir einen Plattenkondensator. Und es ist ein Unterschied, ob in der $\underline{w}$–Ebene 10 V oder 1000 V an diesem Plattenkondensator anliegen. Die Mathematik weiß auch nicht, um welche physikalische Einheit es sich handelt.

Der Eichfaktor F_w

Der *Eichfaktor* wird in der $\underline{w}$–Ebene gebildet. Daher nennen wir ihn F_w. Wir nehmen an, es lägen $10\ kV$ am Kondensator, dessen Platten bei $v_0 = 0$, $v_1 = 2cm$ liegen. Dann ist die neutrale Feldgröße $\mathbf{F} = \mathbf{E}$ (elektrische Feldstärke) und der Eichfaktor ist $F_w = 10\ kV/2\ cm = 5\ kV/cm$. Somit erhalten wir bei gleichzeitigem Übergang von der konjugiert komplexen zur komplexen Feldstärke (ohne Stern) in der $\underline{z}$–Ebene:

$$\underline{E}_z = (-2\,y - j2\,x)\,F_w = (-2\,y - j2\,x)\frac{5\ kV}{cm}$$

$$\underline{E}_z(x,y) = (-y - jx)\frac{10\ kV}{cm} \tag{4.5}$$

Die Lösung liegt jetzt vor. Es können x–Werte und y–Werte, die zwischen beiden Elektroden in der $\underline{z}$–Ebene vorkommen, eingesetzt werden und man erhält die Komponenten der elektrischen Feldstärke. Wie üblich erhält man den Betrag der Feldstärke zu:

$$E_z = \sqrt{Realteil^2 + Imaginärteil^2} = \sqrt{x^2 + y^2} \cdot \frac{10\ kV}{cm}$$

Die elektrische Feldstärke haben wir gerade aus $\underline{F}_z^* = \underline{E}_z^* \hat{=} j\,d\underline{w}/d\underline{z}$ ermittelt. Sie kann auch aus der bekannten Potentialfunktion $v(x,y)$ als reeller Gradient berechnet werden, nach Formel 5) der Tabelle 1:

$$\mathbf{E_z} = -grad\,v(x,y)\,F_w = (-2y\,\mathbf{e_x} - 2x\,\mathbf{e_y})\,F_w.$$

Den Eichfaktor F_w brauchen wir immer. In Aufgaben, bei denen das Homogenfeld ein Plattenkondensator ist, ist der Eichfaktor stets gleich seiner Potentialdifferenz, dividiert durch den Plattenabstand Δs:

$$\text{bei Parallelplatten:}\quad F_w = \frac{U}{\Delta s} \tag{4.6}$$

Verwenden wir jedoch in der Homogenfeldebene ausnahmsweise ein radial-
homogenes, winkelunabhängiges Feld, z.B. das eines kreisförmigen Zylinderkondensators, dann sieht der Eichfaktor anders aus:

$$\text{bei Zylinderkondensator:} \quad F_w = \frac{U}{\rho_w \ ln\frac{r_a}{r_i}} \tag{4.7}$$

Hierbei ist der Eichfaktor nicht konstant, sondern abhängig vom Radius ρ_w
zwischen der Ortskoordinate (u, v) und der Achse des Zylinderkondensators
in der $\underline{w}$–Ebene.

4.1.3   Weitere Potenzfunktionen

In der Tabelle 2 haben wir bereits die feldbestimmenden Winkel für andere
Exponenten als $p = \gamma/\pi = 1/2$ kennen gelernt. Für diese Exponenten,
also für die Abbildungsfunktion $\underline{z} = \underline{w}^p$, wollen wir die Abbildungen von
Geraden $v = const$ ansehen. Sie seien wieder die Spuren entsprechender
Kondensatorplatten in der $\underline{w}$–Ebene.

Im Bild 4.4 sind für die Exponenten $\gamma/\pi = 3/2$, $1/2$, $4/3$, 1.0, $3/2$ und 2 die
abgebildeten Linien $v = const$ zusammen mit den Feldlinien $u = const$ des
v/u–Systems nach /10/ dargestellt.

Das zu allen vier Geometrien von Bild 4.4 gehörige Plattenkondensator ist im
Bild 4.3 dargestellt:

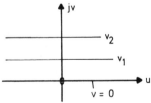

Bild 4.3: Kondensator mit parallelen Platten in der $\underline{w}$–Ebene

Die Abbildungsfunktionen nach Bild 4.4 sind technisch auch deswegen
interessant, da sie gestatten, nicht nur das elektrische Feld zwischen der
Ecke und einer hyperbelartigen Elektrode zu berechnen, sondern auch
zwischen zwei hyperbelartigen Elektroden; z.B. zwischen den Elektroden
mit den Potentialen $v = 1$ und $v = 2$. Dabei hat man immer im einfach

zusammenhängenden Bereich e i n e r Ebene zu bleiben!

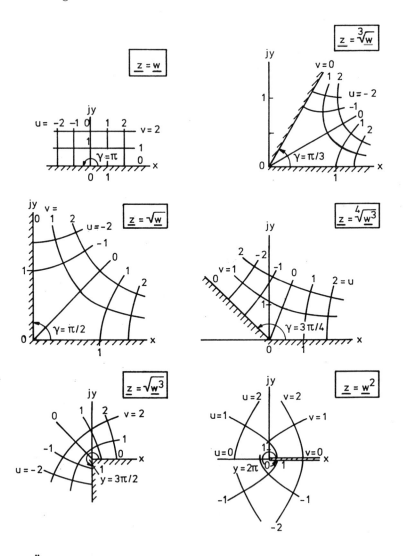

Bild 4.4: Äquipotential– und Feld– (bzw. Strom–) Linien bei Potenzabbildungen

4.2 Die Abbildungsfunktion $\underline{z} = \underline{w}^{-1}$

Die Geometrie

Ein Kreis, dessen Peripherie nicht durch $(0,0)$ geht, ergibt bei der Abbildung wieder einen Kreis; ein Kreis durch $(0,0)$ ergibt eine Gerade, da der Nullpunkt durch $\underline{w}^{-1}$ in den unendlich fernen Punkt wandert; eine Gerade durch $(0,0)$ ergibt ein Kreis durch $(0,0)$, weil der unendlich ferne Punkt wegen der Abbildung durch den Nullpunkt geht; eine Gerade, die nicht durch $(0,0)$ geht, ergibt einen Kreis durch $(0,0)$. In rechtwinkligen Koordinaten gilt:

$$u + jv = \frac{1}{x + jy} = \frac{x - jy}{x^2 + y^2} \qquad (4.8)$$

Daraus kann man sofort Real– und Imaginärteil entnehmen. Falls $v = v_c$ in einem v/u–System ein Potential wäre, erhielten wir:

$$v_c = \frac{-y}{x^2 + y^2} \qquad \text{oder} \qquad x^2 + y^2 = -\frac{y}{v_c}$$

Addiert man beidseitig als quadratische Ergänzung: $(1/(2v_c))^2$, dann erhält man für das Potential v_c als Parameter die Funktion:

$$\boxed{x^2 + \left(y + \frac{1}{2\,v_c}\right)^2 = \left(\frac{1}{2\,v_c}\right)^2}$$

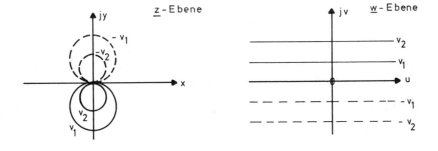

Bild 4.5: Abbildung von Geraden $v = v_c$ im v/u–System bei $\underline{z} = \underline{w}^{-1}$

Dies aber ist die Gleichung für eine Schar von Kreisen, die sich alle im Koordinatennullpunkt berühren und deren Mittelpunkt auf der y–Achse liegt. Siehe Bild 4.5.

Entsprechend ergeben die Geraden $u = const$ der $\underline{w}$–Ebene, abgebildet auf die $\underline{z}$–Ebene eine Schar von Kreisen, die sich ebenfalls im Nullpunkt berühren, deren Mittelpunkte aber auf der x–Achse liegen.

Die Kreise sind Spuren von Zylindern. Sie alle berühren sich im Koordinatenursprung der $\underline{z}$–Ebene und haben daher als Metallkörper gleiches Potential. Es müßten aber mindestens zwei dieser Kreise (Zylinder) an unterschiedliches Potential gelegt werden können, um dazwischen ein Feld zu erzeugen. Da dies nicht geht, ist diese Abbildung elektrisch nicht zu gebrauchen!

Radialfeldeingabe bei der Abbildung $\underline{z} = \underline{w}^{-1}$

Die Geometrie

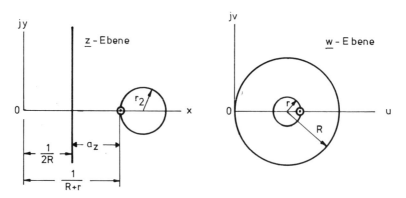

Bild 4.6: Kreis (Zylinder) gegen Gerade (Ebene)

Wir verwenden jetzt in der $\underline{w}$–Ebene keinen Plattenkondensator für das bekannte Ausgangsfeld, sondern ausnahmsweise einen Zylinderkondensator mit sogenannter Radialfeldeingabe, siehe Bild 4.6.

In der $\underline{z}$–Ebene haben wir als Abbildung einen Kreis (Zylinder) gegenüber einer Geraden (Ebene).

In der $\underline{w}$–Ebene gelten die konstanten Radien r und R der beiden Kreise. In der $\underline{z}$–Ebene ist der Radius des Zylinders:

$$r_z = \frac{r}{R^2 - r^2} \qquad \text{im Abstand} \qquad a_z = \frac{R - r}{2\,R\,(R + r)}$$

von der Ebene. Diese hat den Abstand $1/(2R)$ von der y–Achse.

Feldberechnung

Der Betrag der elektrischen Feldstärke von Zylinder gegen Ebene läßt sich nach etwas längerer Zwischenrechnung berechnen, zum Beispiel mit der Formel 6) der Tabelle 1, zu:

$$|E_z| = (u^2 + v^2)\,F_w = \frac{1}{x^2 + y^2}\,F_w \qquad \text{mit} \qquad F_w = \frac{U}{\rho_w\,ln\frac{R}{r}} \qquad (4.9)$$

mit ρ_w als Abstand der Ortskoordinate der w-Ebene zum dortigen Kreismittelpunkt.

Feld zwischen zwei Zylindern

Nach Prinz, /10/, kann die Abbildung $\underline{z} = \underline{w}^{-1}$ auch die konforme Abbildung zweier konzentrischer Kreise (Zylinder) mit Radialfeldeingabe auf zwei nebeneinander liegende Kreise (Zylinder) leisten. Zusammengefaßt gilt:

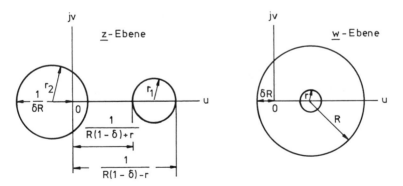

Bild 4.7: 2 koaxiale Kreise (Zylinder) abgebildet auf 2 auseinanderliegende Kreise (Zylinder)

Es sind r_1, r_2 die Radien der Kreise in der $\underline{z}$-Ebene und r, R die Radien in der $\underline{w}$-Ebene:

$$r_1 = \frac{1}{2}\left[\frac{1}{R(1-\delta)-r} - \frac{1}{R(1-\delta)+r}\right] \quad \text{und} \tag{4.10}$$

$$r_2 = \frac{1}{R\delta(2-\delta)} \tag{4.11}$$

und für den Sonderfall gleich großer Kreise $r_1 = r_2 = r_z$ in der $\underline{z}$–Ebene folgt:

$$\delta = 1 - \frac{1}{\sqrt{R/r}} \tag{4.12}$$

4.3 Die Exponentialabbildung $\underline{z} = exp(\underline{w})$

4.3.1 Konzentrische Kreiszylinder

Die Geometrie

In den Koordinaten ist:

$$x + jy = e^{u+jv} = e^u\, e^{jv} = e^u\,(cos\,v + j\,sin v) \tag{4.13}$$

Real– und Imaginärteile getrennt ergeben:

$$x = e^u\, cos\,v \qquad\qquad y = e^u\, sin\,v \tag{4.14}$$

Daraus folgt bei Quotientenbildung y/x beziehungsweise durch Quadrieren, wodurch wegen $(sin^2v + cos^2v) = 1$, der Sinus und der Cosinus herausfallen:

$$tan\,v = \frac{y}{x} \qquad\qquad e^u = \sqrt{x^2 + y^2} \tag{4.15}$$

Somit erhält man:

$$\boxed{y = tan\,v \cdot x} \qquad \text{bzw.} \qquad \boxed{x^2 + y^2 = e^{2u}} \tag{4.16}$$

In einem v/u–System mit $v = v_c = const$ als Äquipotentiallinien erhält man ein Geradenbüschel, mit Berührung im Nullpunkt. Diese Geometrie ist für elektrische Felder nicht zu gebrauchen!

Anders beim u/v–System mit $u = u_c = const$ als Äquipotentiallinien und $u(x, y)$ als Potentialfunktion:

$$e^{u_c} = \sqrt{x^2 + y^2} \qquad \text{quadriert:} \qquad \boxed{e^{2u_c} = x^2 + y^2 = r_z^2} \qquad (4.17)$$

Dies aber sind in der $\underline{z}$–Ebene Kreise mit den Radien $r_z = e^{u_c}$ oder $r_z^2 = e^{2u_c} = x^2 + y^2$. Siehe Bild 4.8.

- Für $u_c > 0$ ist $e^{2u_c} > 1$: Es entstehen in der $\underline{z}$–Ebene Kreise mit Radien $r > 1$.

- Für $u_c = 0$ ist $e^{2u_c} = e^0 = 1$: Es entsteht in der $\underline{z}$–Ebene ein Einheitskreis.

- Für $u_c < 0$ ist $e^{2u_c} < 1$: In der $\underline{z}$–Ebene entstehen Kreise mit Radien $r < 1$.

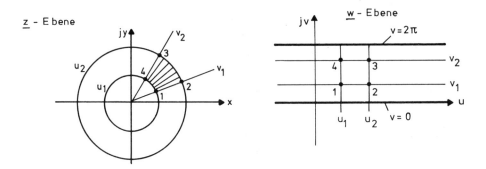

Bild 4.8: u/v–System mit Abbildung durch die Exponentialfunktion $\underline{z} = e^w$

Die Potentialwerte u können zwischen $u_c = -\infty$, dem Nullpunkt in der $\underline{z}$–Ebene, bis $u_c = +\infty$, das sind Kreise mit Radien $r_z = \infty$, gewählt werden. Dagegen bedeckt der Streifen $0 \leq v \leq 2\pi$ der $\underline{w}$–Ebene bei der Abbildung die ganze $\underline{z}$–Ebene !

Für $u_c = 0$ wird in der z–Ebene der Radius der Kreise (Zylinder) $r_z = 1$. Für zunehmend negative Werte von $u_c < 0$ werden die Radien r_z kleiner und kleiner. Der Grenzwert ist $u_c = -\infty$, wobei $r_z = 0$ wird. Praktisch reichen stark negative Werte u_c, um die Radien der Kreise in der $\underline{z}$–Ebene sehr klein werden zu lassen, wobei ein realer kreisrunder Draht mehr und mehr einem unendlich dünnen Linienleiter nahe kommt. Die Gerade $u_c = -\infty$ der $\underline{w}$–Ebene wird exakt in einen Linienleiter im Nullpunkt der $\underline{z}$–Ebene abgebildet und umgekehrt. Damit wird die Abbildung eines Linienleiters in einem Kreiszylinder auf parallele Platten der $\underline{w}$-Ebene ermöglicht.

Soweit zur Geometrie. Wir berechnen die Feldstärke zwischen den Kreisen (Zylindern) in der $\underline{z}$-Ebene.

Die Feldstärke

Wir logarithmieren die Potentialfunktion $e^{2u} = x^2 + y^2 = r_z^2$:

$$2u \, ln \, e = ln(x^2 + y^2) \quad \text{daher} \quad u = \frac{1}{2} ln(x^2 + y^2) = \frac{1}{2} ln \, r_z^2 \qquad (4.18)$$

Nach Gleichung 2) unserer Tabelle 1 im Abschnitt 3.2.1 erhalten wir:

$$\mathbf{E}_z = -grad \, u(x,y) \, F_w = -(\frac{x}{x^2 + y^2} \, \mathbf{e_x} + \frac{y}{x^2 + y^2} \, \mathbf{e_y}) \, F_w \qquad (4.19)$$

Und der Betrag der Feldstärke ist:

$$|\mathbf{E}|_z = \sqrt{\frac{x^2 + y^2}{(x^2 + y^2)^2}} \, F_w = \frac{1}{\sqrt{x^2 + y^2}} \, \frac{U}{u_2 - u_1} = \frac{1}{\rho_z} \, \frac{U}{u_2 - u_1} \qquad (4.20)$$

mit ρ_z als laufendem Radius vom Koordinaten–Nullpunkt zur Ortskoordinate in der $\underline{z}$-Ebene.

An dieser Stelle können wir die Richtigkeit von F_w beim radialhomogenen Feld überprüfen; denn wir wissen, daß das Ergebnis in der $\underline{z}$-Ebene lauten muß:

$$|\mathbf{E}|_z = \frac{U}{\rho_z \, ln\dfrac{r_{za}}{r_{zi}}} \qquad (4.21)$$

Im Nenner des Eichfaktors, Gl.(4.20), steht die Differenz $u_2 - u_1$. Aus Gl.(4.18) ersehen wir aber, daß

$$u_2 - u_1 = ln \, r_{za} - ln \, r_{zi} = ln \, \frac{r_{za}}{r_{zi}}$$

ist. Der Eichfaktor war also richtig. Wir haben jetzt, genau ausgedrückt, die Umkehrfunktion $\underline{z} = e^{\underline{w}}$ der Abbildungsfunktion $\underline{w} = ln \, \underline{z}$ besprochen. Zum gleichen geometrischen Ergebnis hätte auch geführt, wie man sieht:

$$\underline{w} = ln \, \underline{z} \quad \text{oder} \quad u + jv = ln(x + jy) = ln\sqrt{x^2 + y^2} + j \, arctan\frac{y}{x}$$

4.3.2 Exzentrische kreiszylindrische Leiter

Eine wichtige Anwendung der Abbildung $\underline{z} = e^{\underline{w}}$ ist die Berechnung des Feldes von kreiszylindrischen, gegenpoligen Leitern, die auch unterschiedliche Querschnitte haben oder als Hohlzylinder auch exzentrisch ineinander liegen können.

Die Geometrie

Die Abbildungsfunktion hat sich prinzipiell nicht geändert, jedoch wollen wir eine reelle Konstante a zu $\underline{z}$ hinzufügen. Die Abbildung bleibt dennoch konform. Man erkennt dies durch Anwenden der Cauchy–Riemannschen Differentialgleichungen, die nach wie vor gelten. Wir verwenden die Funktion:

$$\underline{z} \pm a = e^{\underline{w}} \qquad (4.22)$$

Nach Einsetzen von $x + jy$ für $\underline{z}$ und von $u + jv$ für $\underline{w}$ erhält man:

$$x + jy \pm a = e^u \left(cos\, v + j\, sin\, v \right) \qquad (4.23)$$

Trennt man wieder Real– und Imaginärteile voneinander und addiert diese Quadrate, so daß $sin^2 v + cos^2 v$ durch 1 ersetzt werden kann, dann erhält man Kreise, deren Mittelpunkte bei $+a$ oder bei $-a$ liegen:

$$e^{2u_c} = (x \pm a)^2 + y^2 = r_z^2 \qquad (4.24)$$

Dies sind Kreisgleichungen, deren Mittelpunkte auf der x–Achse, um $\pm a$ vom Nullpunkt entfernt, liegen. Kehrt man zurück zur eigentlichen Abbildungsfunktion $\underline{w} = f(\underline{z})$, so ist als Umkehrfunktion von Gl.(4.22) anzuschreiben:

$$\underline{w} = ln(\underline{z} \pm a) \qquad (4.25)$$

Man kann einen Schritt weiter gehen und eine erweiterte Abbildung definieren, bei der Plus- bzw. Minuszeichen in getrennte Logarithmen eingebracht werden:

$$\underline{w} = ln(\underline{z} - a) + ln(\underline{z} + a) \qquad (4.26)$$

Wir wissen, es handelt sich bei dieser Abbildung von $u = const$ wieder um Kreise (Zylinder). Deren Grenzfall für $r_z \to 0$ ist ein Linienleiter, zugeordnet zur Geraden $u_c = -\infty$ der w–Ebene. Wir gehen von Linienleitern aus. Für Kreise (Leiter) mit endlichen Durchmessern sind dann auch endliche Werte $u_c \neq -\infty$ gültig und in die Betrachtung mit einbezogen!

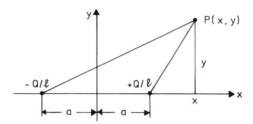

Bild 4.9: Geometrie der Anordnung von zwei Linienleitern

Feldberechnung

Das elektrische Potential hat die Einheit Volt. Diese erhalten wir durch den Eichfaktor $F_w = +Q/(2\pi\epsilon l)$ bei $x = +a$ und $-Q/(2\pi\epsilon l)$ bei $x = -a$. Somit lautet die gemeinsame Abbildungsfunktion:

$$\underline{w}(x,y) \quad = \quad \frac{Q}{2\pi\epsilon l}\left(ln(\underline{z}-a) - ln(\underline{z}+a)\right)$$

$$= \quad \frac{Q}{2\pi\epsilon l}\, ln\frac{\underline{z}-a}{\underline{z}+a} \tag{4.27}$$

Setzt man wieder $u + jv$ für $\underline{w}$ und $x + jy$ für $\underline{z}$ ein und berücksichtigt, daß der Logarithmus aus einer komplexen Zahl gleich deren Betrag plus j, multipliziert mit deren Argument, ist, dann erhält man:

$$u + jv = \frac{Q}{2\pi\epsilon l}\,\frac{\sqrt{(x-a)^2+y^2}}{\sqrt{(x+a)^2+y^2}} + j\frac{Q}{2\pi\epsilon l}\,(\alpha_1 - \alpha_2) \tag{4.28}$$

Wir brauchen $u(x,y)$ als Potentialfunktion und $v(x,y)$ als Feldlinienfunktion. Diese folgen sofort aus der vorangehenden Gleichung:

$$u(x,y) = \frac{Q}{4\pi\epsilon l}\, ln\frac{(x-a)^2+y^2}{(x+a)^2+y^2} \tag{4.29}$$

$$v(x,y) = \frac{Q}{2\pi\epsilon l}\left(arctan\frac{y}{x-a} - arctan\frac{y}{x+a}\right) \tag{4.30}$$

Da beim Potential $u(x,y)$ der richtige Eichfaktor schon eingesetzt wurde, dürfen wir $u(x,y) = \phi(x,y)$ setzen. Für Äquipotentiallinien muß gelten: $u(x,y) = const = u_c$ und wir erhalten aus Gl.(4.29) durch Umformen:

$$\frac{(x-a)^2 + y^2}{(x+a)^2 + y^2} = exp(\frac{4\pi\epsilon l}{Q} \cdot u_c) = k_1 \tag{4.31}$$

Man sieht, der Exponent dieser Gleichung ist die Konstante k_1.

Daher wird aus Gl.(4.31):

$$(x-a)^2 + y^2 = k_1 \left((x+a)^2 + y^2\right) \tag{4.32}$$

Und es folgen für konstantes Potential u_c Kreise, deren Mittelpunkte, wie man auch der folgenden Gleichung entnehmen kann, auf der x–Achse liegen:

$$(x - a\frac{1+k_1}{1-k_1})^2 + y^2 = a^2 \frac{4k_1}{(1-k_1)^2} \tag{4.33}$$

Die Radien r_{zP} der Kreise konstanten Potentials sind:

$$r_{zP} = 2a\sqrt{k_1}/(1-k_1). \tag{4.34}$$

Nun zu den Feldlinien, gegeben durch die Funktion $v(x,y)$ nach Gl.(4.30):

Zwischenrechnung: Die Differenz zweier *arctan*–Funktionen ist:

$$arctan\, r - arctan\, s = arctan\frac{r-s}{1+r\,s} \tag{4.35}$$

somit wird aus Gleichung (4.30):

$$arctan\frac{y}{x-a} - arctan\frac{y}{x+a} = arctan\frac{2ya}{x^2 - a^2 + y^2} \tag{4.36}$$

Für Feldlinien muß $v(x,y)$ konstant sein, d.h.:

$$v(x,y) \overset{!}{=} const = \frac{Q}{2\pi\epsilon l} arctan\frac{2ya}{x^2 - a^2 + y^2} \tag{4.37}$$

Daraus folgt, daß auch der Quotient des *arctan* konstant sein muß. Nennen wir ihn k_2:

$$2ya = k_2 \left(x^2 - a^2 + y^2\right). \tag{4.38}$$

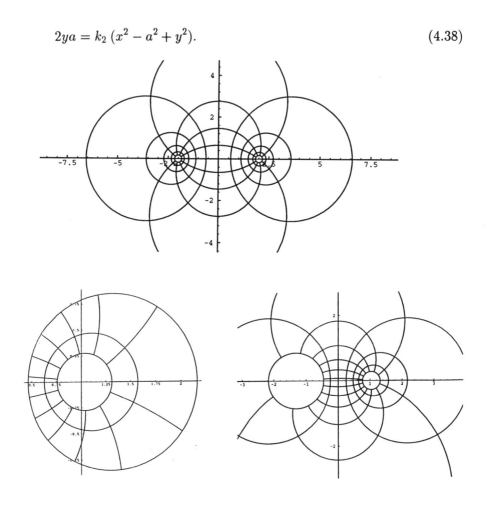

Bild 4.10: Feld– und Äquipoptentiallinien in der z–Ebene
 Oben: Feld– und Äquipotentiallinien für $u = -3$ bis $u = +3$,
 unten links: Feld zwischen exzentrischen Leitern für $u = -2$ bis $u = -1$ und
 unten rechts: Verschiedene Querschnitte von Parallelleitern für $u = -2$ bis $u = +1$. Die v–Werte laufen jedesmal von $v = 0$ bis 2π.

Hieraus folgen für die Feldlinien Kreisgleichungen, deren Mittelpunkte auf der

y–Achse liegen:

$$x^2 + (y - \frac{a}{k_2})^2 = \frac{a^2(1 + k_2^2)}{k_2^2} \tag{4.39}$$

Die Radien r_{zF} der Feldlinienkreise sind:

$$r_{zF} = \frac{a\sqrt{1 + k_2^2}}{k_2} \tag{4.40}$$

Durch passende Wahl der Randwerte können Feldberechnungen z.B. für die verschiedenen im Bild 4.10 enthaltenen Zylinderanordnungen vorgenommen werden.

4.4 Die trigonometrische Abbildung $\underline{z} = a\,sin\,\underline{w}$

Die Geometrie

Diese Abbildung eröffnet eine interessante Möglichkeit elliptischer Zylinder und hyperbelartiger Flächen. Wie immer zerlegen wir zunächst die Abbildungs-funktion in Real– und Imaginärteile. Zunächst zu $sin\,\underline{w}$:

$$\begin{aligned} sin\,\underline{w} = sin(u + jv) &= sin\,u\,cos(jv) + cos\,u\,sin(jv) \\ &= sin\,u\,cosh(v) + cos\,u\,j\,sinh\,v \end{aligned} \tag{4.41}$$

Daher ist

$$x + jy = a\,sin(u + jv) = a(sin\,u\,cosh\,v + j\,cos\,u\,sinh\,v) \tag{4.42}$$

Aufgetrennt nach Real– und Imaginärteilen:

$$x = a\,sin\,u\,cosh\,v \qquad \text{und} \qquad y = a\,cos\,u\,sinh\,v \tag{4.43}$$

Dies aber sind Gleichungen, die beide noch sowohl u wie auch v enthalten. Wir aber wollen je eine Gleichung für $u(x,y)$ und für $v(x,y)$. Daher eliminieren wir durch Substitution in der einen Gleichung u, in der anderen v.

Da $sin^2u + cos^2u = 1$ ist, erhalten wir:

$$\frac{x^2}{cosh^2v} + \frac{y^2}{sinh^2v} = a^2 \qquad (4.44)$$

Dies ist für $v = v_c$ die Gleichung einer Schar konfokaler Ellipsen mit a als halbem Brennpunktabstand und $a\,cosh\,v$ als großer Halbachse.

Durch Eliminieren von v mittels der Identität $cosh^2v - sinh^2v = 1$ erhalten wir mit $u = u_c$ die folgende Gleichung einer Schar konfokaler Hyperbeln mit a als halbem Brennpunktsabstand und $a\,sin\,u$ als halbem Scheitelwertabstand:

$$\frac{x^2}{sin^2u} - \frac{y^2}{cos^2u} = a^2 \qquad (4.45)$$

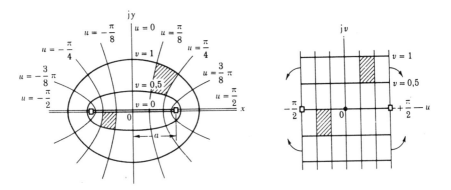

Bild 4.11: Konfokale Ellipsen und Hyperbeln durch $\underline{z} = a\,sin\,\underline{w}$

Bei $u = +\pi/2$ und $u = -\pi/2$ knicken die Senkrechten der $\underline{w}$-Ebene jeweils nach außen und bilden den überwiegenden Teil der Abszisse der $\underline{z}$-Ebene. Ordinaten der $\underline{w}$-Ebene kleiner $\pi/2$, ergeben in der $\underline{z}$-Ebene, wie man sieht, Hyperbeln.

Der Teil $-\pi/2 < u < +\pi/2$ der Abszisse $v = 0$ der $\underline{w}$-Ebene überträgt sich mit der Breite $2a$ in die $\underline{z}$-Ebene. Geraden $v > 0$, parallel zur Abszisse in der $\underline{w}$-Ebene, ergeben in der $\underline{z}$-Ebene Ellipsen.

Wie schon bei der Exponentialabbildung, so haben wir auch hier in der in der $\underline{w}$-Ebene nur einen Streifen, der durch die Abbildung die ganze $\underline{z}$-Ebene überdeckt. Während er bei der Exponentialabbildung die Breite $\Delta v = 2\pi$

hatte, ist seine Breite hier, bei der trigonometrischen Abbildung, $\Delta u = \pi$ mit $-\pi/2 \le u \le +\pi/2$.

Feldberechnung bei der Abbildung $\underline{z} = a\ sin\ \underline{w}$

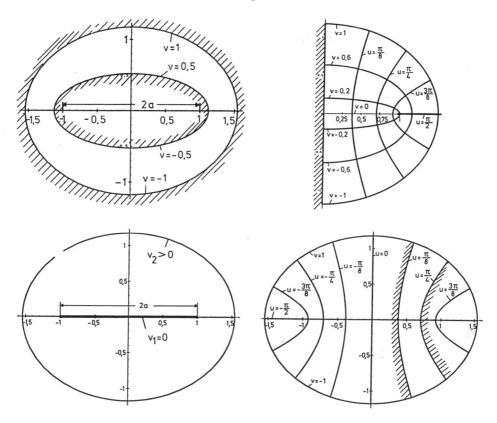

Bild 4.12: Vier Beispiele für die gleiche Abbildung: $\underline{z} = a\ sin\ \underline{w}$

Hier ergeben sich zahlreiche Möglichkeiten der Feldberechnung:

- zwischen zwei elliptischen Zylindern im v/u–System mit den Potentialen $v_1 \neq v_2$ bei v_1, $v_2 > 0$, Bild 4.12 oben links,

- auch im v/u–System zwischen einem Metallband der Breite $2a$ mit dem Potential $v_1 = 0$ und einem elliptischen Zylinder, Potential $v_2 > 0$, Bild 4.12 unten links,

- im u/v–System zwischen zwei Hyperbelelektroden (schraffiert eingezeichnet) mit den Potentialen $u_1 \neq u_2$ bei $0 < u_1$, $u_2 < \pi/2$, Bild 4.12 unten rechts,

- im u/v–System zwischen zwei Halbebenen mit den Potentialen $u_1 = +\pi/2$ und $u_2 = -\pi/2$, siehe Bild 4.11,

- im u/v–System zwischen einer Ebene mit dem Potential: $u_1 = 0$ (schraffiert) und einer Hyperbelelektrode: $0 < u_2 < \pi/2$, Bild 4.12 oben rechts,

- im u/v–System zwischen einer Ebene mit dem Potential: $u_1 = +\pi/2$, diese Ebene steht senkrecht im Abstand a auf einer zweiten Ebene mit dem Potential: $u_2 = 0$, Bild 4.12 oben rechts.

Hier sind für einen Teil der Aufgaben $u(x, y)$, für einen anderen Teil $v(x, y)$ als Potentialfunktionen zu verwenden.

Verwendet man das v/u–System, so können die Felder zwischen zwei elliptischen Zylindern berechnet werden. Nach Formel 6) der Tabelle 1:

$$E_z = \frac{1}{\sqrt{(\frac{\partial x}{\partial v})^2 + (\frac{\partial y}{\partial v})^2}} \tag{4.46}$$

erhält man aus

$$\boxed{x(u,v) = a\ sin\,u\ cosh\,v} \quad \text{und} \quad \boxed{y(u,v) = a\ cos\,u\ sinh\,v} \tag{4.47}$$

nach Bildung der differentiellen Ableitungen $(\partial x/\partial v)^2$ und $(\partial y/\partial v)^2$ und Anhängen des Eichfaktors $F_w = U/(v_2 - v_1)$:

$$E_z = \frac{1}{a\,\sqrt{(sin\,u\ sinh\,v)^2 + (cos\,u\ cosh\,v)^2}}\ \frac{U}{v_2 - v_1} \tag{4.48}$$

Will man dagegen, wie aufgezählt wurde, das Feld zwischen zwei Hyperbelelektroden, oder zwischen zwei Halbebenen, oder zwischen einer Ebene und einer Hyperbelelektrode, oder zwischen einer Ebene und einer dazu im Abstand a senkrechten Ebene berechnen, so muß das u/v–System verwendet werden.

Für diesen Rechengang kann die Formel 3 der Tabelle 1 auf $x(u, v)$ und auf $y(u, v)$, das sind die Gln.(4.43), angewandt werden. Man erhält daraus die Feldstärke:

$$E_z = \frac{1}{a \sqrt{(cos\,u \, cosh\,v)^2 + (sin\,u \, sinh\,v)^2}} \frac{U}{u_2 - u_1} \qquad (4.49)$$

Sowohl in Gl.(4.48) wie auch in Gl.(4.49) ist E_z von u und von v abhängig. Man will aber die Feldstärken $E_z(x, y)$ als Funktion von x und von y kennen. Dazu muß man in diesem Fall auf die Gleichung (4.47) zurückgreifen und aus den interessierenden Werten (x, y) zunächst die Werte (u, v) und erst daraus die Feldstärke E_z berechnen, was hier nicht mehr gemacht wird.

4.5 Die Simultanabbildung durch den Maxwellansatz

Die Geometrie

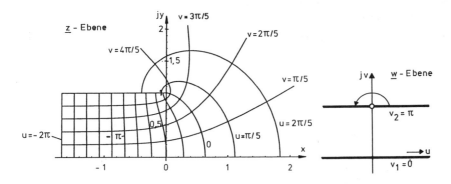

Bild 4.13: Abbildung nach dem Simultan– oder Maxwellansatz

Die Abbildungsfunktion ist:

$$\underline{z}(\underline{w}) = \frac{a}{\pi} \left(\underline{w} + 1 + e^{\underline{w}} \right) \qquad (4.50)$$

Diese Abbildung heißt "Simultanabbildung", da gleichzeitig mehrere Teilfunktionen zur Abbildung beitragen. Trennt man die Abbildungsfunktion nach dem Einsetzen von $\underline{z} = x + jy$ und $\underline{w} = u + jv$ wieder auf in Real– und Imaginärteil, dann erhält man:

$$x(u,v) = \frac{a}{\pi}\left(u + 1 + e^u \cos v\right) \quad \text{und} \quad y(u,v) = \frac{a}{\pi}\left(v + e^u \sin v\right) \quad (4.51)$$

Diese beiden Gleichungen ergeben die interessante Geometrie: Halbebene über einer Vollebene dann, wenn wir $v(x,y)$ als Potentialfunktion verwenden und dabei die besonderen Werte $v_1 = 0$ und $v_2 = \pi$ einsetzen:

$$v_1 = 0: \quad x = \frac{a}{\pi}\left(u + 1 + e^u\right); \qquad v_2 = \pi: \quad x = \frac{a}{\pi}\left(u + 1 - e^u\right) \quad (4.52)$$
$$ \quad y = 0 \qquad\qquad\qquad\qquad\qquad y = a$$

Man sieht, hier haben Wissenschaftler lange herumprobiert, bis sie diese spezielle Abbildung gefunden haben. Heute würde sich, abgesehen von einem Diplomand, wohl niemand mehr die Zeit nehmen, um eine solche analytische Lösung zu finden!

Der Streifen $0 \leq v \leq \pi$ der $\underline{w}$–Ebene mit u–Werten zwischen null und unendlich wird auf die $\underline{z}$–Ebene abgebildet. Dabei liegt der interessanteste Teil der $\underline{z}$–Ebene, die Kante der Halbebene und ihre Umgebung, bei Werten von etwa $-3 \leq u \leq +2$. Man wird sich im Einzelfalle besonders für die unmittelbare Nachbarschaft der Kante interessieren.

Feldberechnung beim Maxwellansatz

Wir können zum Beispiel die Formel 4) der Tabelle 1 verwenden:

$$\underline{E}_z^* \,\hat{=}\, j\frac{1}{d\underline{z}/d\underline{w}} \,\hat{=}\, \left(\frac{a}{\pi}(1 + e^{\underline{w}})\right)^{-1} \,\hat{=}\, \left(\frac{a}{\pi}(1 + e^u \cos v + j\,e^u \sin v)\right)^{-1} (4.53)$$

Daraus folgt, wenn man die Wurzel zieht aus Realteil und Imaginärteil im Quadrat:

$$|\underline{E}_z^*| \,\hat{=}\, \frac{\pi}{a\sqrt{(1 + e^u \cos v)^2 + e^{2u}\sin^2 v}} \qquad (4.54)$$

$$\hat{=}\, \frac{\pi}{a\sqrt{1 + e^{2u}\cos^2 v + e^{2u}\sin^2 v + 2e^u \cos v}}$$

$$\hat{=} \frac{\pi}{a\sqrt{1 + e^{2u} + 2e^u cos\, v}}$$

Hier entsteht wieder die Schwierigkeit, daß $\underline{E}_z^*$ von u und von v und nicht von x und y abhängen. Die erwünschten (x, y)–Werte können den beiden Gleichungen (4.48) entnommen werden.

4.6 Die Abbildung für das Zweierbündel

Aus dieser Abbildung

$$\underline{z} = \pm a\sqrt{e^{\underline{w}} + 1} \qquad (4.55)$$

können nützliche Hinweise für die Auslegung von Zweierbündeln bei Hochspannungsleitungen gewonnen werden. Wie man sieht, handelt es sich um eine Potenzabbildung im u/v–System. Wir beginnen wieder mit der

Darstellung der Geometrie

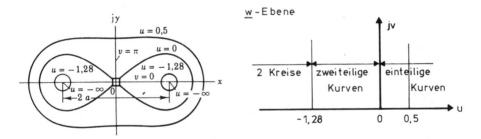

Bild 4.14: Die wichtigsten Bereiche der Abbildung $\underline{z} = a\sqrt{e^{\underline{w}} + 1}$ für das Zweierbündel

- $u < -1.28$: Zwei kleine Kreise

- $-1.28 < u < 0$: Zwei Kurven, die keine Kreise mehr sind, aber sich zur Lemniskate (= liegende Acht) hin entwickeln

- $u = 0$: Die einteilige Lemniskate

- $u > 0$: einteilige Kurven, dabei spielt der Wert $u = 0.5$ die Sonderrolle, einer nicht mehr eingebeulten, einteiligen Kurve (Zeichnung)

- $u > 0.5$: einteilige Kurven, die sich immer mehr der Kreisform nähern.

Feldberechnung

Wir haben ein u/v–System mit Linien $u = const$ als Äquipotentiallinien. Es gilt der Reihe nach bei Umformen von Gl.(4.55):

$$\frac{z^2}{a^2} - 1 = e^{\frac{w}{}}; \qquad\qquad ln\,\frac{z^2 - a^2}{a^2} = ln(e^{u+jv}) = u + jv$$

$$u + jv = ln\,\frac{(x + jy)^2 - a^2}{a^2} \tag{4.56}$$

Dieser Ausdruck ist in Real– und Imaginärteil zu zerlegen, wobei zu berücksichtigen ist, daß

$$ln(a + jb) = ln\,\sqrt{a^2 + b^2} + j\,arctan\frac{b}{a}$$

$$= \frac{1}{2}ln\,(a^2 + b^2) + j\,arctan\frac{b}{a}$$

ist. Daher erhalten wir aus Gl.(4.56) das komplexe Potential $u + jv$ zu:

$$u + jv = ln\left(\sqrt{\frac{1}{a^4}(x^2 - y^2 - a^2)^2 + \frac{4x^2y^2}{a^4}} \;\; exp\,(j\,arctan\frac{2xy}{x^2 - y^2 - a^2})\right)$$

$$u + jv = \tfrac{1}{2}ln(\tfrac{1}{a^4}(x^4 + y^4 + a^4 - 2x^2y^2 - 2x^2a^2 + 2y^2a^2 + 4x^2y^2))$$

$$+ j\,arctan\frac{2xy}{x^2 - y^2 - a^2}$$

Der Imaginärteil $v(x, y)$ daraus ist:

$$\boxed{v(x, y) = arctan\frac{2xy}{x^2 - y^2 - a^2}} \tag{4.57}$$

und wegen $\quad u = \tfrac{1}{2}ln(\tfrac{1}{a^4}(x^4 + y^4 + 2x^2y^2 - 2x^2a^2 + 2y^2a^2 + a^4))$

erhalten wir den Realteil $u(x,y)$ des komplexen Potentials zu:

$$u(x,y) = \tfrac{1}{2}\, ln\left(\left(\frac{x^2+y^2}{a^2}\right)^2 + 2\frac{y^2-x^2}{a^2} + 1\right) \tag{4.58}$$

Aus Bild 4.14 erkennt man, daß hier ein u/v–System zur Berechnung der Feldstärke zu verwenden ist. Aus $u = f(x,y)$ als Potentialfunktion kann man leicht den Gradienten $-grad\,u$ (Formel 2 der Tabelle 1) berechnen. Die v–Linien sind in diesem Falle Feldlinien.

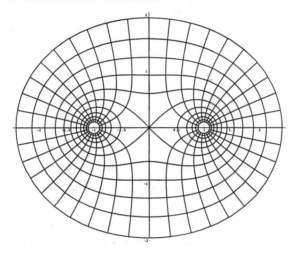

Bild 4.15: Feld– und Äquipotentiallinien des Doppelleiters gleicher Phase

4.7 Das Viererbündel bei Freileitungen

Zweier– und Viererbündel sind für die Hochspannungstechnik besonders wichtig. Man verwendet ja diese Bündelleiter, um die elektrische Feldstärke in der direkten Umgebung der Hochspannungsleitungen nicht zu groß werden zu lassen. Diesbezüglich hat das Viererbündel noch bessere Eigenschaften als das Zweierbündel. Auch ist sein Wellenwiderstand geringer als der des Zweierbündels, so daß damit größere Leistungen übertragen werden können. Viererbündel werden daher immer dann verwendet, wenn möglichst große Leistungen bei möglichst hohen Spannungen zu übertragen sind (Beispiel: 380 kV Leitungen).

Die Geometrie

Die zugehörige Abbildungsfunktion lautet, ganz entsprechend derjenigen des Zweierbündels:

$$\underline{z} = a\sqrt[4]{e^{\underline{w}} + 1} \tag{4.59}$$

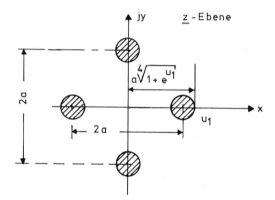

Bild 4.16: Querschnitt durch ein 45^0 gegenüber der Aufhängung gedrehtes Viererbündel, so daß hier die Leiter auf den Achsen liegen

Durch die Abbildung nach Gl.(4.59) wird bei positivem Vorzeichen einer der vier Quadranten der z-Ebene auf die w-Ebene abgebildet. Bei dem genannten positiven Vorzeichen ist dies der Quadrant von der Winkelhalbierenden im ersten bis zu der Winkelhalbierenden im vierten Quadranten, also von -45^0 bis $+45^0$. Es handelt sich hierbei um ein u/v-System mit u-Linien als Äquipotential- und v-Linien als Feldlinien. Im Bild 4.16a laufen für einen Quadranten die u-Werte von $-\pi/5$ bis π und die v-Werte von $-\pi$ bis $+\pi$.

Die Feldstärkeberechnung

Aus der Abbildungsfunktion, Gl.(4.59), folgt:

$$u(x, y) = \frac{1}{2} ln \frac{1}{a^8}([(x^2 - y^2)^2 - 4x^2y^2 - a^4]^2 + 4x^2y^2\,(x^2 - y^2)^2) \tag{4.60}$$

und

$$v(x, y) = arctan \frac{2xy\,(x^2 - y^2)}{(x^2 - y^2)^2 - 4x^2y^2 - a^4} \tag{4.61}$$

Allgemein gilt hier:

$$x = a\sqrt[4]{e^{\underline{w}} + 1} \qquad \text{für} \qquad y = 0 \qquad \text{und} \qquad (4.62)$$

$$y = a\sqrt[4]{e^{\underline{w}} + 1} \qquad \text{für} \qquad x = 0 \qquad\qquad\qquad (4.63)$$

Wir haben wieder ein u/v–System und aus $-grad\,u$ erhält man die elektrische Feldstärke zu:

$$|\mathbf{E_z}| \,\hat{=}\, \frac{4(\frac{x_1}{a})^3}{a[(\frac{x_1}{a})^4 - 1]} \qquad\qquad\qquad (4.64)$$

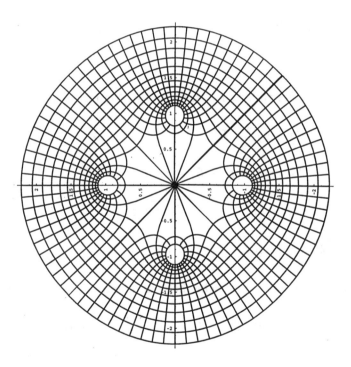

Bild 4.16a: Feld– und Äquipotentiallinien des Viererbündels

Man erkennt, daß die Deutung einer Abbildungsfunktion umso schwieriger wird, je komplexer diese Funktion ist.

Das Bild 4.16a zeigt die Feld– und Äquipotentiallinien des Viererbündels, wobei je ein Sektor (von -45^0 bis +45^0 um die Achsen herum) dargestellt wird durch die Abbildungsfunktion $\underline{z}(\underline{w}) = \sqrt[4]{1 + e^{\underline{w}}}$, der Reihe nach versehen mit den Faktoren: $+1$, -1, $+j$ bzw. $-j$.

4.8 Eine weitere Abbildung

Aus LEHNER, /7/, entnehmen wir die folgende Abbildung. Die Funktion lautet:

$$\underline{w} = \sqrt{\underline{z}^2 + B^2} \tag{4.65}$$

Dabei ist B eine reelle Zahl.

Die Geometrie

Diese Funktion sieht viel einfacher aus, als sie ist. Man quadriere zunächst:

$$(u + jv)^2 = (x + jy)^2 + B^2 \tag{4.66}$$

$$u^2 - v^2 + j\,2uv = x^2 - y^2 + B^2 - j\,2xy$$

Realteile sind: $\boxed{u^2 - v^2 = x^2 - y^2 + B^2}$ (4.67)

und die Imaginärteile: $\boxed{u\,v = x\,y}$ (4.68)

Folgende Bedingung liefert eine anschauliche und sinnvolle Abbildung:

$$u = 0 \quad \text{(v–Achse) mit} \quad 0 \geq -v^2 = x^2 - y^2 + B^2 \tag{4.69}$$

und mit $\qquad\qquad x\,y = 0$ (4.70)

Hierbei kann allerdings nicht $y = 0$ sein, ansonsten wäre $-v^2 = x^2 + B^2$, was wegen der Quadrate nicht möglich ist. Also muß gelten: $\boxed{x = 0}$ und daher:

$$\boxed{y^2 = v^2 + B^2 > 0} \tag{4.71}$$

Die v–Achse wird ohne das Stück von $-B$ bis $+B$ auf die y–Achse abgebildet.
Siehe Bild 4.17a. Der negative u–Achsenteil von $-\infty < u \leq -B$ ergibt die
negative x–Achse,
der positive u–Achsenteil von $B \leq u < +\infty$ ergibt die positive x–Achse
und der u–Achsenteil $-B < u < +B$ ergibt den Teil $-B < y < +B$ der
y–Achse.

Die Berechnung der Feldstärke erfolgt mittels der bekannten Formeln.

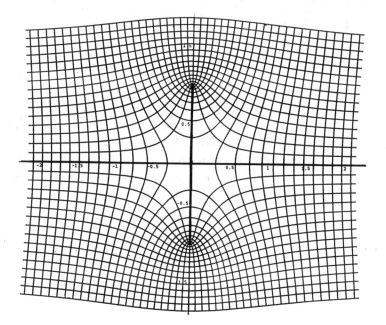

Bild 4.17a: Äquipotential– und Feldlinien über einem senkrecht auf einer Ebene
stehenden Metallstreifen der z–Ebene

Bild 4.17a zeigt die Feld– und Äquipotentiallinien. Die linke Hälfte entspricht
der Abbildungsfunktion $\underline{z} = -\sqrt{\underline{w}^2 - 1}$, die rechte Hälfte der Abbildungsfunktion $\underline{z} = +\sqrt{\underline{w}^2 - 1}$. Die in der Grundtendenz horizontal verlaufenden
Äquipotentiallinien sind Linien $v = const$. Sie laufen von $-\pi/2$ bis $+\pi/2$.
Die in der Grundtendenz senkrecht verlaufenden u–Linien sind Feldlinien. Sie
wurden gezeichnet für Werte $0 \leq u \leq 0.75\pi$. Der Abstand aller Linien im Bild

4.17a voneinander ist $\pi/30$.

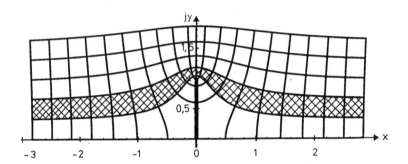

Bild 4.17b: Hieraus ersieht man wieder mehrere Anwendungsmöglichkeiten.
Beliebige Äquipotentialflächen können Elektroden sein. Beispiele:
Von der Ebene und dem darauf senkrechten Blech bis zum
schraffierten Streifen, oder zwischen den Elektroden beiderseits
des schraffierten Streifens etc.

4.9 Mehrere konforme Abbildungen in Folge

Bei gewissen Problemen ist es erforderlich, mehrere konforme Abbildungen in
Folge anzuwenden. Dies ist erlaubt und gestattet, kompliziertere Abbildungen
zu erstellen, die durch eine einzige Abbildung nicht gefunden würden.

Wir wollen als Beispiel das Potential einer Linienladung berechnen, die
parallel zu einer metallischen Ecke verläuft. Im Abschnitt 1.3.2 haben wir
Probleme von Punkt- und Linienladungen mittels des Spiegelungsverfahrens
schon gelöst, was jedoch nur dann funktioniert, wenn 360^0 ein geradzahliges
Vielfaches des Öffnungswinkels α der Halbebenen ist. Anders bei Anwendung
der konformen Abbildung: Hier brauchen wir ein ebenes Problem, d.h.
Anordnungen mit Punktladungen können nicht gelöst werden, dagegen

darf bei Ecken mit Linienladungen der Öffnungswinkel der metallischen Halbebenen beliebig sein.

Das Bild 4.18 zeigt die zu lösende Aufgabe:

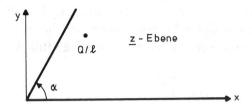

Bild 4.18: Metallische Ecke mit Linienladung parallel zur Schnittkante

Die zu benutzenden Einzelabbildungen sind uns schon bekannt. Als Zwischenebene zwischen dieser $\underline{z}$–Ebene und der $\underline{w}$–Ebene benutzen wir eine komplexe $\underline{t}$–Ebene: $\underline{t} = \xi + j\eta$. Mittels der Potenzabbildung

$$\boxed{\underline{t} = \underline{z}^p} \qquad (4.72)$$

werden die Halbebenen $y = 0$ und $y = \tan \alpha \cdot x$ des Bildes 4.18 auf die ξ–Achse der $\underline{t}$–Ebene mit $\eta = 0$ abgebildet. Danach wenden wir in geeigneter Weise die Abbildungsfunktion $\underline{w} = ln\,\underline{t}$ an, wodurch Kreise der $\underline{t}$–Ebene in Geraden der $\underline{w}$–Ebene abgebildet werden; denn Äquipotentiallinien um Linienladungen herum sind ja Kreise.

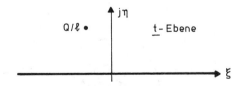

Bild 4.19: Ebene mit der einen ebenfalls abgebildeten Linienladung nach der gedanklich vollzogenen Potenzabbildung mit $\underline{t} = \underline{z}^{2,5}$

Wir nannten den Öffnungswinkel der Halbebenen in der Aufgabenstellung α, daher ist der erforderliche Exponent der Potenzabbildung: $p = 180^0/\alpha$, so daß der neue Öffnungswinkel der $\underline{t}$–Ebene 180^0 ist. Bei unserem Beispiel mit $\alpha = 72^0$, das mit dem Spiegelungsverfahren alleine nicht zu lösen ist, da $360/72 = 5$

keine gerade ganze Zahl ist, hat der Exponent den Wert $p = 180^0/72^0 = 2,5$. Bild 4.19 zeigt die Geometrie nach Anwendung der nur gedanklich zu vollziehenden Potenzabbildung $\underline{t} = \underline{z}^{2,5}$.

Nun ist im Bild 4.19 die Ebene gegenüber der Linienladung metallisch, so daß die Feldlinien senkrecht darauf enden müssen. Um dies zu erreichen, erinnern wir uns an das Spiegelungsverfahren und holen uns von dort eine zweite Linienladung umgekehrten Vorzeichens, siehe Bild 4.20a.

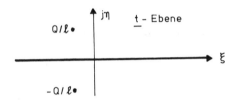

Bild 4.20a: Ebene mit den beiden Linienladungen, symmetrisch zur ξ–Achse

Die Originallinienladung liegt in der $\underline{t}$–Ebene im zweiten Quadranten mit $\underline{t}_0 = -\xi_0 + j\eta_0$, so daß die hinzuzunehmende Spiegelladung am Ort $\underline{t}_0^* = -\xi_0 - j\eta_0$ im vierten Quadranten liegt. Unsere zweite oder Folgeabbildung lautet daher nach Abschnitt 4.2.2, entsprechend Gl.(4.27), jedoch mit der Variablen t an Stelle von z:

$$\boxed{\underline{w}(\underline{t}) = ln\frac{\underline{t} - \underline{t}_0}{\underline{t} - \underline{t}_0^*}} \tag{4.73}$$

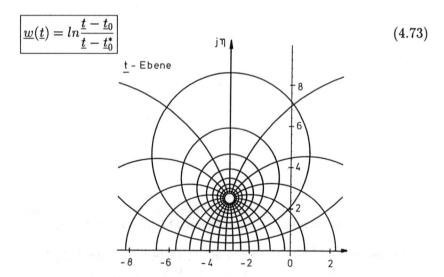

Bild 4.20b: Gedrehte Halbebene mit den interessierenden Feld– und Äquipotentiallinien

Bedenkt man, daß die Abbildungsfunktion nach Gl.(4.73) dimensionslos ist, und fordern wir, daß $\underline{w}$ das komplexe elektrische Potential sei, dann muß mit einem Eichfaktor F_w multipliziert werden. Ist Q/l die längenbezogene Linienladung, dann ist der Eichfaktor $F_w = Q/(2\pi l\epsilon)$. Und die vollständige zweite Abbildungsfunktion lautet:

$$\underline{w}(\underline{t}) = \frac{Q}{2\pi l\epsilon} \, ln \, \frac{\underline{t} - \underline{t}_0}{\underline{t} - \underline{t}_0^*} \tag{4.74}$$

Diese Gleichung löst unsere Aufgabe in der $\underline{t}$–Ebene, nicht aber in der Ausgangs–, also der $\underline{z}$–Ebene. Wir müssen deswegen die gerade gefundene Lösung $\underline{w}(\underline{t})$ – ohne den Eichfaktor – mit der Potenzfunktion $\underline{z} = \underline{w}^{1/p}$, mit $1/p = 0,4$, wieder zurückdrehen und erhalten als endgültige Lösung nach Bild 4.21 die Äquipotentiallinien und die daraus zu bestimmenden Feldlinien aus:

$$\boxed{\underline{w}(\underline{z}) = \frac{Q}{2\pi l\epsilon} \left(ln \, \frac{\underline{t} - \underline{t}_0}{\underline{t} - \underline{t}_0^*} \right)^{1/p}} \tag{4.75}$$

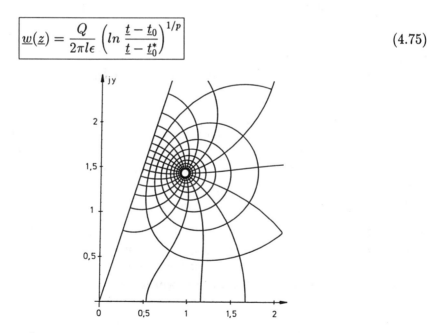

Bild 4.21: Äquipotentiallinien und Feldlinien für Linienleiter in Ecke

Wäre der anfangs vorgegebene Winkel α nicht 72^0, sondern 90^0 oder 135^0 gewesen, so würden wir als Ergebnisse die im Bild 4.21a dargestellten

Diagramme bekommen haben.

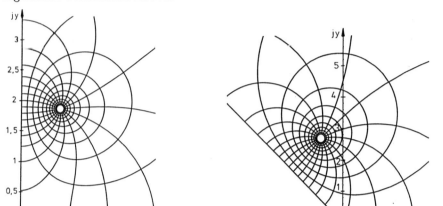

Bild 4.21a: Feld– und Äquipotentiallinien bei Öffnungswinkeln der metallischen Ecke von 90^0 (links) und 135^0 (rechts)

4.10   Plotten von Potential– und Feldlinien

Bei den konformen Abbildungen ist in der Regel die Abbildungsfunktion $\underline{w} = f(\underline{z})$ gegeben. Wir wissen, daß das komplexe Potential $\underline{w}(\underline{z}) = u(x,y)+jv(x,y)$ die Potential– bzw. Feldlinien oder umgekehrt enthält. Sind also $u(x,y)$ und $v(x,y)$ explizit gegeben, so können damit die Äquipotential– und die Feldlinien gezeichnet werden. Besonders angenehm empfindet es der Anwender, wenn Potential– und Feldlinien miteinander in ein Diagramm geplottet werden.

Ein Programmsystem, das dies ermöglicht, ist beispielsweise MATEMATICA /7b/. Zahlreiche Bilder dieses Skriptums wurden mit MATEMATICA dargestellt. Wer dieses Programmpaket einsetzt, kann mit dem folgenden kleinen Zusatzprogramm arbeiten. Es wurde von Herrn Stefan Thomas erstellt.

```
ComplexPlot[f_,x_,y_]:=
Module[tx,ty,X,Y,
        tx = Table[Re[f[X + I Y]],Im[f[X+I Y]],X,x[[1]],x[[2]],x[[3]]];
        ty = Table[Re[f[X + I Y]],Im[f[X+I Y]],Y,y[[1]],y[[2]],y[[3]]];
```

```
Return[
Show[ ParametricPlot[Evaluate[tx],Y,y[[1]],y[[2]],
        DisplayFunction->Identity,
        AspectRatio->Automatic,
        PlotStyle->AbsoluteThickness[1]],
    ParametricPlot[Evaluate[ty],X,x[[1]],x[[2]],
        DisplayFunction->Identity,
        AspectRatio->Automatic,
        PlotStyle->AbsoluteThickness[1]],
    DisplayFunction->$DisplayFunction,
    PlotLabel->ToString[Definition[f]] ]] ]
```

4.11 Invarianz von Energie und Kapazität

Es soll gezeigt werden, daß die elektrische Energie und die Kapazität eines Kondensators invariant sind gegen konforme Abbildung. Entsprechendes gilt, ohne daß wir dies hier zeigen, für die magnetische Energie und die daraus berechenbare Induktivität.

Die elektrische Energie zwischen zwei metallischen Rändern eines geschlossenen Feldes ist endlich und bei homogenem Dielektrikum gleich

$$W_e = \frac{C}{2} U^2 \tag{4.76}$$

Da bei konformer Abbildung die Spannung zwischen den Rändern konstant gehalten wird, bleibt auch die Kapazität C konstant, sofern die elektrische Energie W_e die gleiche bleibt. Da wir bei konformer Abbildung stets ebene Felder haben, ist die pro Längeneinheit dz bezogene elektrische Energiedichte w_e:

$$\frac{w_e}{dz} = \frac{\epsilon}{2} E_w^2 \, du \, dv \tag{4.77}$$

Wir definieren das Homogenfeld in der $\underline{w}$–Ebene und setzen den Betrag der dort vorhandenen Feldstärke $|E_w|$ gleich dem Eichfaktor F_w:

$$\text{u/v-System:} \quad F_w = |E_w| = \left|\frac{U}{u_2 - u_1}\right|; \tag{4.78}$$

$$\text{v/u-System:} \quad F_w = \left|\frac{U}{v_2 - v_1}\right|, \tag{4.79}$$

so daß

$$\frac{w_e}{dz} = \frac{\epsilon}{2} F_w^2 \, du \, dv \tag{4.80}$$

Wir werden jetzt die Differentiale du und dv der $\underline{w}$–Ebene durch dx und dy der $\underline{z}$–Ebene ausdrücken und bilden dazu die richtungsbehafteten vollständigen Differentiale:

$$\begin{aligned} \mathbf{du} &= \frac{\partial u}{\partial x}dx \, \mathbf{e_x} + \frac{\partial u}{\partial y}dy \, \mathbf{e_y} \\ \mathbf{dv} &= \frac{\partial v}{\partial x}dx \, \mathbf{e_x} + \frac{\partial v}{\partial y}dy \, \mathbf{e_y} \end{aligned} \tag{4.81}$$

Mit Cauchy–Riemann: $\dfrac{\partial u}{\partial y} = -\dfrac{\partial v}{\partial x}$ wird:

$$\begin{aligned} \mathbf{du} &= \frac{\partial u}{\partial x}dx \, \mathbf{e_x} - \frac{\partial v}{\partial x}dy \, \mathbf{e_y} \\ \mathbf{dv} &= \frac{\partial u}{\partial y}dx \, \mathbf{e_x} + \frac{\partial v}{\partial y}dy \, \mathbf{e_y} \end{aligned} \tag{4.82}$$

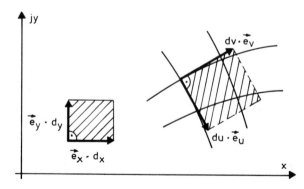

Bild 4.22: Flächenelemente in der $\underline{z}$–Ebene

Wir betrachten jetzt ein Flächenelement $dx \cdot dy$, wobei wir, siehe Bild 4.22, willkürlich aber zweckmäßig $dx = dy$ setzen, so daß wir erhalten:

$$\mathbf{du} = +\frac{\partial u}{\partial x}dx\,\mathbf{e_x} - \frac{\partial v}{\partial x}dx\,\mathbf{e_y}$$

$$\mathbf{dv} = -\frac{\partial u}{\partial y}dy\,\mathbf{e_x} + \frac{\partial v}{\partial y}dy\,\mathbf{e_y} \tag{4.83}$$

$$\tag{4.84}$$

Davon können wir die Beträge bilden:

$$du = \sqrt{(\frac{\partial u}{\partial x})^2 + (\frac{\partial v}{\partial x})^2}\,dx \;=\; |\frac{\partial w}{\partial x}|\,dx \tag{4.85}$$

$$dv = \sqrt{(\frac{\partial u}{\partial y})^2 + (\frac{\partial v}{\partial y})^2}\,dy \;=\; |\frac{\partial w}{\partial y}|\,dy$$

Damit aber erhalten wir als Produkt der Beträge von du und dv:

$$|du| \cdot |dv| = |\frac{\partial w}{\partial x}| \cdot |\frac{\partial w}{\partial y}|\,dx\,dy$$

$$= |\frac{dw}{d\underline{z}}|^2\,dx\,dy \tag{4.86}$$

Dieser Ausdruck, eingesetzt in die Anfangsgleichung (4.74) ergibt:

$$\frac{w_e}{dz} = \frac{\epsilon}{2}\,F_w^2\,|\frac{d\underline{w}}{d\underline{z}}|^2\,dx\,dy \tag{4.87}$$

$$\boxed{w_e = \frac{\epsilon}{2}\,F_w^2\,|E_z|^2\,dx\,dy\,dz} \tag{4.88}$$

Die elektrische Energiedichte und damit auch die Gesamtenergie zwischen zwei Rändern ist demnach invariant gegen konforme Abbildung und ist daher in der $\underline{z}$–Ebene dieselbe wie die in der $\underline{w}$–Ebene.

Daher ist auch die Kapazität C zwischen den Rändern des inhomogen Feldes der $\underline{z}$-Ebene die gleiche wie die im zugehörigen homogenen Feld der $\underline{w}$-Ebene. Das aber bedeutet: Eine in der $\underline{w}$-Ebene einfachst berechnete Kapazität gilt auch für die entsprechenden Ränder der $\underline{z}$-Ebene.

Beispiel: Wir beziehen uns auf die Abbildung $\underline{z} = a \ sin\,\underline{w}$. Dort soll die Kapazität zwischen dem Streifen, gekennzeichnet durch $v_1 = 0$ und einem elliptischen Zylinder, gekennzeichnet durch $v_2 > 0$ (siehe Bild 4.11) berechnet werden. Dazu gehen wir in die $\underline{w}$-Ebene und berechnen im abbildenden Streifen $-pi/2 \leq u \leq +pi/2$:

$$C = \frac{\epsilon}{2} \frac{Fläche}{Abstand} = \frac{\epsilon}{2} \frac{(u_2 - u_1)z}{v_2 - v_1} = \frac{\epsilon\,\pi\,z}{2\,v_2} \tag{4.89}$$

4.12 Polygonabbildungen nach Schwarz und Christoffel

Und es gibt doch eine Methode, die konforme Abbildungsfunktion systematisch zu berechnen und sie nicht erraten zu müssen. Allerdings ist die Anwendung der Methode beschränkt auf Polygonflächen, die in der $\underline{z}$-Ebene aus Geradenstücken bestehen. Außerdem sei das Polygon ein einfach zusammenhängendes Gebiet. Dieses wird über eine Zwischenebene, die $\underline{t}$-Ebene, auf die obere Hälfte der $\underline{w}$-Ebene mit dem Homogenfeld abgebildet. Zusätzlicher Aufwand: Die $\underline{t}$-Zwischenebene wird benötigt, allerdings nur deren reelle Achse. Pferdefuß der Methode: Bei mehr als vier Winkeln gibt es oft mathematische Schwierigkeiten bei der Auswertung des Abbildungsintegrals, das dann als elliptisches oder hyperelliptisches Integral auftreten kann.

Beginnen wir mit einem Polygonzug in der $\underline{z}$-Ebene. Er ist auf die reelle $\underline{t}$-Achse zu transformieren. Dazu ist das Polygon mit allen seinen Winkeln $\alpha_1, \ \alpha_2, \ \alpha_3, \ldots, \alpha_n$ in der $\underline{z}$-Ebene der Reihe nach (z.B. in mathematisch positivem Umlaufsinn) zu durchlaufen. Die Polygonecken werden auf die reelle $\underline{t}$-Achse abgebildet. Geraden, die ins Unendliche führen, haben dort uneigentliche Ecken, mit Außenwinkeln. Bild 4.23 zeigt zunächst die Berechnung der Außenwinkel und ihre prinzipielle Zuordnung zur $\underline{t}$-Ebene an einem realistischen Beispiel mit zwei metallischen Rändern. Nur solche

Aufgaben mit zwei Randwerten wollen wir hier besprechen.

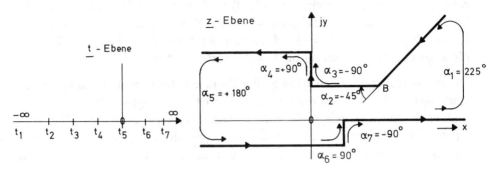

Bild 4.23: Polygon mit zwei Rändern: Berechnung der Winkel nach Schwarz–
     Christoffel

Die Ecken 1 bis 7, und dazu zählen auch die beiden Potentialsprünge im
Unendlichen, werden in die Punkte t_1 bis t_7 der reellen t–Achse abgebildet.
Der Außenwinkel α_1, im Unendlichen, wird in der $\underline{t}$–Ebene nach $t = -\infty$
gelegt und kann daher in der aufzustellenden Differentialgleichung entfallen.
Wir erhalten:

$$\frac{d\underline{z}}{dt} = (t - t_2)^{-\alpha_2/\pi} \, (t - t_3)^{-\alpha_3/\pi} \, (t - t_4)^{-\alpha_4/\pi}$$
$$\cdot (t - t_5)^{-\alpha_5/\pi} \, (t - t_6)^{-\alpha_6/\pi} \, (t - t_7)^{-\alpha_7/\pi} \qquad (4.90)$$

Das Abbildungsintegral, mit hinzugenommenem Faktor A, ist somit:

$$\boxed{\underline{z}(t) = A \int \prod (t - t_i)^{-\alpha_i/\pi} \, dt + B} \qquad (4.91)$$

Erklärung: Man sieht, die Kompliziertheit der Differentialgleichung oder des
daraus folgenden Integrals, Gl.(4.91), hängt wesentlich von der Anzahl der
Polygonecken ab. Kommt man nun in der $\underline{t}$–Ebene von $t = -\infty$ her und
durchläuft die reelle t–Achse im Sinne wachsender t–Werte, so bleiben die
Winkel (Argumente) aller $(t - t_i)$ Faktoren bis t_2 (siehe Bild 4.23) konstant.
Erst in $t = t_2$ ändert dieser Term sein Vorzeichen um 180^0, während
gleichzeitig die Ecke 2 durchlaufen wird und dort eine Winkeländerung um
$\alpha_2 = -45^0$ vorliegt. Erklärung: für $(t - t_i)^{-\alpha_i/\pi}$ ändert sich ein V⁻kel in der
w–Ebene um $+180^0$, falls in der z–Ebene $\alpha_i = -\pi$ und damit der Exponent
in Gl.(4.91) gleich -1 ist.

Betrachten wir zum Beispiel in der w–Ebene einen Winkel $\alpha_i = +\pi/2$. Dann
gehört dazu in den Gleichungen (4.90) und (4.91) ein Exponent von $-1/2$.
Speziell für t_2 mit dem Winkel $\alpha_2 = -\pi/4$ (*minus* weil mathematisch negativ)
ist der Exponent $-\alpha_2/\pi = +1/4$. Analoges gilt für die Ecken 3 bis 7 und für
die zugeordneten Punkte t_3 bis t_7 auf der reellen t–Achse.

Die rechentechnisch günstige Lage der Punkte t_2 bis t_7 muß gefunden werden,
wofür es nachfolgend Hinweise gibt, danach ist das Integral (4.91) auszuwerten
und noch unbestimmte reelle t–Konstanten sind zu berechnen. Schließlich
ist die $\underline{t}$–Ebene mit $t = e^w$ auf das Homogenfeld der $\underline{w}$–Ebene abzubilden.
Um das Verfahren deutlicher zu machen, fangen wir am besten nochmals mit
einfachsten Beispielen von vorne an.

4.12.1 Ecke gegen Ebene nach Schwarz–Christoffel

Schon beim Zeichnen des jeweiligen Polygonzuges achte man darauf, daß
dessen Konturen in der $\underline{z}$–Ebene, soweit irgendwie möglich, mit den
Koordinaten–Achsen $\pm x$ und $\pm jy$ zusammenfallen. Das Polygon ist dann
mathematisch positiv zu umlaufen. Dabei sind alle Winkel, auch die
Außenwinkel im Unendlichen, einzuzeichnen. Hat man sie richtig bewertet,
so ergibt ihre Summe stets 2π oder 360^0.

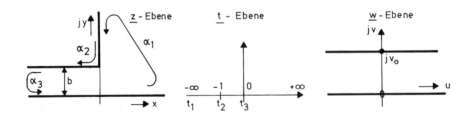

Bild 4.24: Polygonabbildung einer Ecke mit $\alpha_1 = +270^0$, $\alpha_2 = -90^0$ und
$\alpha_3 = +180^0$

Bildet man jetzt den Polygonzug auf die reelle t–Achse ab, so ist es
zweckmäßig, stets unter anderem entweder den Punkt $t = -\infty$ oder $t = +\infty$
(nicht aber beide, die sich ja im Unendlichen treffen) sowie $t = 0$ für
uneigentliche Ecken, mit Potentialsprung im Unendlichen, zu verwenden.

Denn die eine in Frage kommende Zuordnung $t = +\infty$ (oder alternativ $t = -\infty$) liefert keinen Term für das zu lösende Integral und $t = 0$ liefert einen einfachen Exponentialausdruck in t.

Beispiel: Ecke mit einem Öffnungswinkel von 90^0, gegen eine Ebene

Die eine Halbgerade (Halbebene) des Polygonzuges in der z–Ebene, Bild 4.24, wurde in die y–Achse gelegt. Die Gerade (Vollebene) liegt in der x–Achse. Beim jetzt folgenden Umlaufen des Polygons in der $\underline{z}$–Ebene legen wir auch gleich die t–Werte fest.

Vom Koordinatenursprung aus durchlaufen wir die positive x–Achse nach unendlich. Dort erhalten wir im mathematisch positiven Sinn den ersten Außenwinkel als uneigentliche Ecke mit $\alpha_1 = +270^0$. Ihm ordnen wir dem Wert $t_1 = -\infty$ zu und wissen, er liefert in $d\underline{z}/dt$ und damit im Abbildungsintegral keinen Beitrag. Dann kommen wir von $\underline{z} = +j\infty$ herunter zum Winkel $\alpha_2 = -90^0$, den wir dem Wert $t_2 = -1$ zuordnen; schließlich bleibt bei $\underline{z} = jb - \infty$ der Winkel $\alpha_3 = +180^0$ mit dem zweiten Potentialsprung, der zu $t_3 = 0$ zugeordnet wird.

Die abbildende Differentialgleichung lautet:

$$\frac{d\underline{z}}{dt} = (t - t_2)^{-\alpha_2/\pi} \, (t - t_3)^{-\alpha_3/\pi} \tag{4.92}$$

Mit $t_2 = -1$ (=ein Wert, der oft zweckmäßig ist) und $t_3 = 0$ lautet das Abbildungsintegral:

$$\begin{aligned} \underline{z} &= A \int (t + 1)^{+(\pi/2)/\pi} \, (t - 0)^{-\pi/\pi} \, dt + B \\ &= A \int (t + 1)^{1/2} \, t^{-1} \, dt + B \end{aligned} \tag{4.93}$$

B ist die Integrationskonstante, die mit der Lage der Ecke in der $\underline{z}$–Ebene zu tun hat. A ist eine ebenfalls zu bestimmende Konstante. A und/oder B werden mitunter komplex. Man kann A später mit dem uns bekannten Eichfaktor F_w aus Kapitel 4 vereinen. Wir lassen aber F_w hier aus dem Spiel. (Obgleich wir nur eine Differentialgleichung erster Ordnung zu lösen haben, gibt es dennoch die beiden zu bestimmenden Konstanten A und B.)
Auswertung des Abbildungsintegrals:

$$\underline{z}(t) = A \int (t+1)^{1/2} \, t^{-1} \, dt + B$$

$$= 2\,A\,\sqrt{t+1} + ln\frac{\sqrt{t+1}-1}{\sqrt{t+1}+1} + B \tag{4.94}$$

Berücksichtigt man in Gl.(4.94) den Plattenabstand durch Einsetzen der Zuordnung $t = t_2 = -1$ zu $\underline{z} = jb$, so erhält man $B = 0$.

Bestimmung der Konstanten A

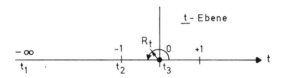

Bild 4.25: Integration um $t_3 = 0$ herum, bei $|\underline{t}| \ll 1$ längs $\underline{t} = R_t e^{j\varphi}$

Die Abbildungsfunktion zwischen w und t ist $\underline{w} = ln\,\underline{t}$ oder $\underline{t} = e^{\underline{w}}$. Damit wird der Streifen $0 \le v \le \pi$, siehe Bild 4.24, auf die obere $\underline{t}$-Halbebene abgebildet. Der Plattenabstand in der $\underline{w}$-Ebene ist somit π.

Wegen der Zuordnung α_3 zu $t_3 = 0$ wird nun nach /13/ die Konstante A berechnet, indem das Abbildungsintegral Gl.(4.93) für sehr kleine Werte von t, d.h. $|\underline{t}| \ll 1$, auf konstantem Radius $R_t \ll 1$ um $t_3 = 0$ herum integriert wird. Dabei lassen wir die Integrationskonstante B, die hier nur stört, außer acht. Bild 4.25 verdeutlicht den Integrationsweg auf dem Halbkreis längs $\underline{t} = R_t \cdot e^{j\varphi}$. Wegen $v_0 = Imaginärteil\{jv_0\}$, Bild 4.24 rechts, benötigen wir auch vom folgenden Integral den Imaginärteil. Die t-Werte sind hierbei wegen der Integration auf dem Halbkreis der komplexen $\underline{t}$-Ebene selbst komplex:

$R_t = const$:

$$Im\left\{2\,A \int \frac{(t+1)^{1/2}}{\underline{t}} \, d\underline{t}\right\}\Big|_{|\underline{t}| \ll 1} = Im\left\{2\,A \int \frac{d\underline{t}}{\underline{t}}\Big|_{\angle t=0}^{\pi}\right\}$$

$$= Im\left\{2A \, ln\,\underline{t}\Big|_{\angle t=0}^{\pi}\right\}$$

$$= Im\{2A \, ln \, (R_t e^{j\varphi})\Big|_{\angle t=0}^{\pi}\} \tag{4.95}$$

Das Ergebnis muß gleich dem reellen Plattenabstand, also dem reellen Imaginärteil b in der $\underline{z}$-Ebene sein:

$$Im\{2\,A\,(j\pi - j0)\} \overset{!}{=} b \tag{4.96}$$

Hieraus folgt $\qquad 2\,A = \dfrac{b}{\pi} \tag{4.97}$

A ist die mathematische Konstante, die mit dem physikalischen Eichfaktor F_w noch nichts zu tun hat!

Homogenisierung des Feldes

Wir bestimmen jetzt für dieses und für unsere anderen Beispiele die Abbildung der reellen t-Achse auf das Homogenfeld der $\underline{w}$-Ebene mit dort zwei parallelen Platten. Sie sollen den Abstand $v_0 = \pi$ voneinander haben.

Wir betrachten eine Fluß– oder Feldlinie, die aus der $\underline{w}$-Ebene in die $\underline{t}$-Ebene abgebildet wird. Im Bild 4.26 ist sie in beiden Ebenen gestrichelt eingezeichnet.

Dieser Übergang bestimmt die Abbildung von der $\underline{t}$-Ebene in die $\underline{w}$-Ebene. Es gilt nach /15/ und /22/:

$$\frac{d\underline{w}}{d\underline{t}} = \underline{t}^{-1} \tag{4.98}$$

Integriert folgt daraus:

$$\underline{w} = \ln \underline{t} \qquad \text{und} \qquad \boxed{\underline{t} = e^{\underline{w}}} \tag{4.99}$$

Dies ist ein wichtiger Zusammenhang, den wir zur Homogenisierung immer wieder benötigen, solange wir das Homogenfeld in der oberen Hälfte der $\underline{w}$-Ebene verwenden. (Andere Möglichkeiten: Siehe /10/.)

Die ganze Abbildungsfunktion des Beispiels nach Bild 4.24 erhält man schließlich durch Einsetzen von $B = 0$, $\quad 2\,A = b/\pi$ und Ersetzen der reellen t-Werte durch $t = e^{\underline{w}}$ in Gl.(4.94) zu:

$$\underline{z}(\underline{w}) = \frac{b}{\pi}\,\sqrt{e^w + 1} + \ln\frac{\sqrt{e^w + 1} - 1}{\sqrt{e^w + 1} + 1} \tag{4.100}$$

Für die Berechnung der Feldstärke stehen bekannte Formeln aus dem Abschnitt 3.2 zur Verfügung. Für die Darstellung der Feld– und Äquipotentiallinien dagegen wird die Abbildungsfunktion benötigt.

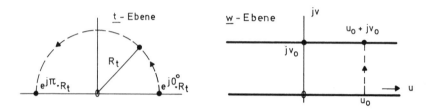

Bild 4.26: Abbildung einer Feldlinie von der $\underline{w}$-Ebene in die $\underline{t}$-Ebene mit $\underline{t} = e^{\underline{w}}$ und dabei $e^{u_0} = R_t = const$, so daß $\underline{t} = R_t \cdot e^{j\varphi}$ ist.

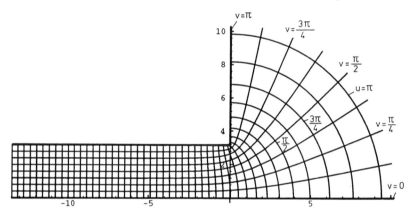

Bild 4.27: Ecke gegen Ebene. Feldverlauf zur Anordnung nach Bild 4.24

Besonders interessant an diesem Feldlinienbild ist der Übergangsbereich an der Ecke vom Homogenfeld zu einem nach rechts hin mehr und mehr radialhomogenen Feld mit Viertelkreisen, wie es von einer Linienladung erzeugt würde.

Kontrolle der Koordinatenzuordnungen

Es wurde gesagt, daß die beiden Außenwinkel mit den Potentialsprüngen (in unserem Beispiel α_1 und α_3) nach $t = -\infty$ bzw. nach $t = 0$ gelegt werden sollen. Diese Überlegung kann sinnvoll untermauert werden, indem man die Abbildung der einzelnen Linienzüge von der $\underline{z}$-Ebene, über die $\underline{t}$-Ebene auf die

$\underline{w}$–Ebene verfolgt. Denn die in der $\underline{z}$–Ebene zusammenhängenden Linienzüge gleichen Potentials müssen auch in der $\underline{w}$–Ebene miteinander verbunden sein und gleiches Potential annehmen. Bild 4.28 verdeutlicht dies anhand von gepunkteten, gestrichelten und durchgezogenen Strecken für die Linienzüge a, b und c.

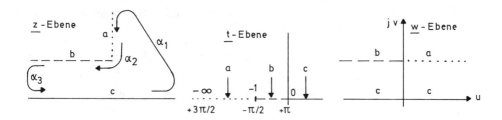

Bild 4.28: Zuordnung der einzelnen Linienzüge

Eine sinnvolle Zuordnung der $\underline{z}$–Werte zu den t–Werten wäre auch wie folgt möglich: $t_1(\alpha_3) = \pi$, $t_2(\alpha_1) = 0$ und $t_3(\alpha_2) = +1$.

Falls man ungeschickt Zuordnungen trifft, kann es vorkommen, daß Linienzüge, die galvanisch und potentialmäßig voneinander getrennt sind, in der $\underline{w}$–Ebene miteinander verbunden werden. Literaturhinweis: /10/. Bild 4.29 zeigt zwei Beispiele für derart falsche Zuordnungen als Folge von nicht konsequenter Einhaltung der Reihenfolge bei der Zuordnung der Außenwinkel zu den t–Werten.

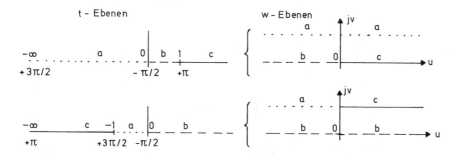

Bild 4.29: Falsche Zuordnungen der Außenwinkel zu den t–Werten

4.12.2   Rezeptartige Hinweise zu Schwarz–Christoffel

1. Schritt: Man bette das Polygon so in die komplexe $\underline{z}$–Ebene ein, daß seine Konturen möglichst weitgehend mit Ordinate und Abszisse zusammenfallen.

2. Schritt: Man beginne im Koordinatenursprung und durchlaufe das Polygon vorschlagsweise im mathematisch positiven Sinn. Dabei sind die Winkel α_i nach Betrag und Vorzeichen festzustellen. Kontrolle: Hat man alle Winkel richtig bewertet, so ist $\Sigma \alpha_i = 360^0$ oder 2π.

3. Schritt: Die Winkel des Polygons müssen auf die t–Achse übertragen und dort geeigneten t–Werten zugeordnet werden. Dabei sind drei Koordinaten frei wählbar, z.B. $-\infty$, -1 und 0, oder auch $-\infty$, 0 und $+1$, oder auch 0, $+1$ und $+\infty$ oder auch -1, 0 und $+\infty$. Hat das Polygon mehr als drei Winkel, dann müssen weitere Koordinaten: t_4, t_5, ... hinzugenommen werden. Deren Zahlenwerte können erst später auf Grund von Zuordnungen bestimmt werden.

Bei den Zuordnungen sollten vorteilhafterweise die t–Werte $t = -\infty$ (oder $t = \infty$) und $t = 0$ stets den Winkeln mit dem Potentialsprung zugewiesen werden, was voraussetzt, daß der anschließende Übergang zur $\underline{w}$–Ebene mit $\underline{t} = e^{\underline{w}}$ erfolgt. Siehe /10/. Nur dann tritt die anhand von Bild 4.29 beschriebene fehlerhafte Zusammensetzung von Linienzügen nicht auf. Es ist gleichgültig, welcher der beiden Potentialsprünge nach $t = -\infty$ oder nach $t = 0$ gelegt wird. Daher gibt es zwei mögliche Varianten der Zuordnung, die beide funktionieren.

Um falsche Zuordnungen zu vermeiden, hat man darauf zu achten, daß die Reihenfolge zunehmender reeller t–Werte mit der Reihenfolge der beim Umlaufen des Polygons auftretenden Winkel α_i übereinstimmt. Oft bewährt es sich, mit der t–Koordinate $-\infty$ zu beginnen.

Symmetrische Koordinaten der $\underline{t}$–Ebene dürfen nur dann und müssen dann verwendet werden, wenn Ecken auch in der $\underline{z}$–Ebene symmetrisch zu den Achsen vorhanden sind.

4. Schritt: Jetzt bilde man das Abbildungsintegral:

$$\underline{z} = A \int \prod_{i=1}^{n} (t - t_i)^{-\alpha_i/\pi} \, dt + B \qquad (4.101)$$

Wie schon beschrieben wurde, entfällt die Zuordnungskoordinate bei $t = -\infty$ (oder gegebenenfalls bei $t = +\infty$), so daß bei n Winkeln nur $(n-1)$ Faktoren im Abbildungsintegral auftreten und zu integrieren sind. Auf die gelegentlich komplexen Konstanten A und B kommen wir bei den Beispielen noch zurück. $\underline{z} = f(t)$ ist dann die zunächst gesuchte Abbildungsfunktion.

5. Schritt: Die Integrationskonstante B, die Konstante A und die bei mehr als drei Winkeln auftretenden Zuordnungskoordinaten t_4, t_5, ... müssen aus den gegebenen geometrischen Zuordnungen, teils durch Lösen von Integralen bei bestimmten t–Werten, gefunden werden.

6. Schritt: Ist $\underline{z}(t)$ inklusive der Konstanten nach 5. bekannt, dann kann die Homogenisierung des Feldes durch $t = e^{\underline{w}}$ erfolgen. Damit ist die endgültige Abbildungsfunktion $\underline{z} = f(\underline{w})$ bekannt.

Rechenerleichterung

Hat das Ausgangspolygon in der $\underline{z}$–Ebene stückweise ein Homogenfeld, wie dies bei unserem Beispiel 1 der Fall ist, so kann man sich die Integration des Abbildungsintegrals ersparen. Denn es war ja:

$$\frac{d\underline{z}}{dt} = A \prod_{i=1}^{n} (t - t_i)^{-\alpha_i/\pi} = A\, f(t) \tag{4.102}$$

Wegen der Homogenisierung mit $t = e^{\underline{w}}$ und daher $\underline{w} = ln\, t$ ist:

$$\frac{d\underline{w}}{dt} = \frac{1}{t} \tag{4.103}$$

Ist nun beispielsweise $v(x, y)$ die Potentialfunktion, dann ist (siehe Abschnitt 3.2) die konjugiert komplexe Feldstärke $\underline{E}_z^*$ in der $\underline{z}$–Ebene:

$$\underline{E}_z^* \hat{=} j\, \frac{d\underline{w}}{d\underline{z}} = j\, \frac{d\underline{w}/dt}{d\underline{z}/dt} \qquad \text{und daher:} \tag{4.104}$$

$$\boxed{\underline{E}_z^* = \frac{j}{A\, t\, f(t)} = \frac{j}{A\, t\, d\underline{z}/dt}} \tag{4.105}$$

Ist dagegen $u(x, y)$ die Potentialfunktion, so gilt in einem homogenen Feldbereich des $\underline{z}$–Ebenen Polygons:

$$\boxed{\underline{E}_z^* = \frac{-1}{A\, t\, f(t)} = \frac{-1}{A\, t\, d\underline{z}/dt}} \tag{4.106}$$

4.12.3   Halbebene über einer Vollebene

Dieses Beispiel ist interessant, da hier die Halbebene zweimal zu durchlaufen ist, und da wir diese Aufgabe schon als Simultanabbildung nach dem Maxwellansatz kennen.

1. Schritt: Die Vollebene wird in die x–Achse gelegt, die Halbebene endet an der y–Achse.

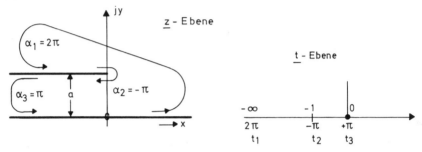

Bild 4.30: Halbebene über einer Vollebene

2. Schritt: Von $(x, y) = (0, 0)$ aus umlaufen wir das Polygon mathematisch positiv. Dabei stellen wir der Reihe nach die Außenwinkel: $+2\pi$, $-\pi$ und $+\pi$ fest. Man erkennt, daß die Halbebene dabei zweimal durchlaufen werden muß. Siehe hierzu Bild 4.32; dann wird korrekt $\Sigma \alpha_i = 2\,\pi$, wie gefordert.

3. Schritt: Die Übertragung der gefundenen Winkel in die t–Ebene (Bild 4.30) soll bei $t_1 = -\infty$ beginnen. Diesem Wert ordnen wir den Außenwinkel $\alpha_1 = 2\pi$ zu. So wird vermieden, daß im Abbildungsintegral ein Term $(t - t_i)^2$ auftritt! Zu $t_2 = -1$ ordnen wir $\alpha_2 = -\pi$ und zu $t_3 = 0$ den Winkel $\alpha_3 = +\pi$ zu.

4. Schritt: Das Abbildungsintegral lautet:

$$\underline{z} = A \int (t - (-1))^{-(-1)} (t - 0)^{-1} \, dt + B = A \int \frac{t + 1}{t} \, dt + B \quad (4.107)$$

Die Lösung ist:

$$\underline{z} = A \, (t + ln\,t) + B \qquad (4.108)$$

A und B sind unbekannte Konstanten. Nach /13/ bestimmen wir A durch Ausführen eines speziellen Integrals. Die Halbebene hat von der Vollebene den Abstand $Im\{x + ja - x\} = a$. Dies gilt auch für $x \to -\infty$. Dort haben wir $\alpha_3 =$

$+\pi$, zugeordnet zu $t_3 = 0$. Daher integrieren wir nun das Abbildungsintegral für den speziellen Wert $|\underline{t}| << 1$, wieder auf konstantem Radius $R_t = const$, so daß die Abbildungsfunktion (ohne die Konstante B) nach /22/ wieder mit $t \rightarrow \underline{t} = R_t \cdot e^{j\varphi}$ von $\varphi = 0$ bis π integriert wird:

$$|\underline{t}| << 1 : \qquad a \overset{!}{=} Im\left\{ A \int \frac{0+1}{\underline{t}} \, dt \Big|_{\angle 0}^{\pi} \right\} = Im\left\{ A \, ln \, \underline{t} \Big|_{\angle 0}^{\pi} \right\} \qquad (4.109)$$

$$= Im\left\{ A \, ln \, (R_t e^{j\varphi}) \Big|_{\angle 0}^{\pi} \right\} = Im\left\{ A \, (j\pi - j0) \right\} \qquad (4.110)$$

$$= A \, \pi$$

daher wird:

$$A = \frac{a}{\pi} \qquad (4.111)$$

Es fehlt noch die Bestimmung von B. Wir kennen die Koordinatenzuordnung an der Kante der Halbebene: $\underline{z} = 0 + ja$ zu $t_2 = -1$. Die uns bisher bekannte Lösung ist:

$$\underline{z} = \frac{a}{\pi}(t + ln \, t) + B \qquad (4.112)$$

Wir setzen $\underline{z} = ja$ und $t = t_2 = -1$ ein und erhalten:

$$ja = \frac{a}{\pi}(-1 + ln(-1)) + B \qquad (4.113)$$

$$= -\frac{a}{\pi} + \frac{a}{\pi} \cdot j\pi + B$$

$$(4.114)$$

Daraus folgt die zweite Zuordnung:

$$B = \frac{a}{\pi} \qquad (4.115)$$

Somit haben wir als Lösung dieser Aufgabe die Abbildungsfunktion:

$$\underline{z} = \frac{a}{\pi}(t + ln \, t + 1) \qquad (4.116)$$

und nach Homogenisierung mit $t = e^{\underline{w}}$ folgt:

$$\underline{z} = \frac{a}{\pi}(e^{\underline{w}} + \underline{w} + 1) \tag{4.117}$$

Diese, uns schon bekannte Abbildungsfunktion liefert mit einem numerischen Programmsystem die folgenden Feld- und Äquipotentiallinien:

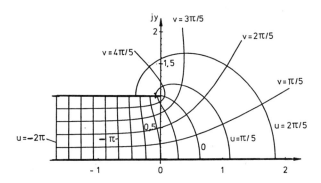

Bild 4.31: Feld- und Äquipotentiallinien zur Aufgabe Halbebene parallel zu und über einer Vollebene

Die Berechnung der Feldstärke kann bei Bedarf wieder mit den bekannten Formeln geschehen.

Bild 4.32 zeigt durch sukzessives Abwinkeln der oberen Ebene, warum die Halbebene nach Bild 4.30 beim Feststellen der Außenwinkel, zweimal durchlaufen werden muß.

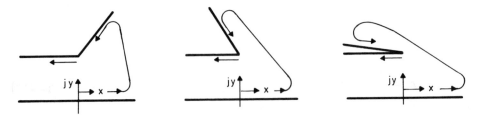

Bild 4.32: Sukzessives Abwinkeln einer Ebene bis nahezu die Halbebene entsteht

4.12.4 Ecke gegen Ecke als Beispiel mit vier Außenwinkeln

Ein weiteres Beispiel soll die Anwendung der Schwarz–Christoffelschen Abbildung zeigen. Wir wählen eine Ecke gegen eine Ecke.

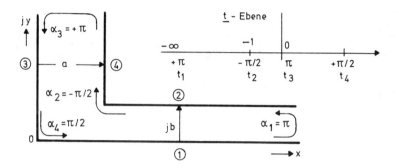

Bild 4.33: Ecke gegen Ecke

1. Schritt: Wir legen die äußere Ecke in die positiven $x - y-$ Halbachsen der $\underline{z}$–Ebene.

2. Schritt: Wir umlaufen das Polygon im mathematisch positiven Sinn, wobei wir im Nullpunkt beginnen und bei $x = +\infty$ den ersten Außenwinkel $\alpha_1 = +\pi$ mit Potentialsprung feststellen. An der Ecke $(x = a,\ y = jb)$ finden wir $\alpha_2 = -\pi/2$, bei $a + jy$ mit $y \to \infty$ folgt $\alpha_3 = +\pi$. Als letzten Winkel finden wir im Nullpunkt $\alpha_4 = +\pi/2$. Die Summe der vier Winkel ist $\Sigma_1^4 \alpha_i = 2\,\pi$, wie es sein muß.

3. Schritt: Die Winkel werden in die t–Ebene übertragen. Wir beginnen bei $t_1 = -\infty$ und ordnen $\alpha_1 = +\pi$ mit dem Potentialsprung zu. $\alpha_2 = -\pi/2$ wird dem Wert $t_2 = -1$ zugeordnet, damit $\alpha_3 = \pi$ mit dem Potentialsprung zu $t_3 = 0$ zugeordnet werden kann. Es fehlt noch $\alpha_4 = +\pi/2$. Dieser Winkel wird bei t_4 plaziert. Der Zahlenwert für t_4 ist zunächst noch unbekannt.

4. Schritt: Das Abbildungsintegral lautet, bei zulässigem Außerachtlassen des Winkels α_1 bei $t_1 = -\infty$:

$$\underline{z}(t) = A \int (t - (-1))^{+\pi/(2\pi)} \, (t - 0)^{-\pi/\pi} \, (t - t_4)^{-\pi/(2\pi)} \, dt + B$$
$$= A \int (t + 1)^{1/2} \, (t - 0)^{-1} \, (t - t_4)^{-1/2} \, dt + B$$

$$= A \int \frac{1}{t} \sqrt{\frac{t+1}{t-t_4}} \, dt + B \qquad (4.118)$$

Zur Auswertung dieses Integrals substituiere man z.B.:

$$\sqrt{\frac{t+1}{t-t_4}} = \xi^{1/2}, \qquad mit \qquad \frac{1}{t} = \frac{\xi-1}{1+\xi\, t_4} \qquad und \qquad dt = \frac{-(1+t_4)}{(\xi-1)^2} \, d\xi$$

Danach lautet das Integral:

$$-(1+t_4)\, A \int \frac{\sqrt{\xi}\, d\xi}{(1+\xi\, t_4)(\xi-1)} \qquad (4.119)$$

Hier verwende man eine Partialbruchzerlegung:

$$\sqrt{\xi}\, \frac{1}{1+t_4\, \xi} \cdot \frac{1}{\xi-1} = \frac{-t_4\, \sqrt{\xi}}{(1+t_4)(1+t_4\, \xi)} + \frac{\sqrt{\xi}}{(1+t_4)(\xi-1)}$$

Eingesetzt in das Integral und dieses ausgewertet, z.B. nach *Gröbner/Hofreiter: Integraltafel, Unbestimmte Integrale, Springer, 1957,* erhält man:

$$\underline{z}(t) = A \left\{ ln \frac{\sqrt{\dfrac{t+1}{t-t_4}}+1}{\sqrt{\dfrac{t+1}{t-t_4}}-1} - \frac{j}{\sqrt{t_4}} \, ln \frac{\sqrt{\dfrac{t+1}{t-t_4}}+\dfrac{j}{\sqrt{t_4}}}{\sqrt{\dfrac{t+1}{t-t_4}}-\dfrac{j}{\sqrt{t_4}}} \right\} + B \qquad (4.120)$$

Jetzt sind zuerst die Konstanten A und t_4 und danach B zu bestimmen. In /13/ findet man die schon erwähnten Hilfsintegrale. Betrachten Sie Bild 4.33. Der Abstand von ① nach ② ist der reelle Imaginärteil b eines Linienintegrals zwischen diesen beiden Grenzen, nahe $x = +\infty$. Daher ist nach /13/ das Integral $\underline{z}(t)$ über den zugeordneten Winkel $t_1 = -\infty$, d.h. bei sehr großen t-Werten zu nehmen. Bild 4.34 verdeutlicht die auf einem Halbkreis in der $\underline{t}$-Ebene durchzuführenden beiden Integrationen. Zunächst Integration auf dem großen Halbkreis.

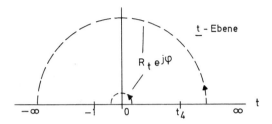

Bild 4.34: Integrationswege in der oberen $\underline{t}$-Halbebene zur Bestimmung von A und t_4

$$b \overset{!}{=} \quad +Im\left\{A \int \frac{1}{\underline{t}}\sqrt{\frac{\underline{t}+1}{\underline{t}-t_4}}d\underline{t}\Big|_{\underline{t}\approx\infty}\right\} = +Im\left\{A \ln \underline{t}\Big|_{\angle 0}^{\pi}\right\} \tag{4.121}$$

$$= \quad +Im\left\{A \ln (R_t e^{j\varphi})\Big|_{\angle 0}^{\pi}\right\} = +Im\{A\,(j\pi - j0)\} = A\,\pi$$

Somit ist:

$$b = A\,\pi \qquad \text{und daher} \qquad A = \frac{b}{\pi} \tag{4.122}$$

Jetzt folgt die zweite Integration auf dem kleinen Halbkreis für $|\underline{t}| \ll 1$ entsprechend t_3 mit dem reellen Abstand a zwischen den Punkten ③ und ④ vom Bild 4.33:

$$a \overset{!}{=} \quad +Re\left\{A \int \frac{1}{\underline{t}}\sqrt{\frac{\underline{t}+1}{\underline{t}-t_4}}\,d\underline{t}\Big|_{|\underline{t}|\ll 1}\right\} = +Re\left\{A\frac{1}{\sqrt{-t_4}} \int \frac{d\underline{t}}{\underline{t}}\Big|_{|\underline{t}|\ll 1}\right\}$$

$$= \quad +Re\left\{\frac{1}{\sqrt{-t_4}}A \ln \underline{t}\Big|_{\angle 0}^{\pi}\right\} = +Re\left\{\frac{1}{\sqrt{-t_4}}A \ln (R_t e^{j\varphi})\Big|_{\angle 0}^{\pi}\right\}$$

$$= \quad +Re\left\{\frac{1}{j\sqrt{t_4}}A\,(j\pi - j0)\right\} = +\frac{\pi}{\sqrt{t_4}}\,A \tag{4.123}$$

Hieraus ergibt sich:

$$\sqrt{t_4} = \frac{\pi}{a}A = \frac{\pi\,b}{\pi\,a} = \frac{b}{a} \tag{4.124}$$

Bild 4.35 zeigt das Diagramm mit Feld– und Äquipotentiallinien für $b = 2\,a$.

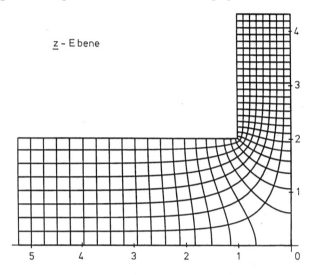

Bild 4.35: Zwei Halbebenen als Ecken mit unterschiedlichem Potential oder
auch: Leitfähiges Blech (oder Leiterbahn!) als stromdurchflossene
Ecke ausgebildet

Es fehlt noch die Bestimmung der Integrationskonstanten B. Setzt man in
die Lösung nach Gl.(4.120) $t = t_4 = b^2/a^2$ und den eben gewonnenen Wert
$A = b/\pi$ ein, so folgt aus der Koordinatenzuordnung zu $\underline{z} = 0$ auch $B = 0$.
Jetzt können die berechneten Konstanten und $t = e^{\underline{w}}$ in Gl.(4.120) eingesetzt
werden, so daß wir die endgültige Abbildungsfunktion erhalten; $t_4 = b^2/a^2$
wurde nachfolgend, der Unhandlichkeit der Formel wegen, in diese nicht
eingesetzt:

$$\underline{z}(t) = \frac{b}{\pi} \left\{ ln \frac{\sqrt{\dfrac{e^w + 1}{e^w - t_4}} + 1}{\sqrt{\dfrac{e^w + 1}{e^w - t_4}} - 1} - \frac{j}{\sqrt{t_4}} \, ln \frac{\sqrt{\dfrac{e^w + 1}{e^w - t_4}} + \dfrac{j}{\sqrt{t_4}}}{\sqrt{\dfrac{e^w + 1}{e^w - t_4}} - \dfrac{j}{\sqrt{t_4}}} \right\} + B \qquad (4.125)$$

mit $t_4 = b^2/a^2$

Interessiert die Feldstärke, so müßte eine der bekannten Formeln des Kapitels
3 auf Gl.(4.125) angewandt werden. Dagegen hätte die Anwendung des
abgekürzten Rechenganges nach Abschnitt 4.11.2 nach den Gleichungen

(4.105) oder (4.106) wesentlich schneller zum Ergebnis geführt, da hierbei die Integration der Schwarz–Christoffelschen Differentialgleichung (4.91) nicht durchgeführt werden muß. Es genügt, dz/dt nach Gl.(4.90) in Gl.(4.105) oder 4.(106) einzusetzen! Denn innerhalb des auch vorhandenen homogenen Feldteiles kann die Konstante A exakt bestimmt werden.

Allerdings hätten wir mit dem abgekürzten Rechengang keine Abbildungsfunktion erhalten, die bei manchen numerischen Programmen zur unmittelbaren Darstellung von Feld– und Äquipotentiallinien benötigt wird.

Der genannte abgekürzte Rechengang kann auch angewandt werden bei Geometrien, in denen zwar kein homogener Feldteil vorkommt, innerhalb derer aber nicht der Absolutwert, sondern nur Relativwerte der Feldstärken interessieren.

Kapitel 5

Numerische Verfahren der Feldberechnung

5.1 Das finite Differenzenverfahren

5.1.1 Herleitung der Iterationsformeln

Die Viereckformel

Wir beschränken wir uns zunächst wieder auf ebene Feldprobleme der Statik oder quasistationärer Felder. Dafür lautet die Potentialfunktion:

$$\phi = \phi(x, y) \tag{5.1}$$

Es sei $\phi(x, y)$ bekannt, zum Beispiel berechnet worden, dann kann man auch die Komponenten der (elektrischen) Feldstärke

$$E_x = -\frac{\partial \phi}{\partial x} \qquad \text{und} \qquad E_y = -\frac{\partial \phi}{\partial y} \tag{5.2}$$

angeben. Auch in einem Punkt $P_0(x_0, y_0)$ sei das Potential ϕ_0 gegeben, dann können wir mit den ersten Gliedern einer Taylorreihe das Potential in der Nachbarschaft von P_0 berechnen. Siehe Bild 5.1.

Wir wollen des geringeren Schreibaufwandes wegen vorübergehend (bis Gl.(5.5)) folgende Abkürzungen einführen:

$$\phi_x(x_0, y_0) = \left. \frac{\partial \phi(x, y)}{\partial x} \right|_{x_0, y_0} \qquad \text{und} \qquad \phi_y(x_0, y_0) = \left. \frac{\partial \phi(x, y)}{\partial y} \right|_{x_0, y_0}$$

$$\phi_{xx}(x_0, y_0) = \left.\frac{\partial^2 \phi(x, y)}{\partial x^2}\right|_{x_0, y_0} \quad \text{und} \quad \phi_{yy}(x_0, y_0) = \left.\frac{\partial^2 \phi(x, y)}{\partial y^2}\right|_{x_0, y_0} \quad (5.3)$$

$$\phi_{xy}(x_0, y_0) = \left.\frac{\partial}{\partial y}\frac{\partial \phi(x, y)}{\partial x}\right|_{x_0, y_0} = \left.\frac{\partial}{\partial x}\frac{\partial \phi(x, y)}{\partial y}\right|_{x_0, y_0}$$

Damit können wir, abhängig vom Potential $\phi(x_0, y_0)$ und mit den partiellen Ableitungen ϕ_x, ϕ_y, ϕ_{xx}, ϕ_{xy} und ϕ_{yy} am Ort (x_0, y_0) durch Anwendung der Taylorreihe das Potential im Punkt $P(x, y)$ berechnen zu:

$$\phi(x, y) = \phi_0 + \frac{1}{1!}[(x - x_0)\,\phi_x + (y - y_0)\,\phi_y] + \frac{1}{2!}[(x - x_0)^2\,\phi_{xx}$$
$$+2(x - x_0)(y - y_0)\phi_{xy} + (y - y_0)^2\phi_{yy}] + \dots \quad (5.4)$$

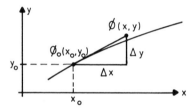

Bild 5.1: Berechnung von $\phi(x, y)$ aus der Taylorreihe

Aufgeschrieben wurden die ersten Glieder bis inklusive der zweiten Ableitungen, die meistens für eine Näherungsrechnung ausreichen.

Wir wollen jetzt den Spieß umkehren und annehmen, in den vier Punkten $1(h, 0)$, $2(0, h)$, $3(-h, 0)$ und $4(0, -h)$ von Bild 5.2 seien die Potentialwerte als bekannt gegeben und wir versuchen, aus ihnen das Potential im Nullpunkt $\phi(0, 0)$ zu berechnen. Dazu addieren wir die vier äußeren Potentiale unserer Taylorreihe:

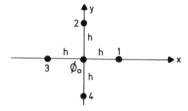

Bild 5.2: Zur Erklärung der Viereckformel mit $|(x - x_0)| = |(y - y_0)| = h$

im Punkt 1 gilt: $\quad \phi_1 = \phi_o + h\,\phi_x + 0 + \frac{1}{2}(h^2\,\phi_{xx} + 0 + 0)$

im Punkt 2 gilt: $\quad \phi_2 = \phi_0 + 0 + h\,\phi_y + \frac{1}{2}(0 + 0 + h^2\,\phi_{yy})$

im Punkt 3 gilt: $\quad \phi_3 = \phi_0 - h\,\phi_x + 0 + \frac{1}{2}(h^2\,\phi_{xx} + 0 + 0)$

im Punkt 4 gilt: $\quad \phi_4 = \phi_0 + 0 - h\,\phi_y + \frac{1}{2}(0 + 0 + h^2\,\phi_{yy})$

Wir addieren die vier Zeilen und erhalten:

$$\phi_1 + \phi_2 + \phi_3 + \phi_4 = 4\,\phi_0 + 0 + 0 + h^2\,\underbrace{(\phi_{xx} + \phi_{yy})}_{\Delta\phi} \tag{5.5}$$

Solange wir Quellenfreiheit voraussetzen, gilt die Laplacesche Differentialgleichung: $\Delta\phi = 0$; d.h. Raumladungen werden in dem zu berechnenden Feldbereich nicht zugelassen. Daher kann das im Punkt $P_0(0,0)$ zu bestimmende Potential ϕ_0 berechnet werden zu:

$$\boxed{\phi_0 = \frac{\phi_1 + \phi_2 + \phi_3 + \phi_4}{4} = \frac{1}{4}\sum_{i=1}^{4}\phi_i} \tag{5.6}$$

Das Taylorglied mit Ableitungen dritter Ordnung am Ort (x, y) liefert die partiellen Ableitungen ϕ_{xxx}, ϕ_{xxy}, ϕ_{xyy} und ϕ_{yyy} und den Ausdruck:

$$\frac{1}{3!}\Big[(x-x_0)^3\phi_{xxx} + 3(x-x_0)^2(y-y_0)\phi_{xxy} + 3(x-x_0)(y-y_0)^2\phi_{xyy} + (y-y_0)^3\phi_{yyy}\Big] \tag{5.7}$$

Dieser Beitrag ist null für die Viereck– ebenso wie für die anschließend folgende Diagonalformel. Denn die von null verschiedenen Summanden heben sich, wie man leicht nachprüfen kann, gegenseitig auf. Daher erfüllen Viereck– und die nachfolgende Diagonalformel die Taylorreihe bis einschließlich der dritten Ordnung.

Erst die Taylorglieder vierter Ordnung liefern zur Viereckformel folgenden in ihrer Summe von null verschiedenen Beitrag. Die partiellen Ableitungen sind wieder am Ort (x_0, y_0) zu nehmen:

$$\frac{1}{4!}[2(x-x_0)^4\phi_{xxxx} + 2(y-y_0)^4\phi_{yyyy}] = h^4(\frac{1}{4}\phi_{xxxx} + \phi_{xxyy} + \frac{1}{4}\phi_{yyyy}) \tag{5.8}$$

Diese Anteile lassen sich in der Viereckformel nicht verwenden.

Die Diagonalformel

Gegeben seien jetzt die vier Eckpunkte 5, 6, 7 und 8 nach Bild 5.3. Sie liegen
auf den Winkelhalbierenden der vier Quadranten und haben von den Achsen
je den senkrechten Abstand h. Wir nehmen an, daß auch in diesen Punkten
das Potential bekannt sei.

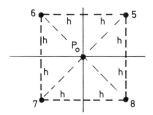

Bild 5.3: Zur Diagonalformel

Würden wir jetzt auch hier eine Taylorreihe bis inklusive der zweiten
Ableitungen aufstellen, um im Punkt $P_0(0,0)$, abhängig von den vier äußeren
Potentialen ϕ_5 bis ϕ_8, das Potential zu berechnen, so wäre das Ergebnis:

$$\boxed{\phi_0(0,0) = \frac{1}{4} \sum_{i=5}^{8} \phi_i}$$
\hfill (5.9)

Die Randgebietsformel

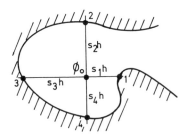

Bild 5.4: Zur Randgebietsformel

Gelegentlich kann es vorkommen, daß nur an wenigen Stellen eines weitgehend
berandeten Gebietes Potentialwerte ermittelt werden sollen. Haben diese
Stellen unterschiedliche Abstände zum Rand mit dessen eingeprägtem

Potential, dann kann die folgende Randgebietsformel von Nutzen sein. Sie wird aber meist nur bei Berechnungen mit dem Taschenrechner angewandt werden.

Variiert man die Viereckformel dahingehend, daß die Abstände der Punkte 1 bis 4 vom Meßpunkt P_0 ungleich sind, was in der Nähe von Rändern vorkommen kann, dann liefert die Theorie, nach /10/, eine entsprechend kompliziertere Formel, auf deren Herleitung wir verzichten. Sie lautet:

$$\phi_0(0,0) = \frac{\dfrac{1}{s_1 + s_3}\left(\dfrac{\phi_1}{s_1} + \dfrac{\phi_3}{s_3}\right) + \dfrac{1}{s_2 + s_4}\left(\dfrac{\phi_2}{s_2} + \dfrac{\phi_4}{s_4}\right)}{\dfrac{1}{s_1 \cdot s_3} + \dfrac{1}{s_2 \cdot s_4}} \tag{5.10}$$

Setzt man $s_1 = s_2 = s_3 = s_4$, so folgt hieraus die einfache Viereckformel. Man verwendet die Randgebietsformel nur selten und dann meist bei grobmaschigem Gitter für überschlägige Potentialberechnungen.

Die DK – Formel

Hat man im felderfüllten Raum Grenzflächen mit Sprungstellen der Dielektrizitätszahl (DK), so kann dennoch das Potential berechnet werden. Bild 5.5 verdeutlicht den Sachverhalt.

Wie wir wissen, gilt für elektrische Felder in der Statik an Sprungstellen der DK: $Rot\,\mathbf{E} = 0$ und, sofern keine Flächenladungen in der Grenzfläche vorkommen: $Div\,\mathbf{D} = 0$. Im magnetischen Feld haben wir an Grenzflächen entsprechend: $Rot\,\mathbf{H} = 0$ und $Div\,\mathbf{B} = 0$. Bleiben wir beim elektrischen Feld, so gilt an Grenzflächen von ϵ_r als erweiterte Viereckformel:

$$\boxed{\phi_0 = \frac{1}{4}\left[\phi_1 + \phi_3 + \frac{2}{1 + \epsilon_{r2}/\epsilon_{r1}}\left(\phi_2 + \frac{\epsilon_{r2}}{\epsilon_{r1}}\,\phi_4\right)\right]} \tag{5.11}$$

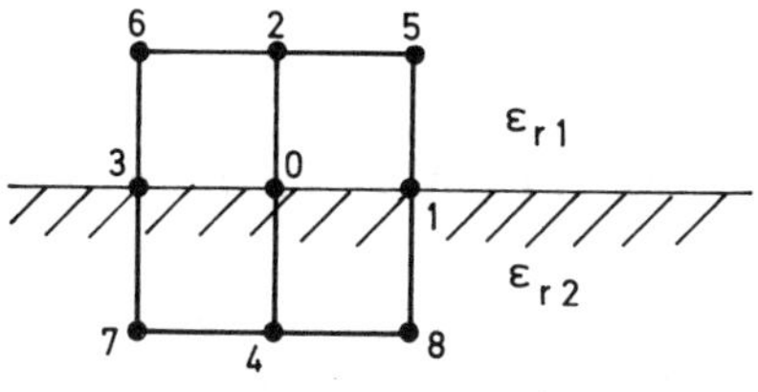

Bild 5.5: Zur Erklärung der DK – Formel

Mit den Eckpunkten 5 bis 8 lautet die entsprechend erweiterte Diagonalformel
für einen Sprung der DK nach Bild 5.5:

$$\phi_0 = \frac{1}{2(1 + \epsilon_{r2}/\epsilon_{r1})}\left[\phi_5 + \phi_6 + \frac{\epsilon_{r2}}{\epsilon_{r1}}(\phi_7 + \phi_8)\right] \tag{5.12}$$

Die Achtpunkteformel

Bild 5.6 enthält im homogenen Medium alle 8 Punkte, also die der Viereck-
und die der Diagonalformel. Auch sie berücksichtigt Glieder der Taylorreihe
bis zur dritten Ordnung inklusive.

$$\phi_0 = \frac{1}{8}\sum_{i=1}^{8}\phi_i \tag{5.13}$$

Bild 5.6: Zur Achtpunkteformel

Prinz /10/ gibt eine Achtpunkteformel an, die nach Abbruch der Iterationen
bei gleichbleibender Gitterweite zur einmaligen Werteverbesserung, nach
Anwendung von nur wenigen Iterationen, geeignet sei:

$$\phi_0 = \frac{1}{5}\sum_{i=1}^{4}\phi_i + \frac{1}{20}\sum_{i=5}^{8}\phi_i \tag{5.14}$$

Diese Formel soll nicht weiter diskutiert werden.

5.1.2 Iterationsformeln im Strömungsfeld

Das stationäre Strömungsfeld genügt ebenso wie die Statik der Laplaceschen
Differentialgleichung. Ferner ist das Brechungsgesetz bei beiden das gleiche,
wenn man das eine Mal ϵ, das andere Mal κ verwendet.

An Stelle eines kontinuierlich vorhandenen Mediums, in dem eine Strömung stattfindet, können wir ersatzweise diskrete Leitwerte als Nachbildung verwenden, vergleichbar den diskreten Bauelementen einer Leitungsnachbildung, wodurch eine homogene Leitung ersetzt wird.

Zwischen der Statik einerseits und einem streng stationären sowie quasistationären Strömungsfeld andererseits, gibt es folgende formale Analogien:

Elektrostatik	Strömungsfeld
$\mathbf{D} = \epsilon\, \mathbf{E}$ $\mathbf{D} = -\epsilon\, grad\, \phi$ $\eta = 0: \quad div\, \mathbf{D} = 0$ $div\,(\epsilon\, grad\, \phi) = 0$	$\mathbf{J} = \kappa\, \mathbf{E}$ $\mathbf{J} = -\kappa\, grad\, \phi$ $\dot{\mathbf{D}} = 0: \quad div\, \mathbf{J} = 0$ $div(\kappa\, grad\, \phi) = 0$
homogenes Dielektrikum : $\epsilon_r = const$ $-\epsilon\ \underbrace{div(grad\, \phi)}_{} = 0$ $\Delta\, \phi = 0$	homogen leitfähiges Medium: $\kappa = const:$ $-\kappa\ \underbrace{div(grad\, \phi)}_{} = 0$ $\Delta\, \phi = 0$
an Grenzflächen gilt bei Ladungsfreiheit: $\quad D_{2n} = D_{1n}$ $Rot\, \mathbf{E} = 0: \quad E_{2t} = E_{1t}$ somit: $\quad \dfrac{D_{2t}}{D_{1t}} = \dfrac{\epsilon_2}{\epsilon_1}$ daher Brechungsgesetz: $\dfrac{\tan \alpha_2}{\tan \alpha_1} = \dfrac{\epsilon_2}{\epsilon_1}$	an Grenzflächen gilt bei $\dot{\mathbf{D}} = 0: \quad J_{1n} = J_{2n}$ $Rot\, \mathbf{E} = 0: \quad E_{2t} = E_{1t}$ somit: $\quad \dfrac{J_{2t}}{J_{1t}} = \dfrac{\kappa_2}{\kappa_1}$ daher Brechungsgesetz: $\dfrac{\tan \alpha_2}{\tan \alpha_1} = \dfrac{\kappa_2}{\kappa_1}$

Wir gehen von einem ebenen Strömungsfeld aus, das wir in ein Widerstandsnetz zerlegt haben. Einen dieser Knoten, nämlich k greifen wir heraus. Für ihn, mit seinem unbekannten Potential U_k gilt nach Bild 5.7:

$$\sum_{i=1}^{n} I_{ik} = 0 \quad \text{mit} \tag{5.15}$$

$$I_{ik} = (U_i - U_k)\, G_{ik} \tag{5.16}$$

Gl.(5.16) eingesetzt in (5.15) ergibt:

$$\sum_{i=1}^{n} (U_i - U_k)\, G_{ik} = 0 \tag{5.17}$$

$$\sum_{i=1}^{n} U_i G_{ik} = \sum_{i=1}^{n} U_k G_{ik} \qquad (5.18)$$

Daraus erhält man das gesuchte Potential des Knotens k zu:

$$\boxed{U_k = \frac{\sum_{i=1}^{n} U_i G_{ik}}{\sum_{i=1}^{n} G_{ik}}} \qquad (5.19)$$

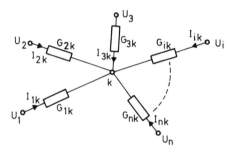

Bild 5.7: Zur Herleitung der Viereckformel mit Leitwerten

Für ein ebenes Problem wird man die diskreten Ersatzleitwerte G_{ik} gleichmäßig, das heißt äquidistant, als rechtwinkliges Gitter anordnen.

Ist das leitfähige Medium homogen, dann sind alle Gitterleitwerte $G_{ik} = G$ einander gleich und Gl.(5.19) vereinfacht sich zu der uns bekannten Viereckformel:

$$\boxed{U_k = \frac{G \sum U_i}{4G} = \frac{\sum U_i}{4}} \qquad (5.20)$$

Bild 5.8 zeigt ein einfaches Beispiel hierzu. Bild 5.9 zeigt Knoten k mit seiner Umgebung und den Nachbarpotentialen zahlenmäßig.

Hat man jedoch ein Strömungsmedium mit ortsabhängiger Leitfähigkeit, dann sind die Leitwerte zwischen den Knoten ebenfalls ortsabhängig und nicht konstant. Sie müssen vor der Berechnung der Knotenpotentiale entsprechend der Leitfähigkeit dimensioniert werden.

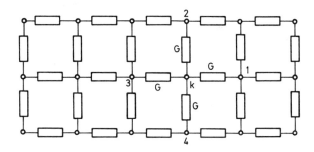

Bild 5.8: Ersatz eines Strömungskontinuums durch diskrete Widerstände

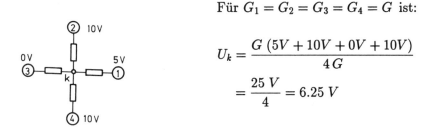

Für $G_1 = G_2 = G_3 = G_4 = G$ ist:

$$U_k = \frac{G\,(5V + 10V + 0V + 10V)}{4\,G}$$

$$= \frac{25\,V}{4} = 6.25\,V$$

Bild 5.9: Berechnung eines Knotenpotentials

Gibt es andererseits Grenzflächen zwischen Gebieten unterschiedlicher Leitfähigkeit, so müssen an diesen Grenzflächen unterschiedliche Ersatz–Widerstände verwendet werden. Die Bilder 5.10 und 5.11 erklären dies.

Im Innenbereich des einen oder des anderen Mediums kürzen sich die Widerstände (Leitwerte) wieder aus der Formel heraus, so daß die einfache Viereckformel übrig bleibt! Die Leitwerte gehen also nur bei der Berechnung derjenigen Knotenpotentiale, die der Grenzfläche direkt benachbart sind, in die Formel ein. Bild 5.11 verdeutlicht die Berechnung für die der Grenzfläche unmittelbar benachbarten Knoten. Da die Grenzfläche hier in der Mitte, zwischen jeweils zwei Knoten hindurchläuft, sind dort die doppelten Ersatzleitwerte (halbe Widerstände) einzusetzen.

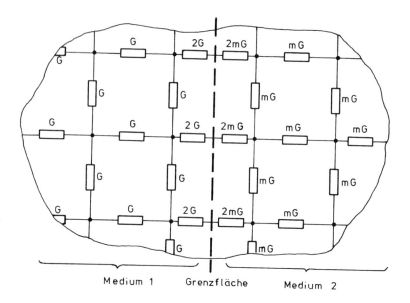

Bild 5.10: Zwei Halbräume mit den voneinander verschiedenen Leitwerten: G links bzw. mG rechts der gezeichneten Grenzfläche

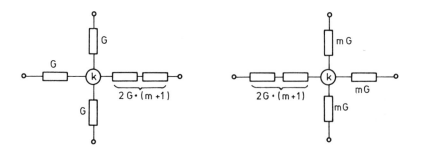

Bild 5.11: Linkes Bild: Knoten links, dicht neben der Grenzfläche, rechtes Bild: Knoten rechts, dicht neben der Grenzfläche

5.1.3 Iterationsformeln bei ebenen Problemen

5.1.3.1 Berechnungen mit dem Taschenrechner

Wir haben gesehen, daß in homogenen Medien für ebene Feldberechnungen in statischen und in Strömungsfeldern die gleiche Viereckformel als Iterationsformel verwendet werden kann.

Falls man in einem relativ kleinen Bereich eines ebenen Feldes dessen Feldstärke berechnen will, dann mag dies noch ohne größeren Rechner, vielleicht nur von Hand mit einem Taschenrechner, möglich sein. An einem so einfachen ebenen Problem soll die Anwendung der Iterationsformeln zuerst gezeigt werden.

Bild 5.12 zeigt eine quadratische Fläche, innerhalb derer an den schwarz markierten 16 Eckpunkten "•" die Feldstärke bekannt sein möge. Falls man nun eine genauere Kenntnis der Potentiale wünscht, ist eine Netzverfeinerung erforderlich. In den neun Viereckmittelpunkten: "⊗" kann mittels der Diagonalformel und anschließend in den sechs mit "⊕" gekennzeichneten Punkten mittels der Viereckformel eine Netzverfeinerung und Feldberechnung vorgenommen werden. Allerdings genügt einmaliges Durchrechnen nicht. Denn es handelt sich um Iterationsformeln, die jeweils nur den unmittelbaren Nachbarbereich berücksichtigen.

Der hier beschriebene Wechsel von der Viereckformel zur Dreieckformel und umgekehrt ist bei Verwendung von PCs oder Großrechnern nicht sehr sinnvoll. Dort bleibt man besser bei einer einzigen Formel, etwa der Viereckformel, weil ansonsten das Programm komplexer ist.

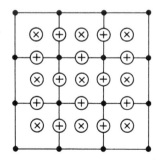

Bild 5.12: Zur Anwendung von Diagonal– und Viereckformel bei der Netzverfeinerung

Rechengang mit Zahlenwerten

Gegeben seien zwei Ecken, bestehend aus je zwei Halbebenen, die auf unterschiedlichen Potentialen liegen: 0 V und 100 V. Die Feldstärke zwischen den beiden Ecken soll mit dem Taschenrechner berechnet werden. Wegen der Symmetrie genügt es, symmetrisch zur Symmetrieachse die Feldstärke nur in den Punkten a, b, c, d, e, f etc. und nicht bei b', c' etc. zu berechnen. Die Punkte a, b, c, d, e und f werden in die Mitte, zwischen die beiden oberen Bleche gelegt. Ihr Abstand voneinander sei der gleiche wie ihr Abstand von den Blechen, nämlich $h/2$. Hier kann in erster Näherung gut angenommen werden, daß die Potentiale in den Punkten a bis f gleich 50 V sei. Dies trifft für Punkt f und noch weiter hinten liegende, nicht mehr gezeichnete Punkte, recht gut zu. Bei b und erst recht bei a ist es eine grobe Näherung.

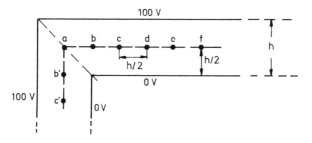

Bild 5.13: Ecke gegen eingezogene Ecke mit Punkten a bis f

Man erkennt aus dem nachfolgenden Rechengang, daß zwischen dem dritten und dem vierten Schritt nur noch geringe Potentialverbesserungen auftreten. Würde man weitere 10 Iterationen durchführen, so würden sich die Potentiale etwa asymptotisch einem Grenzwert oder Endwert nähern. Dieser Endwert wäre aber keineswegs dem richtigen Potentialwert gleichzusetzen. Das heißt, daß das Differenzenverfahren zwar konvergiert, aber bei Grobmaschigkeit nur zu groben Endwerten des Potentials. Ausreichend gute Näherungswerte können, auch bei sehr vielen Iterationen, in inhomogenen Feldern nur dann erzielt werden, wenn die Ebene, in der das Feld zu berechnen ist, hinreichend feinmaschig unterteilt wurde!

Wir rechnen die Potentialwerte zahlenmäßig aus, ohne jeweils die Einheit ''V'' mitzuschreiben:

1. Schritt: $\phi_a^{(1)}$ $=$ $\phi_b^{(1)} = \phi_c^{(1)} = \phi_d^{(1)} = \phi_e^{(1)} = \phi_f^{(1)} = 50$

2. Schritt: $\phi_a^{(2)}$ $=$ $(\phi_b^{(1)} + 100 + 100 + \phi_b')/4;\quad \phi_b' = \phi_b^{(1)}$

       also: $\phi_a^{(2)}$ $=$ $(50 + 100 + 100 + 50)/4 = 75;$

       $\phi_b^{(2)}$ $=$ $(50 + 100 + 75 + 0)/4 = 56,2$

       $\phi_c^{(2)}$ $=$ $(50 + 100 + 56,2 + 0)/4 = 51,3$

       $\phi_d^{(2)}$ $=$ $(50 + 100 + 51,3 + 0)/4 = 50,3$

3. Schritt: $\phi_a^{(3)}$ $=$ $(\phi_b^{(2)} + 100 + 100 + \phi_b')/4\quad \phi_b' = \phi_b^{(2)}$

       $\phi_a^{(3)}$ $=$ $(56,2 + 100 + 100 + 56,2)/4 = 78,1$

       $\phi_b^{(3)}$ $=$ $(51,3 + 100 + 78,1 + 0)/4 = 57,3$

       $\phi_c^{(3)}$ $=$ $(50,3 + 100 + 57,3 + 0)/4 = 51,9$

       $\phi_d^{(3)}$ $=$ $(50 + 100 + 51,9 + 0)/4 = 50,5$

4. Schritt: $\phi_a^{(4)}$ $=$ $(\phi_b^{(3)} + 100 + 100 + \phi_b')/4 = 78,65\quad \text{mit}\quad \phi_b' = \phi_b^{(3)}$

       $\phi_b^{(4)}$ $=$ $(51,9 + 100 + 78,65 + 0)/4 = 57,6$

       $\phi_c^{(4)}$ $=$ $(50,5 + 100 + 57,6 + 0)/4 = 52,0$

       $\phi_d^{(4)}$ $=$ $(50 + 100 + 52,0 + 0)/4 = 50,4$

Würde man bei obigem Beispiel mit dem Taschenrechner weiterrechnen und wollte man dabei eine wesentliche Verbesserung der Potentiale erreichen, dann müßte man eine Netzverfeinerung durchführen. Sie könnte in den Punkten g bis i etc., nach Bild 5.14, bestehen.

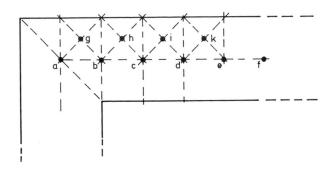

Bild 5.14: Netzverfeinerung mit der Diagonalformel an Ecke gegen Ecke

Wir kennen die anzuwendende Diagonalformel nach Gl.(5.7):

$$\phi_0 = \frac{1}{4}\sum_5^8 \phi_i \qquad\qquad (5.21)$$

Wir wenden Sie in diesem Beispiel auf die Punkte g, h, i und k an:

$$\phi_g = \frac{1}{4}(100 + 100 + \underbrace{78,6}_{\phi_a} + \underbrace{57,6}_{\phi_b}) = 336,2/4 = 84,0$$

$$\phi_h = \frac{1}{4}(100 + 100 + \underbrace{57,6}_{\phi_b} + \underbrace{52,0}_{\phi_c}) = 309,6/4 = 77,4$$

$$\phi_i = \frac{1}{4}(100 + 100 + \underbrace{52,0}_{\phi_c} + \underbrace{50,4}_{\phi_d}) = 302,4/4 = 75,6$$

$$\phi_k = \frac{1}{4}(100 + 100 + \underbrace{50,4}_{\phi_d} + \underbrace{50,0}_{\phi_e}) = 300,4/4 = 75,1$$

Man sieht, daß ϕ_i und ϕ_k sehr nahe beim Wert 75% des Homogenfeldes liegen. Ihr Fehler dürfte gering sein. Dies gilt allerdings nicht für die Punkte h und insbesondere nicht für g. Denn alle aus der jetzigen Netzverfeinerung gewonnenen Werte hängen ja von den vorher berechneten Werten ab. Deren Fehler sind in diese Berechnung mit eingegangen! Und die Potentiale der Diagonal–Punkte unterhalb von a bis f wurden noch garnicht berechnet. Sie wären jetzt an der Reihe. Und danach müßte der gesamte Rechengang, auch für die Punkte a bis f, von neuem durchgeführt werden.

Dieses einfache Beispiel läßt erkennen, daß eine Berechnung "zu Fuß", mit dem Taschenrechner, recht aufwendig wird. Es sei denn, man begnügt sich mit groben Näherungswerten.

5.1.3.2 Iterationsrechnung mit dem PC oder Workstations

Die mit Viereck– und Diagonalformel angebotenen Wege zur Potentialberechnung haben als Iterationsformeln den ungeheueren Vorteil, daß keine großen Gleichungssysteme gelöst werden müssen, so daß auch keine Matrizeninversionen erforderlich sind. Die zu verwendenden Rechner können daher in vielen Fällen einigermaßen schnelle PCs oder Workstations sein. Der Speicherplatz muß jedoch so umfangreich sein, daß er die feinmaschig genug vorzusehenden Gitterpunkte aufnehmen kann.

In jedem dieser Gitterpunkte wird das Potential, zum Beispiel mittels der

Viereckformel, berechnet. Und jeder gerade aktualisierte Potentialwert geht sogleich in die Berechnung des Nachbarpotentials mit ein. So wird das Potential eines Gitterpunktes nach dem anderen auf einfachste Weise ermittelt und sukzessive in der gleichen Matrix aktualisiert. Auch eine zweite Matrix mit Gitterpunkten ist bei diesen ebenen Aufgaben nicht erforderlich.

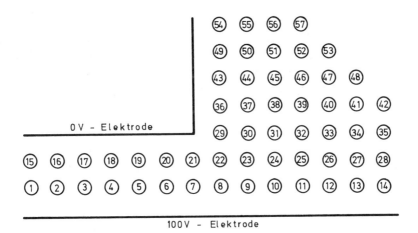

Bild 5.15: Differenzenverfahren angewandt an einer Ecke gegenüber einer Ebene

Besondere Beachtung verdienen Kanten oder singuläre Punkte (z.B. ein sehr dünner Linienleiter im Querschnitt), da in deren Nähe die Feldstärken sehr große Werte annehmen: Gehen Rundungsradien gegen null, dann gehen Feldstärken gegen unendlich! In der Nähe solcher Stellen ist daher ein besonders feinmaschiges Gitternetz erforderlich.

Bild 5.15 zeigt eine Ecke gegenüber einer Ebene. Beide liegen an unterschiedlichen Potentialen, z.B. 0 V und 100 V. Ein einigermaßen feinmaschiges Gitter soll den Rechengang erläutern. Allerdings müßte in praktischen Fällen das Gitternetz nahe der Ecke wohl noch viel stärker verfeinert werden. Diese Notwendigkeit stört hier nicht; denn es soll nur das Prinzip des Rechenganges erklärt werden.

In dem nach links hinausreichenden Homogenbereich von Bild 5.15 könnten die Anfangswerte leicht entsprechend dem Abstand der Gitterpunkte von den Elektroden festgelegt werden. Schwieriger wird dies etwa ab Bildmitte nach rechts hin. Zum Glück aber konvergiert dieses Iterationsverfahren auch bei folgender Annahme:

Wir setzen alle Anfangswerte, also die Potentialwerte aller Gitterpunkte, in erster Näherung gleich null! Wir geben diese Anfangspotentiale in den Rechner ein. Ihn lassen wir dann zuerst die der 100 V–Elektrode direkt benachbarte Gitterreihe durchlaufen. Dabei erhält der erste berechnete

Gitterpunkt (2) den Potentialwert $(100+0+0+0)/4 = 25$
Der Nachbarpunkt (3) erhält unter Mitverwendung des gerade aktualisierten Wertes für (2) den Potentialwert: $(100+25+0+0)/4 = 31{,}25$
Der nächst folgende Nachbarpunkt (4) erhält: $(100+31{,}25+0+0)/4 = 32{,}81$
Gitterpunkt (5) erhält den Wert: $(100+32{,}81+0+0)/4 = 33{,}20$
etc. etc.

Hat der Rechner so die erste Reihe (im Bild 5.15 die Punkte 1 bis 14) durchgerechnet, dann folgt die Nachbarreihe (im Bild 5.15 die Punkte 15 bis 28) und so weiter.

Natürlich ist man nicht an die Anfangswerte 0 V der Gitterpotentiale gebunden. Man kann ebenso alle Anfangswerte gleich dem höchsten Potential (in unserem Beispiel gleich 100 V) setzen. Auch dafür konvergiert das Verfahren. Allerdings ist in diesem Fall mit denjenigen Gitterpunkten zu beginnen, die der 0 V–Elektrode direkt benachbart sind, damit von dort aus ein schneller Potentialabbau möglich wird. Falls alle Anfangspotentiale zu 50 V festgelegt würden, kann wechselweise für eine Iteration nahe der 100 %–Elektrode und bei der nächsten Iterationsfolge nahe der 0 %–Elektrode begonnen werden.

Updating der Randpunkte

Wir haben die Feldberechnung mit Punkt (2) begonnen, weil ja das Potential des äußersten Punktes zur Berechnung erforderlich war. Allerdings ist es nach der ersten durchgeführten Iteration notwendig, ein Updating der Randpunkte (1) und (14) sowie (15), (28), (35) etc. des berechneten Feldes vorzunehmen. Würde man dies nicht tun, sondern würde den äußersten Randpunkten die Anfangspotentiale für alle Iterationen belassen, dann hätten diese Randpunkte ja eingeprägte Potentiale. Man gebe daher nach jeder vollständigen Iteration dem Punkt (1) das Potential von (2), dem Punkt (14) das Potential von (13), dem Punkt (15) das von (16) etc. Auf diese

Weise erweitert man scheinbar oder fiktiv das Gitternetz nach außen hin. Daß dieses Updating jeweils einen Schritt nachhinkt, ist bedeutungslos. Allerdings ist das hier empfohlene Updating nur dann zulässig, wenn sich auch die Randelektroden nach außen hin fortsetzen. Streng genommen ist dieses einfache Updating nur dort zulässig, wo nach außen hin ein Homogenfeld vorliegt, wie dies im Bild 5.15 nach links hin der Fall ist.

Liegt beim Rand des Updatings kein Homogenfeld vor, und ist dennoch bei einem offenen Feld ein Updating erforderlich, um die Gittermatrix nicht zu groß machen zu müssen, dann sollte dazu eine potentialgerechte Extrapolation verwendet werden.

Abbruch des Iterationsverfahrens

Die Frage stellt sich, muß ich hundert oder tausend oder gar zehntausend Iterationen durchführen, bevor ein Abbruch zur Beendigung des Verfahrens zulässig ist.

Die Praxis zeigt, daß tatsächlich oft tausende von Iterationen erforderlich sind, um bei einem hinreichend feinmaschigen (!) Gitternetz eine recht genaue Feldberechnung zu erreichen. Man wähle eine kritische Stelle, also nicht gerade das Homogenfeld, im felderfüllten Raum und breche dann ab, wenn sich das Potential zwischen zwei aufeinander folgenden Iterationen beispielsweise nur noch um $1/1000$ gegenüber der Anfangsänderung verändert. Die im Einzelfalle gegebenen Genauigkeitsanforderungen bilden den Maßstab.

Außerdem ist es zweckmäßig, weil am einfachsten, nur mit einer Formel, z.B. der Viereckformel, alle Potentialwerte in den von Anfang an ausreichend vielen Gitterpunkten berechnen zu lassen.

5.1.4 Matrizielle Lösung des Differenzenverfahrens

Setzt man die Potentialgleichungen, z.B. die der Viereckformel, zeilenweise an, so erhält man eine n–zeilige Matrix, deren Elemente nur um die Hauptdiagonale herum besetzt sind. Sie läßt sich geschlossen lösen, wenn auch gelegentlich, des großen Aufwandes wegen, eine spezielle "Sparse–Matrix–Technik" und Matrizeninversion erforderlich sind. Vorteil ist jedoch, daß auch bei einem größeren Feldsystem die Elemente der Matrix überwiegend mit Nullen besetzt sind.

Unser Beispiel: Ecke gegen Ecke nach den Bildern Bild 5.13 und 5.14 soll den Rechengang zeigen.

Allgemein gilt für die Viereckformel:

$$-4\phi_0 + \sum_1^4 \phi_i = 0 \qquad (5.22)$$

Es waren jeweils bei Anwendung der Viereckformel mit $\phi_b = \phi_b'$ und angenommenem Homogenfeld ab Punkt f mit $\phi_f = 50$:

für Punkt a:	$\phi_a = (\phi_b + 100 + 100 + \phi_b')/4$
für Punkt b:	$\phi_b = (\phi_c + 100 + \phi_a + 0)/4$
für Punkt c:	$\phi_c = (\phi_d + 100 + \phi_b + 0)/4$
für Punkt d:	$\phi_d = (\phi_e + 100 + \phi_c + 0)/4$
für Punkt e:	$\phi_e = (\phi_f + 100 + \phi_d + 0)/4$

Multipliziert man jede dieser Gleichungen mit dem Zahlenwert 4 und sortiert anschließend die so gewonnenen 4 Gleichungen in matrizieller Schreibweise, dann erhält man mit $\phi_f = 50$:

für Punkt a:	$-2\phi_a$	$+\phi_b$	$+0$	$+0$	$+0$	$= -100$
für Punkt b:	ϕ_a	$-4\phi_b$	$+\phi_c$	$+0$	$+0$	$= -100$
für Punkt c:	0	$+\phi_b$	$-4\phi_c$	$+\phi_d$	$+0$	$= -100$
für Punkt d:	0	$+0$	$+\phi_c$	$-4\phi_d$	$+\phi_e$	$= -100$
für Punkt e:	0	$+0$	$+0$	$+\phi_d$	$-4\phi_e$	$= -100 - 50$

Die exakte Lösung des Gleichungssystems liefert das Ergebnis:

$$\phi_a = 78,87; \quad \phi_b = 57,73; \quad \phi_c = 52,07; \quad \phi_d = 50,55; \quad \phi_e = 50,14.$$

Trotz exakter Lösung des Gleichungssystems sind die Ergebnisse nur Näherungswerte des tatsächlichen Problems, da die Punkte a, b, c und d der Potentialberechnung relativ weit auseinander lagen. Vollkommen exakte Potentialwerte wären nur für ein unendlich dichtes Punkteraster, mit dem Abstand null der Nachbarpunkte voneinander, erreichbar! Für ein sehr dichtes Punkteraster jedoch wird auch das in den Rechner einzuschreibende Gleichungssystem entsprechend aufwendig.

5.1.5 Dreidimensionales Differenzenverfahren und homogene Materialien

Bei dreidimensionaler Feldberechnung mit dem Differenzenverfahren werden zahlreiche ebene Punktraster in der z – Richtung in gleichen Abständen übereinander geschichtet. Der Abstand von einer Ebene zur Nachbarebene ist der gleiche wie der Abstand der Gitterpunkte voneinander innerhalb einer Ebene.

Ob man nun bei homogenem Material für die Statik eine dreidimensionale Taylorreihe ansetzt, oder ob man im homogenen Strömungsfeld gleichgroße, diskrete Ersatzleitwerte nicht nur in x– und in y–, sondern auch in z–Richtung zwischen den Gitterpunkten anordnet, die sich ergebende Formel zur dreidimensionalen Feldberechnung ist in beiden Fällen:

$$\boxed{U_k = \frac{1}{6} \sum_{i=1}^{6} U_i}$$
(5.23)

Bei dieser räumlichen Feldberechnung entsteht ein wesentlich erhöhter Rechenaufwand, da sehr viele Ebenen übereinander angeordnet werden müssen. Nach dem iterativen Durchrechnen aller Gitterpunkte einer Ebene, muß das iterative Durchrechnen aller Gitterpunkte der Nachbarebene erfolgen. Dann kommt die nächst folgende Ebene an die Reihe, etc.

Bedenkt man, daß in manchen Ebenen 10 000 Iterationsfolgen erforderlich sein können, daß eine Ebene vielleicht $100 \cdot 100 = 10\ 000$ Gitterpunkte enthält, und daß wenigstens 1000 Ebenen übereinander geschichtet sind, so müssen die Potentiale in mindestens $10^4 \cdot 10^4 \cdot 10^3 = 10^{11}$ Rechenschritten berechnet werden. Die Rechenzeit dafür kann rechnerspezifisch ermittelt werden.

Für inhomogene Materialien beschreibt der folgende Abschnitt die Anwendung des Differenzenverfahrens.

5.1.6 Dreidimensionales Differenzenverfahren bei inhomogenen Materialien

In der Elektrostatik kann sich die Dielektrizitätszahl ϵ_r stetig oder sprungartig an Grenzflächen ändern. In der Magnetostatik kann sich die Permeabilitätszahl μ_r stetig oder sprunghaft an Grenzflächen ändern. Im elektrischen Strömungsfeld kann sich die elektrische Leitfähigkeit κ ändern. Auch alle diese Fälle können mit dem iterativen Differenzenverfahren bearbeitet werden.

Dazu ist es nicht erforderlich, Formeln für sich ändernde Dielektrizitätszahlen, für sich ändernde Permeabilitätszahlen und für sich ändernde Leitfähigkeiten parat zu haben. Alle drei Fälle können im zwei- und im dreidimensionalen Feld z.B. durch Anwenden unterschiedlicher Wirk–Leitwerte G zwischen den Gitterpunkten bearbeitet werden. (Siehe Abschnitt 5.1.2, insbesondere die Bilder 5.10 und 5.11.) Die Potentialgleichung zur Berechnung des Potentials im Gitterpunkt k lautet für diesen allgemeinen, dreidimensionalen Fall:

$$\boxed{U_k = \frac{\sum\limits_{i=1}^{6} U_i G_{ik}}{\sum\limits_{i=1}^{6} G_{ik}}} \qquad (5.24)$$

Auch Richtungsabhängigkeiten (Anisotropien) können mit einbezogen werden. Beispiel: Voneinander isolierte Bleche eines Transformators haben gegeneinander einen viel größeren elektrischen Widerstand als es der Widerstand innerhalb desselben Bleches ist. Bei der Berechnung ist zu berücksichtigen, daß die Leitwerte von der Gitterpunktebene eines Bleches zur Gitterpunktebene des Nachbarbleches entsprechend gering sein müssen (= große Übergangs-widerstände).

Reihenfolge der Iterationsschritte zur Verbesserung der Konvergenz

An dem einfachsten aller Beispiele, einem Plattenkondensator, soll gezeigt werden, wie man bei praktischen Aufgaben die Reihenfolge der Iterationen wählen kann, um die Konvergenz des Verfahrens noch zu verbessern. Es wurde schon gesagt, daß man die Gitterpunkte neben der 100 % – Elektrode zunächst vornimmt für den Fall, daß alle Anfangswerte gleich null gewählt wurden. Nach dieser ersten, ganz linken Spalte vom Bild 5.16a folgt die daneben liegende, zweite Spalte, dann die dritte, usw.

Hat man so vielleicht 1000 Iterationen aller Gitterpotentiale durchgeführt, so kann es zweckmäßig sein, die nächsten 1000 Iterationen nach Bild 5.16b zeilen- anstatt spaltenweise durchzuführen. Man beginne dabei auch wieder mit jeder Zeile an der 100 % – Elektrode.

Schließlich kann es nach einigen tausend Iterationen zweckmäßig sein, auch von rechts nach links spaltenweise (3. im Bild 5.16c) und/oder zeilenweise, mit der 0 % – Elektrode beginnend (4. im Bild 5.16c) zu rechnen.

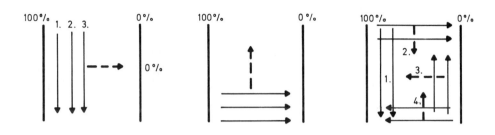

Bild 5.16a   Bild 5.16b   Bild 5.16c

Bild 5.16: Verschiedene Iterationsfolgen für bessere Konvergenz

Ein allgemeines Rezept zu geben fällt schwer, nicht zuletzt deswegen, weil sich reale Aufgaben doch sehr von dem gezeichneten, einfachen Plattenkondensator unterscheiden. Bei einer praktischen Aufgabe wird man vergleichen, welche Reihenfolge der Iterationen am besten und schnellsten zum Ergebnis führt. Und häufig ist es einfacher, bei der vorhandenen Iterationsfolge zu bleiben und einige tausend zusätzliche Iterationen durchzuführen, als eine komplexe Programmierung für mehrere Iterationsfolgen vorzusehen.

Es wird ausdrücklich darauf verwiesen, daß bezüglich der Genauigkeit bei der Berechnung inhomogener Felder die Feinmaschigkeit des Gitters und die Iterationszahl in einem vernünftigen Verhältnis zueinander stehen müssen. Denn ein sehr feinmaschiges Gitter und wenige Iterationen liefern ebenso ungenaue Potentialwerte wie ein zu grobmaschiges Gitternetz bei sehr vielen Iterationen.

Dies gilt in verstärktem Maße für die Berechnung von anisotropen Feldern und von Feldteilen, bei denen sehr große Feldstärken auftreten. Das sind Spitzen und Kanten mit einem gegen null gehenden Rundungsradius. Um insbesondere bei dreidimensionalen Aufgaben, nicht insgesamt zu viel Speicherplatz und zu viel Rechenzeit zu benötigen, sollte man an solchen Stellen von vornherein ein feinmaschigeres Gitternetz vorsehen, als dies in den eher homogenen Feldteilen der Fall ist.

5.1.7 Äquipotentiallinien und Feldlinien

Bestimmung der Äquipotentialwerte

Steht kein fertiges Programmsystem zur Verfügung, so kann wie folgt verfahren werden. Die in den einzelnen Gitterpunkten berechneten Potentiale sind in der Regel keine ganzzahligen Werte, sondern Kommazahlen. Man lege nun fest, welche Äquipotentiallinien man haben will. Sind die beiden Randpotentiale z.B. 0 und 100 V, dann könnten Äquipotentiallinien für 10 V, 20 V, 30 V, etc. berechnet werden.

Man wähle den ersten Potentialwert, z.B. 10 V. Man suche jetzt, beginnend vom 0 V – Rand, je nach Geometrie zeilen– oder spaltenweise nacheinander die 10 V – Werte. Ist das Potential eines Gitterpunktes gerade etwas größer als 10 V, so hat man die gesuchte Äquipotentiallinie überschritten. Den meist hinreichend genauen Ort des 10 V – Potentials findet man durch lineares Interpolieren zwischen den beiden in Frage kommenden Gitterpunkten mit Potentialen gerade unterhalb bzw. gerade oberhalb von 10 V.

Hat man genügend Orte für das 10 V – Potential, dann gehe man zum nächsten Potential von z.B. 20 V, berechne dessen Orte, usw. usw.

Hier ist eine zweite, aber wesentlich kleinere Matrix oder Liste erforderlich, um die Orte (x– und y–Werte) der Äquipotentialwerte 10 V, 20 V, 30 V, etc. nach dem Interpolieren einzutragen und abzuspeichern, um sie danach plotten zu können.

Um die Äquipotentiallinien zu erhalten, könnte man auch an einem beliebigen Feldpunkt beginnen und von dort aus jeweils für ein Δs der lokal zu berechnenden Steigung folgen (graphische Integration). Die Genauigkeit wird dabei jedoch geringer sein als bei der oben genannten Methode.

Zur Bestimmung der Feldlinien aus einer gegebenen Gittermatrix mit bekannten Potentialwerten seien nachfolgend drei Möglichkeiten genannt.

1. Bestimmung der Feldlinien durch graphische Integration

Jede Feld– oder Stromlinie steht senkrecht auf der Äquipotentiallinie. Man kann aus einer iterativ berechneten Potentialwertematrix die Steigung (Richtung) der Potentiallinien berechnen. Längs einer Äquipotentiallinie mit

$\phi = const$ ist:

$$d\phi = 0 = \frac{\partial \phi}{\partial x}dx + \frac{\partial \phi}{\partial y}dy$$

Hieraus folgt die Steigung der Äquipotentiallinien in der $\underline{z}$–Ebene zu:

$$\boxed{y'_\phi = \frac{dy}{dx}\big|_\phi = -\frac{\partial \phi/\partial x}{\partial \phi/\partial y} = -\frac{\Delta \phi_x}{\Delta \phi_y}} \qquad (5.25)$$

Analog gilt längs der Feldlinien $\psi = const$, die senkrecht auf den Äquipotentiallinien stehen:

$$d\psi = 0 = \frac{\partial \psi}{\partial x}dx + \frac{\partial \psi}{\partial y}dy$$

und hieraus folgt die Steigung der Feld– oder Stromlinien zu:

$$\boxed{y'_\psi = \frac{dy}{dx}\big|_\psi = -\frac{\partial \psi/\partial x}{\partial \psi/\partial y} = -\frac{\Delta \psi_x}{\Delta \psi_y}} \qquad (5.26)$$

Bild 5.17 verdeutlicht die Anwendung von Gl.(5.25) zur Berechnung der Steigung der Äquipotentiallinien in der Ebene. $\Delta \phi_x$ ist der Potentialunterschied zwischen zwei benachbarten Gitterpunkten in x–Richtung, $\Delta \phi_y$ der Potentialunterschied zwischen zwei benachbarten Gitterpunkten in y–Richtung. Der Index gibt also hier die Richtung an.

Die unterste Gitterpunktzeile des Bildes 5.17 enthält gleiche Potentialwerte; darin ist $\Delta \phi_x = 0$. Die darüber liegenden Zeilen haben alle ein $\Delta \phi_x = 0,1$. Die $\Delta \phi_y$ sind in allen Spalten von null verschieden.

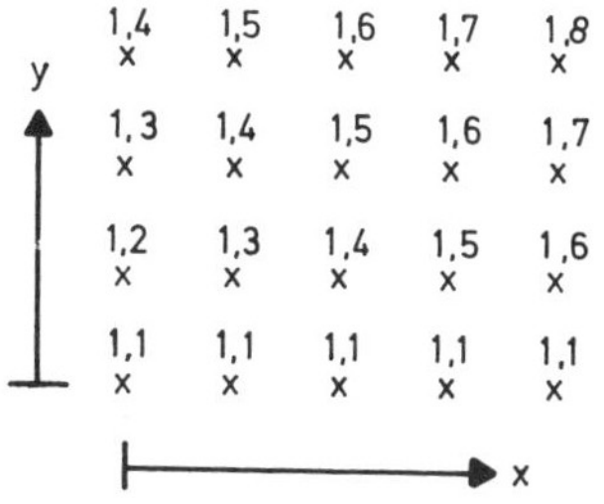

Bild 5.17: Zahlenbeispiel von Potentialwerten zur Ermittlung der Steigung

Sind in homogenen Feldteilen die Abstände von benachbarten Feldlinien ebenso groß gezeichnet wie die Abstände von einander benachbarten Äquipotentiallinien, dann sind auch in inhomogenen Feldteilen die mittleren Abstände der von Feld– und Potentiallinien gebildeten Vierecke einander gleich.

Natürlich ist es auch möglich, die Richtung (Steigung) der Feld– oder Stromlinien in der Ebene aus der Steigung der Äquipotentiallinien zu gewinnen:

$$\boxed{y'_\psi = -\frac{1}{y'_\phi} = +\frac{\Delta\phi_y}{\Delta\phi_x}}$$ (5.27)

Das Verfahren der graphischen Integration führt jedoch bei inhomogenen Feldern zu Schwierigkeiten bei der Wahl des Anfangspunktes der Integration. Denn die Feldliniendichte kann nicht beliebig gemacht werden. Sie ist ein Maß für die Feldstärke! Bild 5.18 möge die genannte Schwierigkeit verdeutlichen: Während die Abstände a im Homogenbereich gleich groß gewählt werden können, so daß man je bei A mit der Integration zur Gewinnung der Feldlinien beginnt, weiß man nicht ohne weiteres, wie groß b, c etc. zu wählen sind, bzw. wohin die Anfangspunkte B, C, D oder B', C', D' etc. zu legen sind.

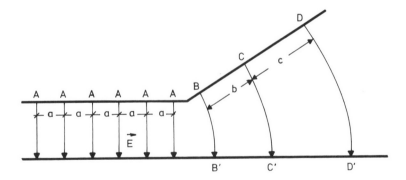

Bild 5.18: Schwierigkeiten bei graphischer Integration zur Gewinnung der Feldlinien am Beispiel von Feldlinien zwischen zwei Äquipotentiallinien

2. Bestimmung der Feldlinien durch Anwendung von Cauchy–Riemann auf eine vorgegebene Potentialwertematrix

Die Cauchy–Riemannschen Differentialgleichungen lauten:

$$\frac{\partial u}{\partial x} = \frac{\partial v}{\partial y} \quad \text{und} \quad \frac{\partial u}{\partial y} = -\frac{\partial v}{\partial x} \tag{5.28}$$

Hat man ein äquidistantes Gitter mit Potentialwerten $u(x, y)$, so ist $\partial x = \partial y = \Delta s$ und $\partial u = \Delta u$, $\partial v = \Delta v$. Damit gehen die Cauchy–Riemannschen Differentialgleichungen über in:

$$\frac{\Delta u_x}{\Delta s} = \frac{\Delta v_y}{\Delta s} \quad \text{und} \quad \frac{\Delta u_y}{\Delta s} = -\frac{\Delta v_x}{\Delta s} \tag{5.29}$$

Die Indizes sind notwendig, um auf die ursprünglichen Richtungen x und y, die nicht vergessen werden dürfen, hinzuweisen. Nach Kürzen der Nenner erhält man:

$$\boxed{\Delta u_x = \Delta v_y} \quad \text{und} \quad \boxed{\Delta v_x = -\Delta u_y} \tag{5.30}$$

Dies sind nach Cauchy–Riemann die Grundvorschriften, nach denen wir eine berechnete Potentialwertematrix z.B $u(x, y)$ umsortieren müssen in eine $v(x, y)$–Matrix, um durch Berechnung der Äquipotentiallinien der v–Matrix die Feld– oder Stromlinien der u–Matrix zu erhalten. Die daraus abgeleiteten Transformationsgleichungen sind die Gln.(5.31) und (5.32).

Bild 5.19 zeigt den Anfang des Umsortierens für die linke untere Ecke einer beliebig gewählten Matrix. Der Eckwert $v = 20$ wurde als Anfangswert der v–Matrix willkürlich angenommen, was zulässig ist, da einer Potentialwertematrix stets eine beliebige Integrationskonstante überlagert sein kann.

Aus Bild 5.19 läßt sich bereits das Bildungs– oder Transformationsgesetz für die Überführung der u–Potentiale in die dazu konjugierten v–Potentiale angeben:

$$\text{für} \quad \Delta v_y = \Delta u_x \quad \text{gilt} :$$

$$
\begin{aligned}
v_{(i,j)} &= v_{(i+1,j)} + \Delta v_y \\
&= v_{(i+1,j)} + \Delta u_x \\
&= v_{(i+1,j)} + u_{(i+1,j+1)} - u_{(i+1,j)}
\end{aligned}
$$

(5.31)

für $\quad \Delta v_x = -\Delta u_y \quad$ gilt :

$$
\begin{aligned}
v_{(i+1,j+1)} &= v_{(i+1,j)} + \Delta v_x \\
&= v_{(i+1,j)} - \Delta u_y \\
&= v_{(i+1,j)} - \left(u_{(i,j)} - u_{(i+1,j)}\right)
\end{aligned}
$$

(5.32)

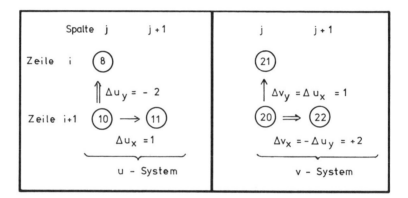

Bild 5.19: Aus den u–Potentialen (linker Kasten) abgeleitete v–Potentiale (rechter Kasten) jeweils in der linken unteren Ecke einer Matrix

Die Gleichungen (5.31) und (5.32) sind zwei Transformationsformeln, von denen jede bei homogenem Feld zu dem gleichen Ergebnis führen. Ist das Feld jedoch inhomogen und sind die Gitterpunkte nicht feinmaschig genug, dann kann die eine Formel für den gleichen Gitterpunkt (i, j) ein Potential $v_{1(i,j)}$ und die andere Formel ein davon etwas abweichendes Potential $v_{2(i,j)} \neq v_{1(i,j)}$ liefern. Trifft dies zu, so kann man beispielsweise den arithmetischen Mittelwert beider Werte als sehr gute Näherung verwenden. Man bedenke aber, daß bei hinreichend dichtem Gitternetz die Abweichungen allenfalls in der Nähe starker Inhomogenitäten also wesentlich zu berücksichtigen sein werden.

Betrachtet man beide Transformationsgleichungen genauer, so erkennt man, daß eine allein davon zur Berechnung aller Gitterpotentiale $v_{(i,j)}$ nicht ausreicht.

Wir wählen als Beispiel einen Ausschnitt aus einer Potentialfunktion, die durch $f(x,y) = 10 + 2 \cdot x - y$ gekennzeichnet ist. Den Koordinatenursprung $(x,y) = (0,0)$ legen wir in die linke untere Ecke. Grund: Die linke untere Ecke der Gittermatrix bietet sich als Ausgangspunkt an, da von dort aus die Koordinaten (x,y) sowie Potentiale v und u nach oben und nach rechts hin positiv gezählt werden können. Dies ist keineswegs zwingend, aber die Potentialänderungen Δu und Δv sind leichter überschaubar.

Beispiel (siehe Bild 5.20): Um von der Spalte links außen in einer Zeile nach rechts hin weiter zu kommen, benötigen wir in der v–Matrix jeweils das $\Delta v_x = -\Delta u_y$. Zuvor aber muß diese linke Spalte erzeugt worden sein. Dafür brauchen wir, sofern wir wieder links unten beginnen, $\Delta v_y = \Delta u_x$.

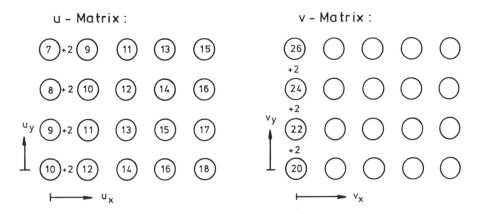

Bild 5.20: Berechnung der linken Spalte der v–Matrix aus $\Delta v_y = \Delta u_x$

Wir können auch umgekehrt vorgehen und uns zuerst die unterste Zeile der v–Matrix mittels $\Delta v_x = -\Delta u_y$ verschaffen, um anschließend mit den Werten $\Delta v_y = \Delta u_x$ die Spalten nach oben hin aufzubauen.

Würden wir beide Methoden nacheinander anwenden, so würden wir sehen, ob und welche kleinen Unterschiede in den Ergebniswerten auftreten und wir könnten, falls wir dies wollten, diese Werte mitteln.

Für die Berechnung aller weiteren Spalten wollen wir $\Delta v_x = -\Delta u_y$ verwenden.

Bild 5.21 zeigt das Ergebnis. Die oberste Zeile kann durch Δv_x nicht erstellt werden, da das zugehörige $-\Delta u_y$ aus Zeile 1 und einer in der u–Matrix ja nicht vorhandenen Zeile 0 zu bilden wäre!

Abgesehen vom letzten Potential der ersten Zeile: $v_{(1,4)}$ können die v–Werte der ersten Zeile aus $\Delta v_y = \Delta u_x$ berechnet werden. Natürlich ist es möglich, auch den Potentialwert $v_{(1,5)}$ zu ermitteln; dadurch nämlich daß wir den Anfang des Transformationsalgorithmus von Zeile 1 her, nach unten hin aufziehen. Sinnvoller ist es allerdings, wir verzichten bei einer sowieso hinreichend großen Matrix $u_{(i,j)}$ auf die erste Zeile der v–Matrix. Dann können die letzten beiden Schritte entfallen.

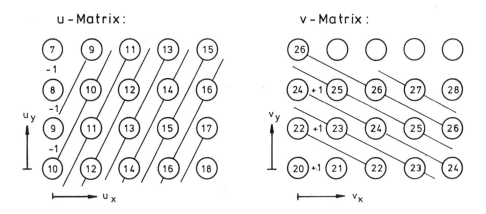

Bild 5.21: Berechnung der übrigen Spalten mittels $\Delta v_x = -\Delta u_y$

Wendet man den umgekehrten Rechengang an, indem man zuerst die unterste Zeile mittels $\Delta v_x = -\Delta u_y$ und danach nach oben hin die einzelnen Spalten mittels $\Delta v_y = \Delta u_x$ berechnet, dann können, bei zu grobem Gitter und inhomogenem Feld, für das gleiche Matrixelement die schon erwähnten etwas abweichenden Potentialwerte entstehen. Man nehme aus beiden Ergebnissen beispielsweise den aritmetischen Mittelwert.

Die praktische Anwendung von Cauchy–Riemann, um damit aus der berechneten Potentialwertematrix die Matrix der Feldlinien zu bekommen, wie eben beschrieben wurde, stößt oft auf Schwierigkeiten, die mit den Verzweigungspunkten zusammenhängen. Im Bild 5.27 wird dies gezeigt.

Es ist daher sehr vorteilhaft, soweit verfügbar, ein fertiges Programm zur Darstellung von Äquipotential– und Feldlinien zu benutzen. Ein solches

Programmsystem ist beispielsweise MAFIA (= Lösung der MAxwellgleichungen durch Finiten Integrations Algorithmus), /7a/.

Beispiel zum Differenzenverfahren unter Anwendung von Cauchy–Riemann

Hier sei folgende Aufgabe gestellt: Senkrecht durch ein ebenes Strömungsfeld verlaufen zwei eingeprägte (konstant vorgegebene) Linienströme I_e, die horizontal in das Medium des Strömungsfeldes Strom abgeben. Allerdings seien die Linienleiter potentialfrei gegenüber dem Strömungsfeld oder dessen Elektroden. Sie beeinflussen daher wie Linienladungen das Potential in ihrer Umgebung. Das bedeutet, daß die beiden Linienleiter bei der Ermittlung der Feldlinien nicht als isolierte Querschnitte betrachtet werden dürfen.

Die Aufgabe könnte auch so formuliert werden: In ein ebenes elektrostatisches Feld werden senkrecht zwei dünne, geladene Drähte eingebracht, deren längenbezogenes, eingeprägtes Potential das Potential der Umgebung beeinflußt.

Aber bleiben wir beim Strömungsfeld, dann ist es verständlicher, daß wir das als homogen vorausgesetzte Medium des Strömungsfeldes durch gleichwertige konzentrierte elektrische Leitwerte G ersetzen. Wir greifen eine der vielen parallel zueinander vorstellbaren Leitwertebenen heraus. In jede dieser Ebenen werde durch die Linienleiter Strom abgegeben. Der eine Leiter sei der Hinleiter. Er speist positiven Strom in die Leitwertebene ein. Der andere Leiter sei der Rückleiter. Er entnimmt der Leitwertebene einen gleichgroßen Strom. Das Ersatzschaltbild eines Knotens einer Leitwertebene mit konzentrierten Ersatzleitwerten wird im Bild 5.22 gezeigt. Für Knoten k gilt:

$$\sum_{i=1}^{n} I_i = 0 \qquad \text{daher:}$$

$$I_e + \sum_{i=1}^{4} I_i = 0$$

Für jedes I_i gilt mit den U_i als äußeren Potentialen:

$$I_i = (U_i - U_k)\, G$$

Daraus folgt für das zu berechnende Potential U_k:

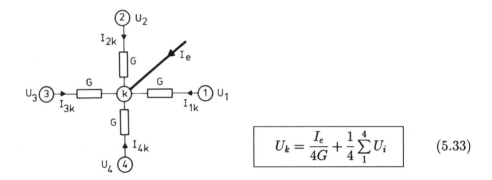

$$U_k = \frac{I_e}{4G} + \frac{1}{4}\sum_1^4 U_i \qquad (5.33)$$

Bild 5.22: Ersatzbild eines Knotens mit Einspeisung des Stromes I_e

Gl.(5.33) ist bei der numerischen Feldberechnung nur in den Punkten der Einströmung zu verwenden. An allen anderen Gitterpunkten gilt nach wie vor die unveränderte Viereckformel (unabhängig vom Leitwert G).

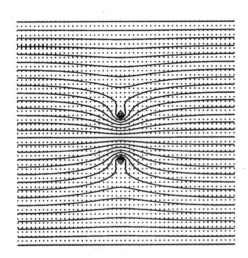

Bild 5.23: Äquipotentiallinien, beeinflußt durch die Einströmung der Linienleiter, die senkrecht durch die Zeichenebene verlaufen.

Zur Berechnung wurde eine Matrix mit $51 \cdot 51$ Gitterpunkten verwendet. Bild 5.23 zeigt die Äquipotentiallinien und Bild 5.24 die zugehörigen Feldlinien. Sie konnten in diesem Beispiel aus den Äquipotentiallinien allein

durch Umsortieren der Gitterpunkte entsprechend der Cauchy–Riemannschen
Vorschrift berechnet werden.

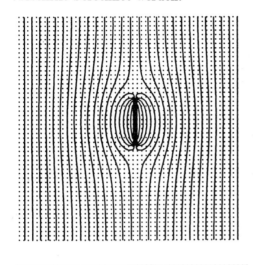

Bild 5.24: Feldlinien, die nach
Cauchy–Riemann aus den Git-
terpotentialen der Potentialwertematrix gewonnen wurden.

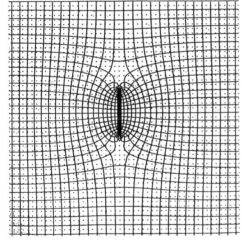

Bild 5.25: Feld– und Potentiallinien übereinander kopiert für jeweils 5000 Iterationen. Rechenzeit für die Iterationen auf einem PC 486 / 50 MHz etwa 45
Sekunden.

Bild 5.26 zeigt die Potentiallinien zur gleichen Aufgabe, die allerdings mit nur
1000 Iterationen und dabei der Einfachheit halber jeweils einheitlich von der
100 V–Elektrode zur 0 V–Elektrode hin iteriert wurden. Man erkennt, daß der
Abstand der Linien voneinander im Bild 5.26 oben im Vergleich zu unten verschieden ist. Auch sind die Umgebungen der Linienleiter noch ungleich iteriert.
Hier ist zu erkennen, daß die Anzahl der 1000 Iterationen im Verhältnis zur
51 · 51 Punkte–Matrix noch nicht ausgereicht hat! Es wurden daher für die

Äquipotentiallinien, nach Bild 5.23, 5000 Iterationen durchgeführt.

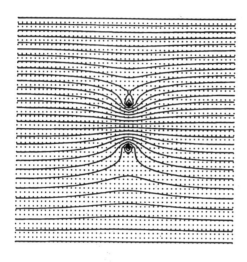

Bild 5.26: Unzureichend oft iterierte Potentiallinien, siehe Unsymmetrien neben den Einströmungen

Der nach Cauchy–Riemann zur Berechnung der Feldlinien verwendete Programmteil in Fortran (Umsortieren der Potentialwertematrix, siehe die Gln.(5.31) und (5.32)) ist:

```
C          Vertauschen der Matrixelemente nach Cauchy–Riemann (i=Zeile,
           j=Spalte):
C          Unterster Wert bei (i,j)=(51,1) willkürlich: 100.0
           v(51,1)=100.0
C          Unterste Zeile mit Δvx = −Δuy:
           i=50
           do 130 j=1,50
           v(i+1,j+1)=v(i+1,j)-u(i,j)+u(i+1,j)
130        continue
C          Jetzt die Spalten von unten her Auffüllen mit Δvy = Δux:
           do 140 j=1,50
           do 135 i=1,50
           l=51-i
           v(l,j)=v(l+1,j)+u(l+1,j+1)-u(l+1,j)
135        continue
140        continue
C          letzte Spalte updaten:
```

```
        do 155 i=2,51
        b(i,51)=b(i,50)
155   continue
C       erste Zeile updaten:
        do 160 j=2,51
        b(1,j)=b(2,j)
160   continue
```

Daß dieses Verfahren gelegentlich auf Schwierigkeiten stößt, zeigt Bild 5.27. Trotz Umsortierens der Matrix entstehen an den Verzweigungspunkten schwarze Linien.

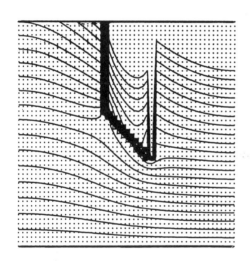

Bild 5.27: Fehlerhaft ermittelte Äquipotentiallinien nach Anwendung von Cauchy–Riemann auf zuvor berechnete Feldlinien als Folge von Verzweigungspunkten

3. Berechnung der Feld– oder Stromlinien allein aus den Potentialwerten

Mit dem finiten Differenzenverfahren oder dem Relaxationsverfahren (siehe Abschnitt 5.2) kann man leicht Potentialwerte und daraus die Äquipotentiallinien berechnen. Senkrecht auf den Äquipotentiallinien stehen die Feldlinien. Ihre Berechnung aus Potentialwerten macht bei inhomogenen Feldern mitunter sowohl bei der Anwendung von Cauchy–Riemann, wie auch bei graphischer Integration gewisse Schwierigkeiten. Daher wird hier eine weitere Möglichkeit zur Gewinnung der Feldlinien besprochen.

Dieses Vorgehen ist dann zu empfehlen, wenn Äquipotential– und Feldlinien eines nachfolgend näher beschriebenen Körpers, der in ein Homogenfeld eingebettet wird, berechnet werden sollen. Wir beschränken unser Beispiel auf ein elektrisches Strömungsfeld.

Voraussetzungen

1. Das Strömungsfeld muß ein durch äußere Elektroden gegebenes, ebenes Homogenfeld sein.

2. In dieses Homogenfeld wird ein Körper von beliebig zylindrischem. Querschnitt eingebracht, der im Falle des elektrischen Strömungsfeldes eine hohe elektrische Leitfähigkeit κ hat

3. Das Potential des Körpers muß bekannt sein. Bei dem folgenden Beispiel ist es aus Symmetriegründen das arithmetische Mittel aus oberem und unterem Randpotential.

Vorgehen

Bei den genannten Voraussetzungen lassen sich mit einem Kunstgriff die Feldlinien zu den Äquipotentiallinien berechnen. Der Kunstgriff besteht darin, die Elektroden im ersten Schritt oben und unten, in einem zweiten Schritt rechts und links anzuordnen. Gleichzeitig bleibt der sich im Feld befindende Körper in seiner ursprünglichen Lage, wird jedoch gegenüber seiner Umgebung isoliert. Die Feldlinien werden also dadurch gewonnen, daß für diesen veränderten Fall mit isoliertem Körper auch Äquipotentiallinien berechnet werden.

Das Strömungsfeld wird z.B. in einem *elektrolytischen Trog* (= großes Gefäß mit ebenem Boden und einem leitfähigen Medium, z.B. Salzwasser) erzeugt. Im ersten Schritt so, daß die Äquipotentiallinien in der Grundtendenz vertikal verlaufen, siehe Bild 5.28. Im zweiten Schritt verlaufen sie in der Grundtendenz um 90^0 gedreht, sind also horizontal ausgerichtet, Bild 5.29. Wir wählen als Beispiel eines Körpers ein Blechband, das in die Zeichenebene, und damit in den Trog, unter 45^0 gegenüber der Horizontalen hineinragt.

Mit dem Differenzenverfahren können die Äquipotentiallinien ermittelt werden.

Rechengang

Für den Knoten k des Bildes 5.21, dessen Indizes nachher zu aktualisieren sind, gilt, entsprechend der Herleitung mit Leitwerten nach Gl.(5.19):

$$v_k = \frac{G_{2k}v_2 + G_{3k}v_3 + G_{4k}v_4 + 0}{G_{2k} + G_{3k} + G_{4k} + 0} \tag{5.34}$$

Dabei sind die Leitwerte $G_{2k} = G_{3k} = G_{4k} = G$, und man erhält:

$$v_k = \frac{1}{3} \sum_{i=1}^{3} v_{ik} \tag{5.35}$$

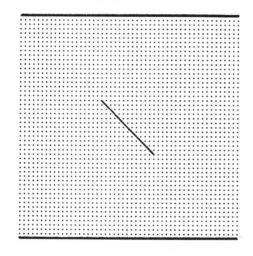

Bild 5.28: Zur Aufgabenstellung für Äquipotentiallinien in x–Richtung

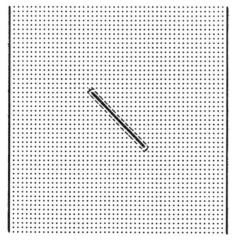

Bild 5.29: Anordnung zur Berechnung der Aquipotential-linien des gedrehten Feldes, die bei isoliertem Körper als Feld-linien des ursprünglichen Prob-lems wirken.

Wir nennen i die Zeilen– und j die Spaltenlaufzahl. Es wird eine quadratische Gittermatrix mit $51 \cdot 51$ Gitterpunkten verwendet. Der dünne Querschnitt des Bleches soll von $(i, j) = (20, 20)$ nach $(i, j) = (30, 30)$ reichen. Wir berechnen zuerst die Äquipotentiallinien und danach die Feldlinien.

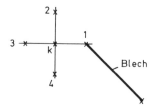

Bild 5.30: Beispiel für die Berechnung eines dem Blech unmittelbar benachbarten Gitterpunktes k mit einem Nachbarpunkt auf dem Blech

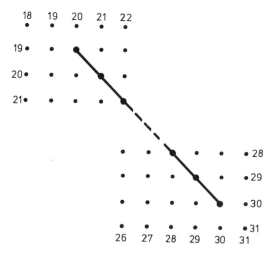

Bild 5.31: Ausschnitt aus der Gittermatrix mit eingezeichnetem Blech

Die obere Randelektrode erhält den Potentialwert 100, die untere Randelektrode den Potentialwert 0. Nun können die Iterationen mit der Vierpunkt-
formel ab Zeile $i = 2$, Spalte $j = 2$ bis $j = 50$ begonnen werden. (Zur
Erinnerung: Spalte 2 bzw. 50 deshalb, da wir für die Rechnung jeweils vier
Umgebungspunkte brauchen.)

So können ohne jede Komplikation die Zeilen 2 bis einschließlich 18 berechnet

werden. Anders die Zeile 19. Hier erreichen wir bei Spalte 20 zum ersten Mal
die unmittelbare Nachbarschaft zum Blech: siehe Bild 5.31.

Das Blech stellt eine Äquipotentialfläche dar. Formelmäßig wird dies berücksichtigt durch ein einheitliches Potential am Blech. Da das Blech in der Mitte
zwischen oberer und unterer Randelektrode angeordnet ist, nimmt es das
mittlere Potential von $(100 + 0)/2 = 50$ an. Dieser Wert muß bei allen Gitterpunkten, die dem Blech direkt benachbart sind, mitverwendet werden. Das
gilt für die Zeilen 19 bis 31.

Zeile 19 hat drei Teile: Die Spalten 2 bis 19, dann Punkt $(19, 20)$ mit einer
vertikalen Nachbarschaft zum Blech, danach die rechte Hälfte dieser Zeile,
die Spalten 21 bis 50. Zeile 20 hat von Spalte 19 und von Spalte 21 je eine
horizontale Nachbarschaft zum Blech, also zum Potential 50.

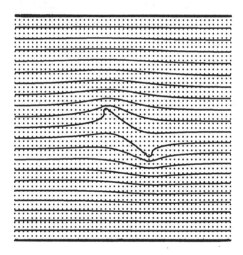

Bild 5.32: Gewonnene
Äquipotentiallinien

Die Zeilen 20 bis 30 links und 19 bis 29 rechts des Bleches haben jeweils
zwei Nachbarpunkte zum Blech, was zu beachten ist. Diese Zeilen werden
(z.B. en Block) zuerst links vom Blech, dann rechts vom Blech programmiert.
Dabei haben die dem Blech direkt benachbarten Gitterpunkte, an unserem
Beispiel links des Bleches, jeweils die genannte Sonderprogrammierung mit
zwei Potentialwerten 50:

$$u_{(i,j)} = \frac{50 + 50 + u_{(i,j-1)} + u_{(i+1,j)}}{4}$$

Entsprechend muß rechts des Bleches verfahren werden. Zeile 31 wird analog
zu Zeile 19 berechnet.

Schließlich können die Zeilen 32 bis 50 wieder glatt durchgerechnet werden.

Nun berechnen wir die Feldlinien. Sie stehen senkrecht auf den Äquipotential-linien. Wir wollen sie, wie besprochen wurde, als konjugiertes Potential berechnen und vertauschen daher die Randelektroden von horizontal (oben und unten) nach jetzt vertikal (links und rechts) der Matrix. Es werden wieder Äquipotentiallinien berechnet, die aber als v–Linien Feldlinien des ursprünglichen Problems sind.

Dabei muß zusätzlich in der unmittelbaren Nachbarschaft des Blechstreifens der Algorithmus geändert werden. Denn die Feldlinien gehen ja nicht wie Äquipotentiallinien um das Blech herum; vielmehr enden sie auf dem Metall. Zwar ist das Metall noch immer eine Äquipotentialfläche, aber wegen der unterschiedlichen Ladungsanhäufungen längs der Blechoberfläche herrschen dort unterschiedliche Feldstärken. Bekanntlich entstehen die größten Feldstärken an Kanten und Spitzen.

Diesem physikalischen Verhalten wird man dadurch gerecht, daß allen dem Blech unmittelbar benachbarten Gitterpunkten zum Blech hin der elektrische Widerstand unendlich, also der Leitwert null zugewiesen wird. Dadurch erscheint das Blech als Metallkörper gegen seine Umgebung elektrisch isoliert. Dann können diese "Äquipotentiallinien" $v(x,y) = const$ ermittelt werden.

Die Gitterpunkte $(i,j) = (18,20)$, $(19,19)$, $(30,31)$ und $(31,30)$ haben nur einen Nachbarpunkt am Blech. Ohne ausführliche Indizierung lauten die Gitterpotentiale dafür bei der Feldlinienberechnung:

$$u_k = \frac{Gu_{1k} + Gu_{2k} + Gu_{3k} + 0 \cdot u_{4k}}{G + G + G + 0} = \frac{1}{3} \sum_1^3 u_{ik}$$

Und Gitterpotentiale mit links und rechts jeweils zwei Verbindungen zum Blech, werden berechnet nach:

$$u_k = \frac{Gu_{1k} + Gu_{2k} + 0 \cdot u_{3k} + 0 \cdot u_{4k}}{G + G + 0 + 0} = \frac{1}{2} \sum_1^2 u_{ik}$$

Faßt man die Ergebnisse der Berechnungen zusammen, so entsteht Bild 5.33. Das sehr dünne Blech erscheint hier als weiße Punkte. Die Schwärze darum herum entsteht durch Feldlinien wegen der Grobmaschigkeit des Gitters.

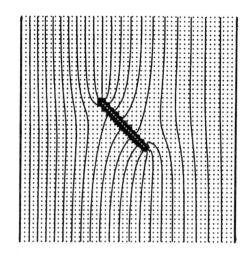

Bild 5.33: Feldlinienberechnung am Blechstreifen als Ergebnis der Rechnung

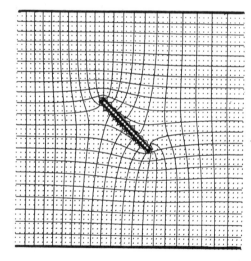

Bild 5.34: Äquipotentiallinien und Feldlinien am Blechstreifen

Das hier im Grundsatz gezeigte Verfahren ist nicht auf Strömungsfelder in Elektrolyten beschränkt. Man kann ebenso ein statisches oder ein quasistationäres elektrisches Feld, zum Beispiel das Feld eines ausreichend großen Plattenkondensators verwenden und darin einen leitfähigen oder auch einen dielektrischen Körper mit großer Dielektrizitätszahl anbringen. Wichtig ist allein, die feldtheoretischen Randbedingungen nach Dirichlet und Neumann (siehe Glossar) durch Analogiebildung /22/ richtig zu erfüllen.

5.1.8 Differenzenverfahren höherer Ordnung

Es wurde schon betont, daß die Genauigkeit des finiten Differenzenverfahrens zur Lösung der Laplaceschen Potentialgleichung sowohl von der Feinmaschigkeit wie auch von der Anzahl der Iterationen abhängt. Beide sollen in einem vernünftigen Verhältnis zueinander stehen.

Andererseits stellt sich die Frage, ob es nicht möglich ist, eine höhere Genauigkeit zu erzielen, indem man ein Differenzenverfahren verwendet, das mehr als nur die Glieder zweiter Ordnung der Taylorreihe erfüllt.

Tatsächlich ist dies ohne großen Aufwand möglich. Man unterteile dafür den felderfüllten Raum nicht in gleichgroße Quadrate, sondern in gleichgroße Dreiecke. Wir wollen dies am Beispiel eines ebenen Feldes sehen. Bild 5.35 zeigt die Anordnung der Dreiecke.

Danach wird das Potential des jeweiligen zentralen Punktes (0) aus den Potentialen der sechs Eckpunkte (1) bis (6) der angrenzenden Dreiecke berechnet. Die aus der Taylorreihe ableitbare, auch noch sehr einfache Sechseck–Berechnungsformel lautet für das ebene Feld:

$$\phi_0 = \tfrac{1}{6} \sum_{i=1}^{6} \phi_i \qquad (5.36)$$

Der Rechengang ist grundsätzlich der gleiche, wie wir ihn bei der Einteilung in Rechtecke hatten. Konvergenz und Genauigkeit sind jedoch verbessert. Allerdings erreicht man eine schnellere Konvergenz mittels des noch zu besprechenden Überrelaxationsverfahrens.

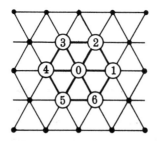

Bild 5.35: Dreieckgitter für Taylorglieder bis zur 6. Ordnung

5.2 Das Relaxationsverfahren

Eine Modifikation des finiten Differenzenverfahrens ist das Relaxationsverfahren. Hierbei – und dies ist der Unterschied zum Differenzenverfahren – werden die Differenzengleichungen nicht null, sondern einem Restwert, dem Residuum (= Res), gleich gesetzt. Das Iterationsverfahren muß dahingehend betrieben werden, die Residuen aller Gitterpunkte, also das Residuum jedes Punktes, in dem das Potential zu berechnen ist, auf null zu bringen.

Für die übliche Viereckformel bedeutet dies im Punkt P_0 mit dessen Residuum Res_0:

$$-4\,\phi_0 + \sum_{i=1}^{4} \phi_i = Res_0 \qquad (5.37)$$

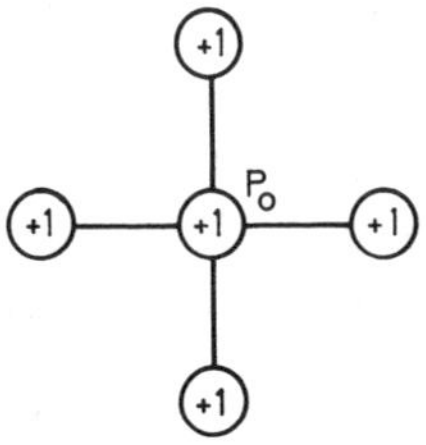

Bild 5.36: Potentialbeispiel am quadratischen Punktgitter für $Res_0 = 0$ in P_0

Und für das Dreiecksnetz nach Bild 5.35 gilt, entsprechend Gl.(5.36), ebenfalls herleitbar aus der Taylorreihe:

$$-6\,\phi_0 + \sum_{i=1}^{6} \phi_i = Res_0 \qquad (5.38)$$

In Gl.(5.37), am Beispiel des quadratischen Punktgitters, wird das Residuum Res_0 in P_0 dann null, wenn die Potentiale die Laplacesche Potentialgleichung erfüllen. Dann ist, wie bei der bekannten Viereckformel:

$$\phi_1 + \phi_2 + \phi_3 + \phi_4 - 4\,\phi_0 = 0$$

Praktisch gelingt es fast nie, die Residuen aller Gitterpunkte auf exakt null zu reduzieren. Auch gibt es nach Vitkovitsch /22/ keinen echten Zusammenhang zwischen den kleinen Rest–Residuen und der Genauigkeit des Verfahrens.

5.2.1 Ein einfaches Beispiel für handgerechnete Relaxation

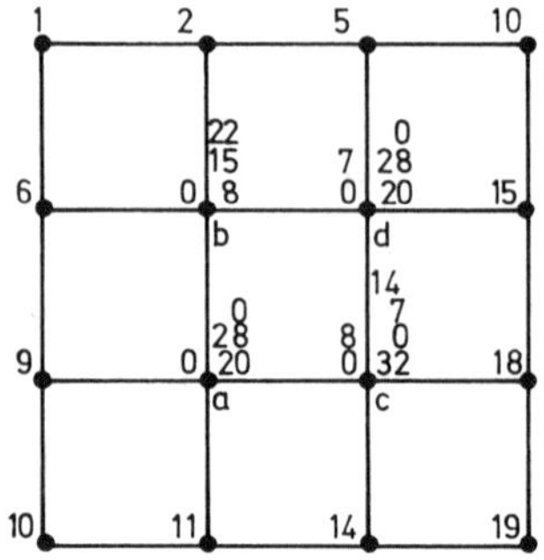

Bild 5.37: Beispiel für handgerechnete Relaxation am ebenen Feld

Ein Beispiel soll das Verfahren für kleine Aufgaben, wo mit dem Taschenrechner gearbeitet werden kann, verdeutlichen. Die Randpotentiale von Bild 5.37 genügen der Potentialgleichung: $\phi(x, y) = 10 + x^2 - y^2$. Der Koordinaten-Nullpunkt sei in der linken unteren Ecke. Die zu berechnenden, inneren Knotenpotentiale sollen die Anfangswerte null haben.

Aufwendig bei dieser Handrelaxation ist, daß man sowohl die Residuen, als auch die iterativ gewonnenen Potentiale eintragen muß. In diesem Beispiel schreiben wir links oberhalb eines jeden Knotens dessen Potential und rechts oberhalb des Knotens das jeweilige Residuum.

Der Anfang des Verfahrens besteht darin, die Residuen der Knoten a bis d aus den Nachbarpotentialen, gemäß Gl.(5.37) zu ermitteln und einzutragen:

Residuum bei a: $Res_a = 0 + 0 + 9 + 11 - 4 \cdot 0 = 20$
Residuum bei b: $Res_b = 0 + 2 + 6 + 0 - 4 \cdot 0 = 8$
Residuum bei c: $Res_c = 18 + 0 + 0 + 14 - 4 \cdot 0 = 32$
Residuum bei d: $Res_d = 15 + 5 + 0 + 0 - 4 \cdot 0 = 20$.

Jetzt sind diese Residuen einzeln abzubauen, wobei mit dem größten Wert begonnen werden soll. Das ist der Wert 32 am Knoten c.

Der Abbau erfolgt analog zum Mittelwertsatz der Potentialtheorie, indem man beim quadratischen Gitter das Residuum jeweils durch 4 (beim Dreiecknetz mit 6 Außenpotentialen durch 6) dividiert. Das ist, als trüge jedes Außenpotential einen gleich großen Anteil zum Potential des Gitterpunktes bei.

Abbau in c: $32/4 = Potentialwert\,8$ (von vorher $+\,0$) $= 8$, Rest $= Res_c = 0$.

Durch das von 0 auf 8 erhöhte Potential in c, ändern sich die Residuen der Nachbarpunkte a und d:

Korrektur in a: $Res_a = 8 + 0 + 9 + 11 - 4 \cdot 0 = 28$
Korrektur in d: $Res_d = 15 + 5 + 0 + 8 - 4 \cdot 0 = 28$.

Zufällig sind die Residuen in a und d einander gleich. Wir können daher wahlweise mit dem Abbau in a oder in d weitermachen. Wir entscheiden uns willkürlich für a:

Abbau in a: $28/4 = Potentialwert\,7$ (von vorher $+\,0$) $= 7$, Rest $= Res_a = 0$.

Jetzt wird wieder eine Korrektur der Residuen der Nachbarpunkte b und c aus deren Nachbarpotentialen fällig:

Korrektur in b: $Res_b = 0 + 2 + 6 + 7 - 4 \cdot 0 = 15$
Korrektur in c: $Res_c = 18 + 0 + 7 + 14 - 4 \cdot 8 = 7$.

Jetzt ist das größte, abzubauende Residuum dasjenige in d mit dem Wert 28.

Abbau in d: $28/4 = Potentialwert\,7$ (von vorher $+\,0$) $= 7$, Rest $= Res_d = 0$.

Nun sind mit dem Potentialwert 7 in d die Residuen der Nachbarpunkte b und c zu korrigieren:

Korrektur in b: $Res_b = 7 + 2 + 6 + 7 - 4 \cdot 0 = 22$
Korrektur in c: $Res_c = 18 + 7 + 7 + 14 - 4 \cdot 8 = 14$.

Nun Abbau in b etc, etc.

Man sieht, daß dieses Verfahren der handgerechneten Relaxation nicht nur aufwendig, sondern auch leicht verwirrend wirken kann. Wir wollen es daher nicht weiter verfolgen. Dagegen ist die rechnergestützte Relaxation ebenso leicht durchführbar wie das finite Differenzenverfahren.

5.2.2   Relaxationsverfahren mit PCs oder Großrechnern

Es gibt eine Reihe von speziellen Betrachtungen und Anmerkungen zu diesem Verfahren. Wir wollen hier nur das Grundsätzliche besprechen. Im Gegensatz zur mehr oder weniger systematisch ausgewählten Abarbeitung der Knoten bei der Handrelaxation, erfolgt die Bearbeitung der Knoten mit dem PC oder dem Großrechner in der Reihenfolge der Knoten. Auch werden die Werte der Residuen nicht mehr notiert, wohl aber gelegentlich einzeln oder in ihrer Summe überprüft, um daraus ein Abbruchkriterium herzuleiten.

Um Konvergenz zu ermöglichen, müssen bei der Berechnung des Potentials ϕ_0 eines jeden Knotens die aktuellsten Werte der Nachbarpotentiale in die Berechnung einbezogen werden. Dazu sind folgende Vereinbarungen zu treffen:

Der laufende Iterationszyklus wird durch hochgestelltes n gekennzeichnet. Die Gitterpunkte werden durch Indizes (i, j) markiert, wobei i die horizontale und j die vertikale Laufzahl oder Koordinate ist. Der Koordinaten–Nullpunkt liegt in der linken unteren Ecke. (Die Spalten nehmen daher von links nach rechts hin, die Zeilen von unten nach oben hin zu.)

Das Potential ϕ_0^{n+1} der $(n + 1)$–ten Iteration, ohne Ladungsdichten ist:

$$\phi_0^{n+1} = \frac{1}{4}(\phi_1^n + \phi_2^n + \phi_3^{n+1} + \phi_4^{n+1}) \tag{5.39}$$

Anders ausgedrückt, ist mit den tiefgestellten Koordinaten (i, j):

$$\phi_{i,j}^{n+1} = \frac{1}{4}(\phi_{i+1,j}^n + \phi_{i,j+1}^n + \phi_{i-1,j}^{n+1} + \phi_{i,j-1}^{n+1}) \tag{5.40}$$

Trotz anderer Herleitung stimmt die numerische Berechnung mit dem Relaxationsverfahren an dieser Stelle mit dem finiten Differenzenverfahren überein. Die Koordinaten sind im Bild 5.38 zu sehen.

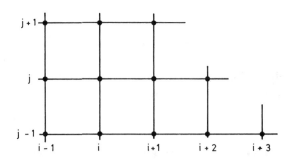

Bild 5.38: Koordinaten (i, j) der Gitterpunkte

Die hier beschriebene Methode ist auch als Gauß–Seidel–Verfahren bekannt, das zur Lösung von linearen Gleichungssystemen verwendet wird. Schnellere Konvergenz liefert die u.a. nach Liebmann benannte Überrelaxation, die im nächsten Abschnitt beschrieben wird. Siehe auch /22/ oder /15/.

5.2.3 Überrelaxationsverfahren mit Digitalrechnern

Dieses Verfahren ist vom Gauß–Seidel–Verfahren abgeleitet und hat eine
bessere (schnellere) Konvergenz als die bisher beschriebenen Verfahren der
finiten Differenzen und der Relaxation. Voraussetzung ist wieder, wie beim
finiten Differenzenverfahren, daß Gitterpunkt um Gitterpunkt der Reihe
nach abgearbeitet werden, so daß gerade aktualisierte Potentiale in die
Berechnung der Nachbarpotentiale mit eingehen; denn auch hier wird nur
eine einzige Gitterpunktmatrix verwendet. Damit ermöglicht das Verfahren
in der angegebenen Schreibweise eine schnelle iterative Lösung der Laplace–
Gleichung, bzw. bei vorhandenen Ladungsdichten, der Poissongleichung.

Ein jeweils neuer Potentialwert wird als Summe aus dem alten Wert und
einem Produkt aus einem *Konvergenzfaktor a* und der Differenz aus altem
und neuem Potentialwert berechnet. Noch ohne Ladungsdichten gilt:

$$\boxed{\phi_{i,j}^{n+1} = \phi_{i,j}^{n} + \frac{a}{4}\left(\phi_{i+1,j}^{n} + \phi_{i,j+1}^{n} + \phi_{i-1,j}^{n+1} + \phi_{i,j-1}^{n+1} - 4\,\phi_{i,j}^{n}\right)} \qquad (5.41)$$

Laut /22/ und /15/ liegen optimale Werte für den Konvergenzfaktor a
zwischen den Zahlenwerten 1 und 2. Für $a = 1$ entspricht das Verfahren dem
bereits in Gleichung (5.40) beschriebenen Vorgehen nach Gauß–Seidel oder
dem Differenzenverfahren. Für $a \geq 2$ ist die Konvergenz nicht mehr gesichert.
Das Verfahren kann dann instabil werden. Vorzuschlagende Werte für a liegen
bei 1,2 bis 1,5.

5.2.4 Lösung der Poissongleichung

Jeder Gitterpunkt der Gittermatrix kann auch repräsentativ für eine dort
vorhandene Raumladungsdichte η sein. Die Poissongleichung lautet ja für
ebene Felder, die wir wegen besserer Übersichtlichkeit hier voraussetzen:

$$\frac{\partial^2 \phi}{\partial x^2} + \frac{\partial^2 \phi}{\partial y^2} = K \qquad (5.42)$$

mit der Abkürzung: $K = -\dfrac{\eta}{\epsilon}$.

Da wir numerisch rechnen wollen, verwenden wir wieder unser Gitternetz, z.B. als quadratisches Netz, mit der Maschenweite h, die wie üblich sehr klein sei gegenüber den Abmessungen des Feldes. Wir beziehen uns auch hier auf Abschnitt 5.1.1. Dort haben wir durch Entwicklung der ersten Glieder von Taylorreihen das Potential in P_0, abhängig von den Nachbarpotentialen, mit der Viereckformel berechnet. Hier könnten wir diese Taylorreihen nochmals anschreiben, allerdings mit Berücksichtigung der Quellen $K = -\eta/\epsilon$ in den quellenhaltigen Punkten.

Das Ergebnis der Reihenentwicklung, unter Vernachlässigung der Glieder ab der vierten Ordnung, ist:

$$\phi_1 + \phi_2 + \phi_3 + \phi_4 - 4\phi_0 = h^2 K \qquad (5.43)$$

$$h = \text{Maschenweite}; \qquad K = -\eta/\epsilon$$

Einem jeden Gitterpunkt des Netzes ist eine solche Gleichung zuzuordnen. Dadurch entsteht wieder ein lineares Gleichungssystem mit ebenso vielen Gleichungen wie es Gitterpunkte gibt, Randpunkte ausgenommen. Da die Anzahl der Gleichungen bei hinreichender Feinmaschigkeit meist sehr groß ist, empfiehlt sich wieder eine iterative und nicht die exakte Lösung des Gleichungssystems.

Wir erhalten so bei quadratischem Gitter die vom finiten–Differenzenverfahren her bekannte Viereckformel, jedoch ergänzt um den quellenden Term $h^2 K$:

$$\phi_0^{n+1} = \frac{1}{4}\left(\phi_1^n + \phi_2^n + \phi_3^n + \phi_4^n + h^2 K\right) \qquad (5.44)$$

Bei dieser Schreibweise wird nicht deutlich, daß meist zwei der Klammerwerte bereits durch die $(n+1)$–ste Iteration aktualisierte Werte sind.

Diese Mitverwendung zweier aktualisierter Nachbarwerte (einer aus der vorausgehenden, einer aus der gleichen Zeile oder Spalte) wird durch ausführlichere Indizierung deutlich. Die zur Lösung der Poissongleichung modifizierte Viereckformel mit ausführlicher Indizierung lautet für ebene Felder:

$$\phi_{i,j}^{n+1} = \frac{1}{4}\left(\phi_{i+1,j}^n + \phi_{i,j+1}^n + \phi_{i-1,j}^{n+1} + \phi_{i,j-1}^{n+1} + h^2 K\right) \qquad (5.45)$$

Die zur Lösung der Poisssongleichung entsprechend indizierte Viereckformel der Überrelaxationsmethode hat die Form:

$$\boxed{\phi_{i,j}^{n+1} = \phi_{i,j}^{n} + \frac{a}{4}\left(\phi_{i+1,j}^{n} + \phi_{i,j+1}^{n} + \phi_{i-1,j}^{n+1} + \phi_{i,j-1}^{n+1} + h^2 K - 4\phi_{i,j}^{n}\right)} \qquad (5.46)$$

Mitunter ist es zweckmäßig, den Zahlenwert des Konvergenzfaktors a durch Probieren dem praktischen Problem anzupassen. Dadurch ist erheblich Rechenzeit einsparbar.

Für $K = 0$ stimmt Gl.(5.46) mit Gl.(5.41) zur Lösung der Laplacegleichung überein.

5.2.5 Relaxationsverfahren dreidimensional

Wie die finiten Differenzen, so ist auch das Relaxationsverfahren, insbesondere das für schnellere Konvergenz geeignete Überrelaxationsverfahren, auf dreidimensionale Probleme anwendbar und interessant.

Die Poissongleichung lautet hier:

$$\frac{\partial^2 \phi}{\partial x^2} + \frac{\partial^2 \phi}{\partial y^2} + \frac{\partial^2 \phi}{\partial z^2} = K(x,y,z),$$

wobei wieder $K(x,y,z) = -\eta(x,y,z)/\epsilon$ ist.

Zur Anwendung des Überrelaxationsverfahrens sehe man auch hier ausreichend viele übereinanderliegende Ebenen mit Gitternetzen vor. Die Potentialberechnung in einem Knotenpunkt (i,j,k) wird aus den vier Nachbarpotentialen von (i,j) der gleichen Ebene sowie aus je einem gerade darüber liegenden Potential $(i,j,k-1)$ und einem in der Ebene darunter liegenden Potential des Punktes $(i,j,k+1)$ berechnet. Der Index $(k-1)$ gilt für die Ebene, in der Potentiale gerade schon berechnet worden sind, $(k=1)$ gilt für die Ebene, in der gerade gerechnet wird und $(k+1)$ gilt für die erst folgende Nachbarebene. Damit erhält man als Iterationsformel für räumliche Probleme:

$$\boxed{\begin{aligned} \phi_{i,j,k}^{n+1} = \ & \phi_{i,j,k}^{n} + \frac{a}{6}\left(\phi_{i+1,j,k}^{n} + \phi_{i,j+1,k}^{n} + \phi_{i-1,j,k}^{n+1} + \phi_{i,j-1,k}^{n+1}\right. \\ & \left. + \phi_{i,j,k-1}^{n+1} + \phi_{i,j,k+1}^{n} - h^2 K - 6\phi_{i,j,k}^{n}\right) \end{aligned}} \qquad (5.47)$$

5.3   Numerische Behandlung von Biot–Savart

Dieser Abschnitt setzt Niederfrequenz voraus mit phasengleichem, orts-
unabhängigem Verhalten der Momentanwerte von Strom und magnetischer
Feldstärke. Wir wissen, daß alle Teile eines Stromkreises zu dem davon
erzeugten magnetischen Feld **H** beitragen. Dieses Feld läßt sich bei einfachen
Geometrien mittels des Durchflutungsgesetzes berechnen. Bei komplizierteren
Geometrien ist gelegentlich die Integration der ersten Maxwellgleichung, unter
Berücksichtigung der Randbedingungen, erfolgreich. Besteht der Stromkreis,
dessen Magnetfeld berechnet werden soll, aber aus stückweise linearen
Teilen, dann ist das Gesetz nach Biot–Savart hilfreich. Ein Beispiel soll dies
verdeutlichen.

Beispiel: Gegeben sei eine in der $x - y$–Ebene liegende, stromdurchflossene
Rechteckdrahtschleife nach Bild 5.39. Ihre Induktivität soll berechnet werden.

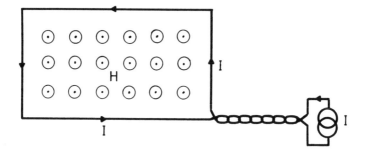

Bild 5.39: Stromdurchflossene Rechteckdrahtschleife

Die Zuleitungen zur Drahtschleife seien verdrillt, damit sie keinen Beitrag zum
resultierenden Magnetfeld erzeugen. Der Strom sei ein Gleichstrom I, was
gegenüber Wechselstrom für die spätere Berechnung der Induktivität keine
Einschränkung bedeutet, da sich bei diesem linearen Problem die Stromstärke
nachher wieder heraushebt; denn Selbstinduktivitäten, ohne Aussteuerungab-
hängigkeit, sind unabhängig von der Stromstärke.

Da alle vorkommenden magnetischen Feldlinien die Fläche des Rechtecks
durchdringen, sprechen wir von einem magnetischen *Bündelfluß* ϕ_m. Daher
darf die Induktivität aus dem Bündelfluß berechnet werden, siehe /20/.

Die Windungszahl w sei bei unserem Beispiel $w = 1$. Der Drahtradius sei

gegenüber den Abmessungen des Rechtecks zu vernachlässigen, aber endlich,
so daß bei Rechteckseiten, deren Abmessungen gegenüber dem Drahtradius
groß sind, die magnetische Energie im Drahtinnern gegenüber derjenigen
außerhalb des stromführenden Drahtes vernachlässigt werden darf. Somit
ist auch die der magnetischen Energie im Drahtinnern zuzuordnende innere
Induktivität L_i gegenüber der Induktivität L_a, die der äußeren magnetischen
Energie zugeordnet wird, vernachlässigbar. Und da die Rechteckschleife von
Bündelfluß ϕ_m durchsetzt wird, dürfen wir L_a aus ihm berechnen:

$$w\,\phi_m(I) = L_a\,I \qquad \text{oder} \qquad \boxed{L_a = \frac{w\,\phi_m(I)}{I}} \qquad (5.48)$$

Für den Rechengang kommt es zunächst darauf an, die magnetische Feldstärke
$\mathbf{H}(x,y)$ innerhalb des Rechtecks und daraus den magnetischen Fluß ϕ_m, der
das Rechteck durchdringt, zu berechnen. Das Durchflutungsgesetz ist dafür
nicht anwendbar, da es für linear verlaufende Leiter*stücke* nur dann gilt,
wenn deren Länge viel größer ist als der Abstand des Meßpunkts vom Draht.
(Damit das Durchflutungsgesetz exakt gilt, sollten linear verlaufende Drähte
theoretisch unendlich lang sein.) Diese Voraussetzung ist bei unserem Beispiel
nicht gegeben. Dagegen kann die magnetische Wirkung jedes Teilleiters der
Rechteckschleife durch das Biot–Savartsche Gesetz einzeln und exakt erfaßt
werden.

Das Biot–Savartsche Gesetz

Wir betrachten das Bild 5.40. Es zeigt die Wirkung des Biot–Savartschen
Gesetzes. Als Gedankenexperiment kann fiktiv ein kleines stromführendes
Leitersegment $I \cdot d\mathbf{s}$ betrachtet werden. Es erzeugt die Teilfeldstärke $d\mathbf{H}$ nach
Betrag und Richtung. Wir betrachten diese Wirkung auf einer konzentrisch
um das Leitersegment gelegten Kugel. Magnetfeld wird erzeugt auf ihrer
Oberfläche mit $4\pi r^2$. Nach außen hin nimmt diese felderzeugende Wirkung
mit der größer werdenden Oberfläche der Kugel ab. Daher ist der Betrag

$$dH \sim \frac{I}{4\pi r^2} \qquad (5.49)$$

Bekanntlich ist die magnetische Feldstärke der erzeugenden Stromdichte,
hier unserem Leitersegment, rechtswendig zugeordnet. Daher dringen auf der
rechten Hälfte des gezeichneten Kugelumfangs Feldlinien in die Zeichenebene

ein, links kommen sie heraus. Und an den Polen unserer Kugel, wo es weder rechts– noch linkswendige Zuordnung gibt, ist die Feldstärke $dH = 0$. Am Äquator wird die größte Feldstärke dH_{max} erzeugt. Daher gilt weiter:

$$dH \sim \frac{I}{4\pi r^2} \sin \alpha \qquad \text{oder} \qquad d\mathbf{H} = \frac{I}{4\pi r^2} \frac{\mathbf{r}}{|\mathbf{r}|} \times d\mathbf{s} \qquad (5.50)$$

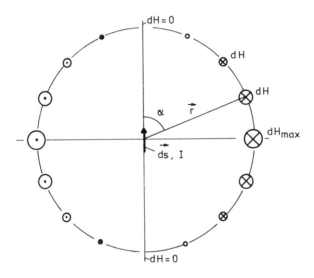

Bild 5.40: Erzeugung von magnetischem Feld durch ein Linien–Segment $d\mathbf{s}$ nach Biot–Savart

Schließlich erhält man die vom ganzen Stromkreis in einem beliebigen Punkt erzeugte magnetische Feldstärke zu:

$$\mathbf{H} = \frac{I}{4\pi} \oint \frac{\mathbf{r}^0 \times d\mathbf{s}}{r^2} = \frac{I}{4\pi} \oint \frac{\mathbf{r} \times d\mathbf{s}}{r^3} \qquad (5.51)$$

Das Umlaufintegral deutet an, daß a l l e Teile des Stromleiters berücksichtigt werden müssen. Da der Stromkreis, wie bei unserem Beispiel, aus linearen Leiterstücken besteht, ist das Umlaufintegral durch eine Summe zu ersetzen:

$$\mathbf{H} = \frac{I}{4\pi} \sum_{\circ} \frac{\mathbf{r} \times \Delta\mathbf{s}}{r^3} \qquad (5.52)$$

Bei der Berechnung kann man zwei unterschiedliche Wege gehen. Entweder man berechnet die magnetische Feldstärke $d\mathbf{H}$ nach der gerade genannten

Summenformel für jedes stromführende Leitersegment $I \cdot d\mathbf{s}_i$ in jedem Gitterpunkt und summiert alle Teilergebnisse $d\mathbf{H}_i(i,j)$ dieses Durchlaufs zu den
Teilergebnissen $d\mathbf{H}_{i-1}(i,j)$ des vorausgehenden Liniensegments $I \cdot d\mathbf{s}_{i-1}$ und
so fort, bis die Wirkung aller Leiterelemente aufsummiert ist. Oder man
berechnet bei Leiterschleifen mit geraden Teilstücken die Wirkung eines
ganzen Teilstückes auf jeweils einen Gitterpunkt, durch Auswertung der
Formel Gl.(5.51), woraus folgt:

$$H_\alpha = \frac{I}{4\pi b}\left[\frac{s_1}{\sqrt{s_1^2 + b^2}} - \frac{s_2}{\sqrt{s_2^2 + b^2}}\right] \tag{5.53}$$

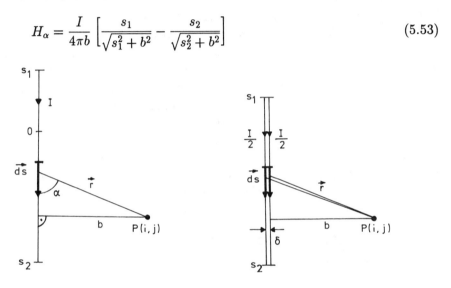

Bild 5.41: Links: Idealisierter Linienleiter; rechts: Zwei Linienleiter als Ersatz
eines realen Drahtes

Man sieht, es handelt sich bei dem Stromleiter um einen *Linienleiter*, mit dem
Radius $r \to 0$, bei gleichzeitig endlicher Stromstärke. Gehen die senkrechten
Abstände b_i des Linienleiters von den Meßpunkten der Randreihen, z.B. von
der ersten Spalte P(1,j), wegen eines immer feinmaschigeren Gitters gegen
null, dann wird H_α, siehe Gl.(5.53) mit b im Nenner, unendlich. Das heißt,
ein echter, der Definition nach unendlich dünner *Linienleiter* kann für den
Rechengang nicht ohne weiteres verwendet werden.

Will man dieses Beispiel weiter behandeln, so ist entweder ein dünner
Bandleiter als Stromleiter um das Rechteck herum erforderlich, oder man
legt zwei Linienleiter in sehr kleinem Abstand voneinander um das Rechteck,
was im Bild 5.41 rechts angedeutet wird. Durch beide Möglichkeiten erreicht
man, daß

a) die magnetische Feldstärke am inneren Rand des Rechtecks für den Abstand $b \to 0$ nicht unendlich werden kann,

b) der magnetische Fluß ϕ_m, der die Schleife durchsetzt, nicht gegen unendlich geht! (Der Grenzwert: Feldstärke $d\mathbf{H}$ gegen unendlich und Flächenelemente gegen null ergibt an einem Linienleiter einen unendlich großen Fluß, was als Diagramm, Bild 5.43, durch die kontinuierliche Zunahme der Induktivität, bei gleich bleibenden Abmessungen des Drahtquadrates, gezeigt wird.)

Der praktische Rechengang erlaubt eine Modifikation der genannten zwei Möglichkeiten: Man denke sich die Stromstärke des Leiters in einem Linienleiter konzentriert. Der Linienleiter liege in der Achse eines kreisrunden realen Drahtes. Man wähle nun die Abstände b der Meßpunkte P(i,j) bis zur Achse des realen Drahtes, also bis zum Linienleiter, in dem wir uns den Strom konzentriert vorstellen. Dagegen grenzen die Teilflächen, in denen die magnetischen Teilfeldstärken berechnet werden, an den Rand des realen Leiters, im Abstand des realen Radius r_0 vom Linienleiter. Auf diese Weise wird einerseits dem realen Leiter Rechnung getragen, andererseits wird die gegen unendlich gehende Feldstärke in unmittelbarer Nähe des Linienleiters vermieden. Bild 5.42 verdeutlicht die Anordnung.

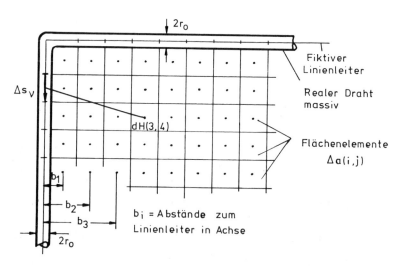

Bild 5.42: Schema für die Berechnung der magnetischen Feldstärken in den Gitterpunkten

Jedes Linienleiter–Segment Δs_ν mit der Laufzahl $\nu = 1 \ldots N$ des geschlossenen

Stromkreises erzeugt in jedem Flächenelement $\Delta\mathbf{a}(i,j)$ eine magnetische Teilfeldstärke $d\mathbf{H}_\nu(i,j)$, wobei i die Zeilen– und j die Spaltenlaufzahl ist. Siehe Bild 5.42. So tragen alle N stromführende Liniensegmente zur Bildung von $\mathbf{H}(i,j)$ bei:

$$\mathbf{H}(i,j) = \sum_{\nu=1}^{N} d\mathbf{H}_\nu(i,j)$$

$d\mathbf{H}_\nu(i,j)$ berechnet man beispielsweise nach Gl.(5.50). $\mathbf{H}(i,j)$ muß in allen Flächenelementen mit den Laufzahlen $i = 1\ldots n$, $\ j = 1\ldots m$ berechnet werden. Danach sind die $\mathbf{H}(i,j)$ mit μ zu multiplizieren, um $\mathbf{B}(i,j)$ zu erhalten:

$$\mathbf{B}(i,j) = \mu\,\mathbf{H}(i,j)$$

Da alle Flächenelemente $\Delta\mathbf{a}(i,j)$ gleich groß gewählt wurden und in einer gemeinsamen Ebene liegen, dürfen sie zur Gesamtfläche $\sum \Delta\mathbf{a}(i,j) = \mathbf{a}$ zusammengefaßt werden. Da überdies in der Ebene unseres ebenen Stromkreises diese richtungsbehaftete Fläche $\mathbf{a}$ senkrecht von $\mathbf{H}$ durchsetzt wird, (die Einsvektoren von $\mathbf{a}$ und $\mathbf{H}$ sind parallel,) geht das Innenprodukt bei der Berechnung des Bündelflusses ϕ_m in das algebraische Produkt über:

$$\phi_m = \mu \iint_\square \mathbf{H}\,d\mathbf{a} = \mu\,a \sum_{\substack{i=1\\j=1}}^{\substack{m\\n}} \left(\sum_{\nu=1}^{N} dH_\nu(i,j) \right) = \mu\,a \sum_{\substack{i=1\\j=1}}^{\substack{m\\n}} H(i,j)$$

Schließlich kann die zu ermittelnden äußere Induktivität L_a des Rechtecks, das hier als Quadrat mit der Seitenlänge $s = 10\ cm$ ausgeführt wurde, aus dem Bündelfluß ϕ_m berechnet werden:

$$L_a = \frac{w\,\phi_m(I)}{I}$$

Die Ergebnisse der Rechnung sind in der Tabelle 3 für eine quadratische Leiterschleife von $r_0 = 0,5\,mm$ Radius und einer Windung $w = 1$ dargestellt.

Seitenlänge/cm	0.5	1	2	5	10	15	20
Induktivität/nH	6.7	18	47	154	362	589	829

Tabelle 3: Induktivitäten einer quadratischen Drahtschleife

Dieses Beispiel zeigt die prinzipielle Vorgehensweise zur numerischen Anwendung des Biot–Savartschen Gesetzes. Bei anderen Drahtgeometrien und bei räumlichen Problemen ist entsprechend vorzugehen. Dabei ist stets auf geeignete Koordinaten zu achten, um rechentechnisch möglichst einfach zum Ergebnis zu kommen.

Hätten wir bei der Berechnung der Induktivität die Flächenelemente bis dicht an den Linienleiter herangehen lassen, dann würde die Induktivität mit zunehmender Verkleinerung der Flächenelemente, bei gleich groß gebliebenen Abmessungen der quadratischen Leiterschleife von 10 cm Seitenlänge, gegen unendlich gehen. Bild 5.43 zeigt als Ergebnis der Rechnung mit der Genauigkeit double precision die stetige Zunahme der Induktivität $L_a \approx L$, die bei ausreichend feiner Unterteilung einem konstanten Endwert hätte zustreben müssen. Das heißt, die segmentierten Teilflächen $\Delta a(i,j)$ dürfen tatsächlich nicht an den Linienleiter mit dem Radius null heranreichen.

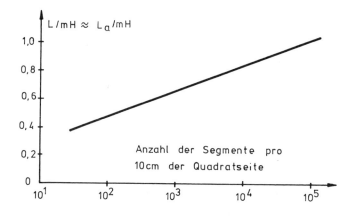

Bild 5.43: Induktivität eines Quadrates mit 10 cm Seitenlänge ohne Abstand der Flächenelemente vom Linienleiter!

Würde man beispielsweise die Induktivität eines kreisförmig gebogenen Drahtes berechnen wollen, dann bieten sich Polarkoordinaten an. Dabei zerlege man zweckmäßigerweise den Draht in kleine stromführende Geradenstücke als Linienelemente ds und wähle als Teilflächen keine Quadrate, sondern Kreissegmente, innerhalb derer die Teilfeldstärken berechnet werden.

5.4 Das Momentenverfahren

5.4.1 Theoretische Grundlagen

Das Verhalten elektromagnetischer Wellen beim Eindringen in halbleitende Medien und in diesen wird durch die *Telegraphengleichung* beschrieben. Siehe /20/ oder /17/. Sie lautet mit dem Laplace–Operator Δ:

$$\Delta \mathbf{F} = \kappa\mu\frac{\partial \mathbf{F}}{\partial t} + \epsilon\mu\frac{\partial^2 \mathbf{F}}{\partial t^2} \tag{5.54}$$

Darin ist sowohl die für Ausbreitung elektromagnetischer Wellen im Nichtleiter verantwortliche *Wellengleichung*:

$$\Delta \mathbf{F} = \epsilon\mu\frac{\partial^2 \mathbf{F}}{\partial t^2} \tag{5.55}$$

als auch die für Stromverdrängung und Dämpfung in metallischen Leitern benötigte sogenannte *Wärmeleitungs–* oder *Diffusionsgleichung* enthalten:

$$\Delta \mathbf{F} = \kappa\mu\frac{\partial \mathbf{F}}{\partial t} \tag{5.56}$$

Diese Gleichung beschreibt, je nach gegebenen Randbedingungen, das Verhalten elektromagnetischer Vorgänge in leitfähigen Medien und ist gültig, solange die in der Telegraphengleichung enthaltene Verschiebungsstromdichte $\dot{\mathbf{D}}$ gegenüber der Leitungsstromdichte $\mathbf{J}$ vernachlässigt werden darf.

Alle drei Gleichungen sind partielle Differentialgleichungen im Zeitbereich. Da aber in der Elektrotechnik häufig bevorzugt und zweckmäßig mit harmonischen Zeitvorgängen gerechnet wird, und da die Telegraphengleichung eine lineare Differentialgleichung ist, darf man für die Zeitabhängigkeit im eingeschwungenen, also stationären Zustand einen komplexen Lösungsansatz machen:

$$\underline{F}(r, j\omega) = \underline{F}(r)\, e^{j\omega t} \tag{5.57}$$

Durch diesen komplexen *Separationsansatz* gelingt es, die Orts– und die Zeitabhängigkeiten voneinander zu trennen. Setzt man nämlich diesen Ansatz in die Telegraphengleichung (5.54) ein, so erhält man:

$$\Delta \underline{F}(r)\, e^{j\omega t} = j\omega\kappa\mu\, \underline{F}(r)\, e^{j\omega t} - \omega^2\epsilon\mu\underline{F}(r)\, e^{j\omega t} \tag{5.58}$$

Die Zeitabhängigkeit $e^{j\omega t}$ hebt sich heraus, und an Stelle der ursprünglichen partiellen Differentialgleichung für Ort und Zeit erhalten wir eine gewöhnliche Differentialgleichung, in der nur noch die Ortsabhängigkeit $\underline{F}(r)$ enthalten ist:

$$\Delta \underline{F}(r) = j\omega\kappa\mu\, \underline{F}(r) - \omega^2\epsilon\mu\, \underline{F}(r) \tag{5.59}$$

Orts– und Zeitabhängigkeit sind jetzt voneinander entkoppelt, die Differentialgleichung gilt für die Ortsabhängigkeit im zeitlich eingeschwungenen oder stationären Zustand. Zeitliche Einschalt– oder Ausgleichsvorgänge sind daher durch die Lösung dieser Differentialgleichung nicht erfaßbar. $j\omega\kappa\mu$ ist die bei Stromverdrängung in metallischen Leitern vorkommende Konstante und $\omega^2\epsilon\mu = \beta^2$ ist das Quadrat der *Phasenkonstanten* β, die bei Wellenausbreitung im Nichtleiter vorkommt und auch als *Wellenzahl* bezeichnet wird.

Schreibt man diese, im Frequenzbereich nur für Ortsabhängigkeiten gültige Differentialgleichung, für Leitungs– und Verschiebungsstrom an in der Form

$$\Delta \underline{F}(r) - \left(j\omega\kappa\mu - \omega^2\epsilon\mu\right)\underline{F}(r) = 0 \tag{5.60}$$

und kürzt ab: $\underline{k}^2 = +j\omega\kappa\mu - \omega^2\epsilon\mu$, dann ist

$$\boxed{\Delta \underline{F}(r) - \underline{k}^2\, \underline{F}(r) = 0}, \tag{5.61}$$

Dies ist eine *Helmholtz–Gleichung*. Läßt man nun Raumladungsdichten η (siehe die Poissongleichung) und Leitungsstromdichten **J** (siehe die Differentialgleichung des Vektorpotentials **A**) zu, dann lauten die Helmholtzgleichungen für die Ortsabhängigkeiten des Skalarpotentials ϕ und des Vektorpotentials **A** komplex im eingeschwungenen Zustand für Vakuum oder Luft, ohne Vorhandensein eines dämpfenden Mediums ($\kappa = 0$), siehe die Gln.(5.55) und (5.59):

$$\boxed{\Delta \underline{\phi} + k_0^2\, \underline{\phi} = -\frac{\eta}{\epsilon}} \qquad \text{und} \tag{5.62}$$

$$\boxed{\Delta\underline{\mathbf{A}} + k_0^2\,\underline{\mathbf{A}} = -\mu\underline{\mathbf{J}},} \qquad (5.63)$$

wobei wieder $k_0 = \beta = \omega\sqrt{\epsilon\mu}$ die reelle Wellenzahl oder Phasenkonstante ist. In Anlehnung an /4a/ benutzen wir ab hier k_0 statt β als Abkürzung für die Phasenkonstante oder Wellenzahl.

Mit freundlicher Erlaubnis von Herrn Singer lehnen wir uns bei den folgenden Betrachtungen und Bildern des Momentenverfahrens an /4a/ an. Wir rechnen jetzt im Frequenzbereich, da die Zeitabhängigkeit durch den komplexen Ansatz harmonischer Vorgänge herausgekürzt wurde. Wir unterscheiden nun diejenigen Volumenelemente v_q, innerhalb derer Leitungsstromdichte $\mathbf{J}$ und/oder elektrische Ladungsdichten η vorkommen, von jenen Linienelementen ds und Volumenelementen dv, die beim strom- und ladungsfreien Aufpunkt (Testpunkt) P vorkommen. Grund: Da nachher über die Strom- und Ladungsdichten integriert werden muß, während der jeweilige Aufpunkt P(x,y,z), in dem eine Feldgröße zu berechnen ist, örtlich konstant bleibt, sind Volumenelemente v_q und mit ihnen $\mathbf{J}$ und η als Feldursachen einerseits und Aufpunkte P andererseits mit voneinander verschiedenen Koordinaten zu versehen. Also v_q, $\mathbf{J}$ und η dann beispielsweise als Funktionen von (ξ, ψ, ζ).

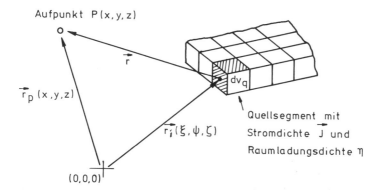

Bild 5.44: Volumenelement dv_q mit Stromdichte $\mathbf{J}$ und Raumladungsdichte η gegenüber Aufpunkt P und die zugehörigen Vektoren

Man beachte, daß Feldstärken die von elektrischen Ladungen oder von Linienelementen mit Strömen verursacht werden, mit $1/r^2$ (siehe Abschnitt Biot–Savart) abnehmen. Dagegen verringern sich Potentiale nur mit $1/r$, wenn

r der Abstand zum Ort ihrer Verursacher ist.

Die Lösungen der auch nach Helmholtz benannten Potentialgleichungen (5.62) und (5.63) für quellenerfüllte Volumenteile sind folgende beiden komplexen Volumenintegrale:

$$\underline{\phi} = \frac{1}{4\pi\epsilon} \iiint_{v_q} \frac{\eta(v_q)\, e^{-jk_0 r}}{r}\, dv_q \tag{5.64}$$

$$\underline{\mathbf{A}} = \frac{\mu}{4\pi} \iiint_{v_q} \frac{\mathbf{J}(v_q)\, e^{-jk_0 r}}{r}\, dv_q \tag{5.65}$$

Die Exponenten $-jk_0 r$ stellen eine Phasenbeziehung dar, die im Reellen als *Sinus* oder *Cosinus* des Arguments $k_0 r$ wirkt. Die elektrische und die magnetische Feldstärke können daraus hergeleitet werden. Besonders zu nennen ist zunächst der vielleicht nicht stets geläufige Zusammenhang der elektrischen Feldstärke $\mathbf{E}$ mit dem Vektorpotential $\mathbf{A}$. Aus

$$\mathbf{B} = rot\, \mathbf{A} \qquad \text{und} \qquad rot\, \mathbf{E} = -\frac{\partial \mathbf{B}}{\partial t} \qquad \text{wird} \tag{5.66}$$

$$rot\, \mathbf{E} = -\frac{\partial}{\partial t}\, rot\, \mathbf{A} \tag{5.67}$$

Die Differentiation nach der Zeit darf hinter rot gesetzt werden, weswegen:

$$rot\, \mathbf{E} = -rot\, \frac{\partial \mathbf{A}}{\partial t} \tag{5.68}$$

Daher erhält man den elektrischen Feldstärkeanteil aus dem Vektorpotential in komplexer Schreibweise für die Ortsabhängigkeit, bei hier, wegen harmonischer Vorgänge zulässigem Weglassen von rot, was eine Integration bedeutet, zu:

$$\underline{\mathbf{E}} = -\frac{\partial \mathbf{A}}{\partial t} = -j\omega \underline{\mathbf{A}}, \tag{5.69}$$

so daß die Feldstärken, verursacht durch Skalar- und Vektorpotential, lauten:

$$\underline{\mathbf{E}} = -grad\, \underline{\phi} - j\omega \underline{\mathbf{A}} \qquad \text{und wegen Gl.(5.66):} \tag{5.70}$$

$$\mathbf{H} = \frac{1}{\mu}\, rot\ \mathbf{A} \tag{5.71}$$

Die Leitungsstromdichte $\mathbf{J}$ und die Raumladungsdichte η hängen zusammen. Man denke dabei beispielsweise an einen Kondensator, in dem Leitungsstromdichte der Metallplatten in Verschiebungsstromdichte des Dielektrikums übergeht. Diese Gesamtstromdichte ist quellenfrei:

$$div\ (\mathbf{J} + \dot{\mathbf{D}}) = 0 \qquad \text{und daher} \qquad div\ \mathbf{J} = -div\ \frac{\partial \mathbf{D}}{\partial t} \tag{5.72}$$

Für wiederum harmonische Vorgänge mit dem komplexen Lösungsansatz $\underline{\mathbf{D}} = \mathbf{D}e^{j\omega t}$ kann die Zeitabhängigkeit beiderseits gekürzt werden, und man erhält die komplexen Ortsabhängigkeiten zu:

$$div\ \underline{\mathbf{J}} = -j\omega\ div\ \underline{\mathbf{D}} = -j\omega\eta \tag{5.73}$$

Setzt man die Gleichungen (5.64) und (5.65) in Gl.(5.70) ein und substituiert zusätzlich η durch Gl.(5.73), dann erhält man das etwas aufwendige Volumenintegral:

$$\begin{aligned}
\underline{\mathbf{E}} =\ & \frac{-j}{4\pi\epsilon\omega} \iiint div\ \underline{\mathbf{J}}(v_q)\ grad\ \frac{e^{-jk_0 r}}{r}\ dv_q \\
& - \frac{j\omega\mu}{4\pi} \iiint \frac{\underline{\mathbf{J}}(v_q)\, e^{-jk_0 r}}{r}\ dv_q
\end{aligned} \tag{5.74}$$

Eine Integration dieses Ausdrucks längs einer Linie s ergibt die längs s entstehende elektrische Spannung:

$$\begin{aligned}
U_{12} =\ & \int_{s_1}^{s_2} \left[\frac{-j}{4\pi\epsilon\omega} \iiint div\ \underline{\mathbf{J}}(v_q)\ grad\ \frac{e^{-jk_0 r}}{r}\ dv_q \right. \\
& \left. - \frac{j\omega\mu}{4\pi} \iiint \frac{\underline{\mathbf{J}}(v_q)\, e^{-jk_0 r}}{r}\ dv_q \right]\ d\mathbf{s}
\end{aligned} \tag{5.75}$$

Man beachte, daß der erste Teil des Integrals vom Skalarpotential ϕ, also von bewegten Ladungen herrührt, während der zweite Teil vom Vektorpotential $\mathbf{A}$, also von Leitungsströmen verursacht ist. Ferner mag den Leser beruhigen, daß nachfolgend beschrieben wird, wie die elektrische Spannung bei kleinen Linienelementen ausgeführt wird: nicht durch Integration, sondern durch Multiplikation mit Elementen $\Delta\mathbf{s}$.

5.4.2   Hinweise zu den Anwendungen

Das Verfahren ist ein Näherungsverfahren und eignet sich zur Feldberechnung besonders bei hohen Frequenzen. Soweit Stromkreise aus Draht verwendet werden, betrachtet man diese zweckmäßigerweise als Dünndrahtgebilde. Dabei wird der Strom, der bei Niederfrequenz im ganzen Querschnitt, bei sehr hohen Frequenzen aber nur an der Leiteroberfläche vorkommt, ersatzweise in einen Linienleiter in der Achse des realen Leiters verlegt. (Dieses Vorgehen wurde schon im vorangehenden Abschnitt 5.3 bei der numerischen Behandlung von Biot–Savart besprochen.) Diese Modellbildung ist für Feldberechnungen mit dem Momentenverfahren häufig sinnvoll.

Werden flächenhafte Gebilde, also Metallflächen von Strom durchflossen, so sind diese durch ein Gitternetz, bestehend aus kreuz und quer verlaufenden und sich galvanisch berührenden Linienleitern zu ersetzen. Siehe Bild 5.45.

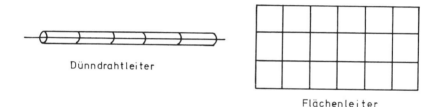

Dünndrahtleiter

Flächenleiter

Bild 5.45: Links realer Leiter, ersetzt durch einen Linienleiter in seiner Achse. Rechts eine durch ein Gitternetz aus Linienleitern ersetzte Metallfläche

Durch diese Modellbildung können nach /4a/ sogar Ströme an der Oberfläche von Flugzeugen und Kraftfahrzeugen berechnet werden.

5.4.3   Vereinfachungen bei Dünndrahtanordnungen

Das zur Berechnung der elektrischen Feldstärke angegebene Volumenintegral vereinfacht sich bei Linienleitern zu einem Linienintegral, das längs des stromführenden Linienleiters auszuführen ist. Auch hat man sich die Raumladungsdichten nicht räumlich ausgedehnt, sondern längs von Linienleitern, auf diesen angeordnet, vorzustellen.

Ferner ist zu beachten, daß der ganze Leitungsstrom I in dem fiktiv unendlich dünn gedachten Linienleiter vorkommt. Wir betrachten deswegen hier richtungsbehaftet den Gesamtstrom I eines Linienleiters und nicht dessen nicht berechenbare Stromdichte $\mathbf{J}$ (deren Betrag in der Modellbildung unendlich wäre!). Es geht also der skalare Strom über in einen Strom mit Vektoreigenschaft: I in $\mathbf{I} = I \cdot \mathbf{e_{s_q}}$; denn eine Stromdichte und ein Querschnitt sind bei dem unendlich dünnen Leiter nicht mehr definierbar. Durch diese Maßnahme dürfen wir die Divergenz, die nur auf einen Vektor anzuwenden ist, auf den Linienstrom $\underline{\mathbf{I}}$ (mit z.B. komplexen Amplituden) anwenden:

$$div\ \underline{\mathbf{I}} = \frac{\partial \underline{\mathbf{I}}(s_q)}{\partial s_q} \tag{5.76}$$

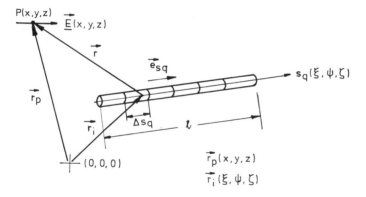

Bild 5.46: Zur Geometrie von realem Leiter mit seinem Linienleiter, Aufpunkt P(x,y,z) und Koordinatenursprung. $\mathbf{r} = \mathbf{r}_p(x, y, z) - \mathbf{r}_i(\xi, \psi, \zeta)$

Und aus dem dreidimensionalen Gradienten wird nach Gl.(5.75):

$$grad\ \frac{e^{-jk_0 r}}{r} = \frac{\partial}{\partial s}\left(\frac{e^{-jk_0 r}}{r}\right) \tag{5.77}$$

Daher erhalten wir die elektrische Feldstärke aus Gl.(5.74) für Linienleiter einfacher zu:

$$\underline{E} = -\frac{j}{4\pi\epsilon\omega} \int_0^\ell \frac{\partial \underline{I}(s_q)}{\partial s_q} \frac{\partial}{\partial s}(\frac{e^{-jk_0 r}}{r}) \, \mathbf{e_s} \, ds_q$$

$$- \frac{j\omega\mu}{4\pi} \int_0^\ell \underline{I}(s_q) \, \mathbf{e_{sq}} \, \frac{e^{-jk_0 r}}{r} \, ds_q \tag{5.78}$$

Und die zugehörige elektrische Spannung längs eines Linienelements k der kleinen Länge Δs beim Aufpunkt P ist:

$$\underline{U}_k = \underline{E} \, \Delta\mathbf{s} = -\frac{j}{4\pi\epsilon\omega} \int_0^\ell \frac{\partial \underline{I}(s_q)}{\partial s_q} \frac{\partial}{\partial s}(\frac{e^{-jk_0 r}}{r}) \, \mathbf{e_s} \, ds_q \, \Delta\mathbf{s}$$

$$- \frac{j\omega\mu}{4\pi} \int_0^\ell \underline{I}(s_q) \, \mathbf{e_{sq}} \, \frac{e^{-jk_0 r}}{r} \, ds_q \, \Delta\mathbf{s} \tag{5.79}$$

Bisher haben wir die elektrische Feldstärke nur im Aufpunkt P betrachtet. Ist dort aber ein, wenn auch nur gedachter Linienleiter, so kann auch in ihm zum Beispiel durch Strahlung eine elektrische Feldstärke und eine Spannung entstehen. Dies betrifft den linken Leiter von Bild 5.47.

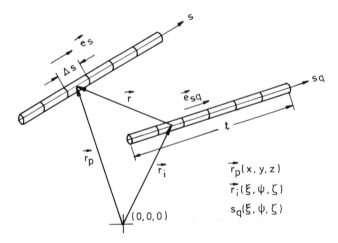

Bild 5.47: Rechts der stromführende Linienleiter $s_q(\xi, \psi, \zeta)$, links ein Linien-leiter durch den Aufpunkt P(x,y,z)

5.4.4 Basisfunktionen für die Stromverteilung

Eine Hauptaufgabe des Momentenverfahrens besteht darin, die oft unbekannte Stromverteilung in flächenhaften Gebilden, aber auch in Drähten (Linienleitern), beispielsweise längs einer Stabantenne, zu ermitteln. Dazu sind einfache mathematische Funktionen vorzusehen. Zu ihrer Realisierung werden Drähte in Linienleiter und diese in Liniensegmente und die Oberflächen flächenhafter Leiter in diskrete Linienleiter (Bild 5.45 rechts) und diese auch in Liniensegmente unterteilt.

Über jedes dieser Liniensegmente wird als einfache Stromfunktion bevorzugt eine Dreieckfunktion oder ein Sinusteilbogen angenommen. Im Bild 5.48 wurde ein Stromverlauf mit Dreieckfunktionen über jedes Segment so angesetzt, daß die Dreieckfunktion nach beiden Seiten hin noch die Hälfte des Nachbarsegments überlagert. Dadurch kann ein stetiger Stromverlauf längs der Linie s_q erreicht werden. Die vorläufig noch unbekannten Strommaxima $\ldots, I_{i-1}, I_i, I_{i+1}, \ldots$ befinden sich hier in der Mitte eines jeden Segments.

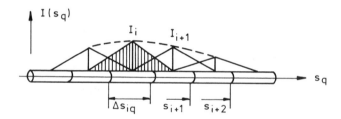

Bild 5.48: Nachbildung des Stromverlaufs längs eines Linienleiters durch Dreieckfunktionen

5.4.5 Praxis des Momentenverfahrens bei Drahtgebilden

Das Integral für die Spannung nach Gl.(5.79) wird wegen der Segmentierung bei der praktischen Anwendung zu einer einfachen Summe über n Segmente. Die genannte Spannung nimmt die Form an:

$$U = \sum_{i=1}^{n} \underline{Z}_{pi}\, \underline{I}_i = \underline{Z}_{p1}\underline{I}_1 + \underline{Z}_{p2}\underline{I}_2 + \ldots\ldots + \underline{Z}_{pi}\underline{I}_i + \ldots\ldots + \underline{Z}_{pn}\underline{I}_n. \qquad (5.80)$$

Der Index p kennzeichnet das Segment beim Aufpunkt P. Der Index i ist der laufende Index des Quellenstromsegments. Die komplexen Koppel-Widerstände $\underline{Z}_{ki}$ beinhalten nach /4a/ die Größen, die in den beiden Integranden der Integrale nach Gl.(5.79) enthalten sind. Dazu gehören sowohl die Geometrie der Anordnung als auch die Form der angenommenen Stromfunktionen. Dies sind nach Bild 5.48 Dreieckfunktionen. Ebenso ist die Beeinflussung des Aufpunktsegments Δs durch den Quellenstrom im Segment Δs_q enthalten.

Als Randbedingung ist die resultierende Spannung bekannt, da eingeprägt. Längs eines als *ideal* angenommenen Leiters ist sie null. Nur am Ort der Quelle ist $\underline{U}_0$ einzusetzen. Bei einem Dipol als Beispiel an der Einspeisungsstelle. Siehe Bild 5.49.

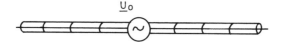

Bild 5.49: Beispiel für die Einspeisung an einem Dipol

Die Spannung kann für jedes Segment als bekannte Quelle angegeben werden, so daß man n Quellen für n unbekannte Stromamplituden in den einzelnen Segmenten hat. Damit erhält man ein lineares Gleichungssystem n-ten Grades:

$$
\begin{bmatrix}
\underline{Z}_{11} & \cdots & \underline{Z}_{1i} & \cdots & \underline{Z}_{1n} \\
\cdot & \cdots & \cdot & \cdots & \cdot \\
\cdot & \cdots & \cdot & \cdots & \cdot \\
\cdot & \cdots & \cdot & \cdots & \cdot \\
\underline{Z}_{k1} & \cdots & \underline{Z}_{ki} & \cdots & \underline{Z}_{kn} \\
\cdot & \cdots & \cdot & \cdots & \cdot \\
\cdot & \cdots & \cdot & \cdots & \cdot \\
\cdot & \cdots & \cdot & \cdots & \cdot \\
\underline{Z}_{n1} & \cdots & \underline{Z}_{ni} & \cdots & \underline{Z}_{nn}
\end{bmatrix}
\cdot
\begin{bmatrix}
\underline{I}_1 \\ \cdot \\ \cdot \\ \cdot \\ \underline{I}_i \\ \cdot \\ \cdot \\ \cdot \\ \underline{I}_n
\end{bmatrix}
=
\begin{bmatrix}
\underline{U}_1 \\ \cdot \\ \cdot \\ \cdot \\ \underline{U}_k \\ \cdot \\ \cdot \\ \cdot \\ \underline{U}_n
\end{bmatrix}
\qquad (5.81)
$$

Man gewinnt so die unbekannten Ströme $[\underline{I}_i]$ durch Auflösen des Gleichungssystems.

Wenn auf diese Weise die Stromverteilung berechnet worden ist, können daraus alle interessierenden Systemgrößen wie $\mathbf{E}$ oder $\mathbf{H}$ oder, bei Antennen, Strahlungsdiagramme aus den Gleichungen $\mathbf{E} = -grad\ \phi - j\omega\mathbf{A}$ bzw. aus $\mathbf{H} = rot\ \mathbf{A}/\mu$ ermittelt werden.

Das Verfahren kann auch bei nicht idealen Leitern verwendet werden. In diesem Fall ist die Widerstandsspannung eines Segments $I_i \cdot R_i$ von der Spannung des idealen Leiters (also von 0 oder U_0) zu subtrahieren. Siehe Bild 5.50.

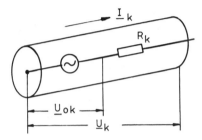

Bild 5.50: Spannungen an einem realen Leitersegment mit endlichem Verlust-widerstand

Die k–te Zeile des Gleichungssystems bekommt dann die Form:

$$\sum_{i=1}^{n} \underline{Z}_{ki}\underline{I}_i = \underline{U}_k = \underline{U}_{0k} - R_k\underline{I}_k \tag{5.82}$$

Das Produkt $R_k\underline{I}_k$ wird auf die linke Seite der Gleichung gebracht, da der Strom noch unbekannt ist, so daß für das Segment k folgende Gleichung entsteht:

$$\sum_{i=1}^{n} \underline{Z}_{ki}\underline{I}_i + R_k\underline{I}_k = \underline{U}_{0k}, \tag{5.83}$$

wodurch das Diagonalelement $\underline{Z}_{kk}$ der Matrix auf den Wert $\underline{Z}_{kk} + R_k$ vergrößert wird. Bei genauerer Rechnung genügt es nicht, mit R_k alleine zu arbeiten. Man muß dann den komplexen Widerstand $R_k + j\omega L_k$ berücksichtigen. L_k ist die innere Induktivität des Leitersegments k.

Mit der bisher beschriebenen Methode lassen sich Drahtgebilde mit idealisiert unendlich dünnen Linienleitern untersuchen. Allerdings wird auf die besondere Behandlung von Linienleitern (siehe Biot–Savart, Abschnitt 5.3) hingewiesen.

Bei stromführenden Flächen ist ein schon erwähntes Gitternetz von sich
berührenden Linienleitern an der Oberfläche der leitfähigen Flächen vorzusehen. Nach /4a/ lassen sich damit noch recht gut Resonanzfrequenzen
oder Stromverteilungen an Oberflächen, unter dem Einfluß eines von außen
einfallenden Feldes, weniger gut jedoch Schirmwirkungen berechnen.

5.4.6   Flächenstrukturen

Bei hochfrequenten Vorgängen darf angenommen werden, daß Metallkörper (z.B. PKWs, Flugzeuge) nur Oberfächenströme führen. Die Oberflächen
solcher Metallkörper sind daher mit Gitternetzen aus Linienleitern mit
senkrecht aufeinander stehenden Richtungen zu segmentieren. Sie werden von
einem flächenhaften Strombelag $\mathbf{j}_a$ durchflossen. Zwar gibt es eine Vielzahl
von Segmentierungsmöglichkeiten von Metallflächen, wie beispielsweise Dreiecke, Rechtecke, Trapezflächen, Sechsecken u.a. Jedoch dürfte die Zerlegung
in Rechtecke nach Bild 5.45 rechentechnisch am einfachsten sein.

Soll zum Beispiel die Schirmwirkung eines Käfigs bei Vorhandensein von
Öffnungen berechnet werden, dann ist eine Nachbildung der Stromverteilung
auf der Oberfläche des Käfigs auch durch jeweils zwei Stromdichtevektoren
mit senkrecht aufeinander stehenden Einheitsvektoren erforderlich. An Stelle
eines Volumenintegrals beschreibt jetzt ein Flächenintegral die Vorgänge:

$$
\begin{aligned}
\underline{\mathbf{E}} \;=\; & \frac{-j}{4\pi\epsilon\omega} \iint\limits_{a_q} div\,\underline{\mathbf{j}}_a \;\; grad\frac{e^{-jk_0 r}}{r}\,da_q \\[2ex]
& - \frac{j\omega\mu}{4\pi} \iint\limits_{a_q} \frac{\underline{\mathbf{j}}_a\,e^{-jk_0 r}}{r}\,da_q
\end{aligned}
\tag{5.84}
$$

$\mathbf{j}_a$ ist der reelle Strombelag als flächenhafte Stromdichte auf der noch nicht
segmentierten sehr dünnen, folienartigen, stromführenden Oberfläche eines
Metallkörpers. $\mathbf{j}_a$ hat die Einheit A/m, also A pro m durchsetzte Breite
(und nicht A/m^2). Man unterscheide hier den z.B. in komplexen Amplituden
angeschrieben, von den drei Ortskoordinaten abhängigen Strombelag $\underline{\mathbf{j}}_a$ von
der üblichen Stromdichte $\mathbf{J}$ und beide von der imaginären Einheit $j = \sqrt{-1}$.

Bild 5.51 zeigt als Beispiel, wie die Stromfunktionen als Satteldach den
Rechteck–Segmenten zugeordnet werden kann. Für die x– und die y–Richtung

sind jeweils solche Stromdächer vorzusehen. Im Bild 5.51 überdeckt jedes Stromdach gerade zwei Segmente, was als Beispiel dienen mag, aber in dieser Art nicht zwingend ist. Die Aufteilung von Flächenströmen in senkrecht aufeinander stehende Linienströme (Rechtecksegmente) hat den Vorteil, daß ihre Zusammensetzung wie gewohnt, als Wurzel aus dem Quadrat der der Komponenten ermittelt werden kann.

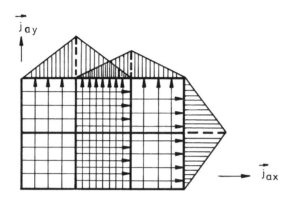

Bild 5.51: Rechtecksegmentierung eines flächenhaften Strombelags mit eingezeichneten Stromfäden in x– und y–Richtung

Singer, /4a/, charakterisiert Dünndrahtanordnungen durch folgende Hinweise:
    Wellenlänge λ >> Leiterradius r_0 und
    Leiterlänge ℓ >> Leiterradius r_0.

Dazu empfohlene Mindestwerte:
    $\lambda/r_0 \geq 15.....20$ und
    $\ell/r_0 \geq 15.....20$.

5.4.7   Elektromagnetische Anregungen

Nach Singer sind folgende Anregungsarten möglich:

• Spannungsquellen mit vorgegebener Amplidude oder Leistung,
• ein ebenes Wellenfeld,
• ein eingeprägter Strom, Beispiel Blitz.

Allerdings wird daran erinnert, daß die Gleichungen zur Berechnung der elektrischen Feldstärke für harmonische Größen im eingeschwungenen Zustand hergeleitet wurden. Mit diesen Gleichungen kann kein Einschaltvorgang im Zeitbereich berechnet werden. Blitzauswirkungen können daher einigermaßen real nur berechnet werden, wenn man ihn als zeitabhängigen Schaltvorgang, zum Beispiel als Impuls, mittels der Fouriertransformation in stationär vorhandene harmonische Sinusschwingungen zerlegt. Ihre Summe ist dann als als harmonische Anregung im Frequenzbereich anzusetzen.

Die Art der Anregung bestimmt die rechte Seite des Gleichungssystems.

5.4.8 Praxis des Momentenverfahrens

Der Leser tut gut daran, die vielen Formeln der theoretischen Herleitung vorübergehend zu vergessen, um sich den praktischen Anwendungen voll zuwenden zu können.

Das Verfahren eignet sich vorwiegend zur näherungsweisen Berechnung von hochfrequenten Vorgängen im Frequenzbereich mit Leiterlängen in der Größenordnung der Wellenlängen. Damit sind die Berechnungen von Strahlungsvorgängen und deren Einfluß auf örtliche Abhängigkeiten der Feldgrößen wie **E** und **H** möglich.

Da die Leiterlängen mit der Wellenlänge oder Teilen davon gleich sind, können Längswiderstände der Leiter häufig vernachlässigt werden. Will man aber genauer rechnen, so können durchaus auch die Verlustwiderstände R und die inneren Induktivitäten L_i der realen Leiter den Segmenten der Linienleiter zugeordnet werden (siehe Abschnitt 5.4.5).

Übliche Vorgehensweise

1. Alle Leiter sind zu segmentieren. Dabei sind mindestens 8 Segmente pro Wellenlänge vorzusehen.

2. Damit das Ergebnis einen möglichst geglätteten Stromverlauf ergibt, sind über jedem Leitersegment nach links und nach rechts hin um ein halbes Segment überlappend, Dreieck- oder Sinusteilbögen als Basisfunktionen mit einem Strommaximum I_i das später berechnet wird, anzusetzen.

3. Die komplexe Kopplungsmatrix (Singer, /4a/: "Kopplungsimpedanzmatrix") ist aufzustellen. Dabei versteht man unter der *Kopplungsmatrix*

die Matrix aus den komplexen Kopplungswiderständen $\underline{Z}_{ik}$, die sowohl die Kopplung der Nachbarsegmente miteinander, als auch die Kopplung eines Leiters mit einem anderen Leiter oder Stromkreis betreffen. Siehe hierzu das folgende Beispiel 2.

Die komplexen Kopplungswiderstände $\underline{Z}_{ik}$ enthalten fast alle Größen, die in den theoretisch hergeleiteten Integralen implizit enthalten sind.

Aber Achtung: Die mit der Fläche eines Stromkreises zusammenhängenden äußeren Induktivitäten von Stromkreisen und die Gegeninduktivitäten passen nicht so recht in das System der Momentenmethode, da sie nicht ohne weiteres einzelnen Leitersegmenten zugeordnet werden können und da bei ihnen mit Niederfrequenz örtliche Gleichzeitigkeiten vorausgesetzt werden. Sie werden vernachlässigt, was oft zulässig ist, wenn z.B. Lastwiderstände wesentlich größer sind als der induktive Widerstand der äußeren Induktivität ωL_a.

4. Als elektrische Anregungen kommen eingeprägte Spannungen und Ströme, aber auch das E–Feld einer elektromagnetischen Welle in Frage. Falls der Blitz mit einem einprägenden Strom anregend wirkt, ist auch der Blitzpfad zu segmentieren! Wirkt aber das E–Feld einer ankommenden elektromagnetischen Welle anregend, dann sind die entsprechenden, zum Beispiel alle Leitersegmente der Linienleiter, als Teilspannungen $\mathbf{E} \cdot \Delta s$ anzusetzen. Δs ist die einheitliche Segmentlänge eines Linienleiters innnerhalb eines zu lösenden Problems. Alle Anregungen stehen dann auf der rechten Seite des Gleichungssystems (siehe die Gln.(5.85) und (5.86)).

5. Das Gleichungssystem ist bei Spannungsanregung nach den unbekannten Strömen aufzulösen. Dabei werden die komplexen Strommaxima $\underline{I}_i$ in der Mitte der Segmente berechnet.

6. Sind sie bekannt, so können daraus die gesuchten Feldgrößen wie z.B. E oder H als ortsabhängige Größen berechnet werden.

7. Festlegung von Randwerten: Wann immer kurze Leitungslängen (z.B. $\lambda/4$) vorkommen, dürfen die realen Leiter als verlustlos angenommen werden. Dann sind ihre Oberflächen Äquipotentialflächen. Infolge dessen steht das elektrische Feld auf den ersatzweise verwendeten Linienleitern senkrecht. Berücksichtigt man jedoch bei etwas längeren Leitungen der besseren Genauigkeit wegen Verlustwiderstände der realen Leiter oder sogar deren innere Induktivitäten, dann steht der E–Vektor wegen der Widerstandsspannung längs des Leiters natürlich schräg auf den Linienleitern. Eine Antenne hat als Randwert am Antennenende stets den Leiterstrom null.

Magnetische Feldstärken gehen stetig vom Leiter nach außen über.

8. Die Rechenergebnisse sollten, der getroffenen Vereinfachungen wegen, unbedingt mit plausiblen und überschaubaren Faustregeln überprüft werden.

Die einfachsten Beispiele der Momentenmethode sind die am Boden eingespeiste Stababtenne und der in der Mitte gespeiste einfache Dipol (ohne Metallteile in deren Nähe).

Erstes Beispiel

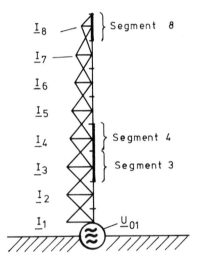

Bild 5.52: Stabantenne über dem Erdboden mit 8 Leitersegmenten und den darüber gezeichneten Dreieck–Basisfunktionen. $\underline{I}_i$ sind die zu berechnenden komplexen Strommaxima jeweils in Segmentmitte

Eine Stabantenne werde nach Bild 5.52 direkt am Erdboden mit einer harmonischen Hochfrequenzspannung von konstanter Amplitude gespeist. Üblicherweise haben solche Stabantennen die Länge $\lambda/4$. Dann ist die Stromstärke an der Einspeisung ein Strombauch und am Antennenende ein Stromknoten, wodurch die Randbedingung am Antennenende automatisch erfüllt wäre. Die Länge $\lambda/4$ ist aber für das Momentenverfahren keineswegs zwingend!

Obwohl nur 8 Segmente pro Wellenlänge minimal erforderlich sind, wählen wir für den Antennenstab auch 8 Segmente, um einen genaueren Stromverlauf und eine bessere Feldberechnung durchführen zu können.

Die Strommaxima $\underline{I}_i$ in Segmentmitte sind zu berechnen. Sie sind ortsabhängig und, da harmonische Spannungen vorausgesetzt worden waren, je nach Definition entweder komplexe Spitzen- oder komplexe Effektivwerte. Daraus kann dann beispielsweise die elektrische Feldstärke in einer Ebene, die durch den Antennenstab geht, berechnet werden.

Einfachste Vorgehensweise: Die Antenne sei ein idealer, verlustloser Leiter. Wegen der acht Segmente und der Einspeisung im Segment $\Delta \underline{s}_1$ hat das Gleichungssystem mit der Kopplungsmatrix das folgende Aussehen:

$$
\begin{bmatrix}
\underline{Z}_{11} & \underline{Z}_{12} & \cdots & \cdots & \cdots & \cdots & \cdots & \underline{Z}_{18} \\
\underline{Z}_{21} & \underline{Z}_{21} & \cdots & \cdots & \cdots & \cdots & \cdots & \cdots \\
\underline{Z}_{31} & \cdots & \cdots & \cdots & \cdots & \cdots & \cdots & \cdots \\
\cdots & \cdots & \cdots & \cdots & \cdots & \cdots & \cdots & \cdots \\
\cdots & \cdots & \cdots & \cdots & \cdots & \cdots & \cdots & \cdots \\
\cdots & \cdots & \cdots & \cdots & \cdots & \cdots & \cdots & \cdots \\
\underline{Z}_{71} & \cdots & \cdots & \cdots & \cdots & \cdots & \cdots & \underline{Z}_{78} \\
\underline{Z}_{81} & \underline{Z}_{82} & \cdots & \cdots & \cdots & \cdots & \underline{Z}_{87} & \underline{Z}_{88}
\end{bmatrix}
\cdot
\begin{bmatrix}
\underline{I}_1 \\ \underline{I}_2 \\ \underline{I}_3 \\ \underline{I}_4 \\ \underline{I}_5 \\ \underline{I}_6 \\ \underline{I}_7 \\ \underline{I}_8
\end{bmatrix}
=
\begin{bmatrix}
\underline{U}_{10} \\ 0 \\ 0 \\ 0 \\ 0 \\ 0 \\ 0 \\ 0
\end{bmatrix}
\tag{5.85}
$$

Zweites Beispiel

Auch aus Gonschorek/Singer, /4a/, entnehmen wir dieses zweite Beispiel. Eine Stabantenne über dem Erdboden wird mit Wechselspannung von konstanter Amplitude gespeist. In einiger Entfernung existiert rechteckförmig über dem Erdboden eine Dünndrahtanordnung. Sie ist in m Liniensegmente unterteilt und wird beim Element m ebenfalls von einem Spannungsgenerator gespeist. Die Antenne wurde in N-m Liniensegmente unterteilt. Diese wird im Fußpunkt beim Segment n=m+1 mit einem Spannungsgenerator eingespeist. Bild 5.53 zeigt die Anordnung.

Bei der Berechnung dieses Beispiels wurden die Dünndrahtanordnungen als ideal angenommen, so daß keine Widerstandsspannungen längs der Leitersegmente auftreten.

In die Zeilen n und m des folgenden Gleichungssystems sind die anregenden komplexen Spannungen eingebracht, da sie bei den Segmenten n und m

wirken. Alle anderen Segmente haben die Quellenspannung null, weswegen
auch rechts im Gleichungssystem bei den entsprechenden Zeilen eine Null
steht. Die Einstrahlung der elektrischen Feldstärke auf den Rechteckleiter ist
zu berücksichtigen. Die Gegeninduktivität und die äußere Induktivität des
Rechtecks werden vernachlässigt.

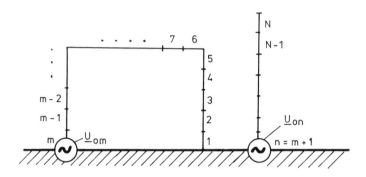

Bild 5.53: Stabantenne und rechteckförmiger Linienleiter mit je einer
          eingeprägten harmonischen Spannung

$$
\begin{bmatrix}
\underline{Z}_{11} & \underline{Z}_{12} & . & . & \underline{Z}_{1N} \\
\underline{Z}_{21} & . & . & . & \underline{Z}_{2N} \\
. & . & . & . & . \\
. & . & . & . & . \\
\underline{Z}_{m1} & . & . & . & \underline{Z}_{mN} \\
\underline{Z}_{n1} & . & . & . & \underline{Z}_{nN} \\
. & . & . & . & . \\
. & . & . & . & . \\
\underline{Z}_{N1} & . & . & . & \underline{Z}_{NN}
\end{bmatrix}
\cdot
\begin{bmatrix}
\underline{I}_1 \\
\underline{I}_2 \\
. \\
. \\
\underline{I}_m \\
\underline{I}_n \\
. \\
. \\
\underline{I}_N
\end{bmatrix}
=
\begin{bmatrix}
0 \\
0 \\
. \\
. \\
\underline{U}_{0m} \\
\underline{U}_{0n} \\
. \\
. \\
0
\end{bmatrix}
\tag{5.86}
$$

Das Gleichungssystem ist wieder zu lösen, dann sind die Ströme $\underline{I}_i$ in den
einzelnen Liniensegmenten bekannt.

Abschließende Bemerkungen

Weitere Anregungen und Beispiele, auch mit Strahlungs– und Vektordiagram-
men von Antennen, findet der Leser in /4a/. Die dort gerechneten Beispiele

wurden mit dem Computer–Programmsystem CONCEPT ermittelt. Beim
Einsetzen eines solchen Programms ist es sehr wichtig, dessen Grundlagen,
Voraussetzungen und Vereinfachungen zu kennen, um sinnvoll damit umgehen
zu können.

Die Beispiele zeigen, daß die Praxis des Momentenverfahrens einfacher
durchzuführen ist, als dies beim Lesen der theoretischen Grundlagen erwartet
wird. Ja, die Praxis des Verfahrens ist ohne die Verwendung der dort
angeschriebenen komplizierten Integrale durchzuführen.

Will man aber mit dem Momentenverfahren auch Einschaltvorgänge berechnen, dann sind die einmaligen, nichtperiodischen Schaltanregungen (Impuls,
Impulspaket, Spannungssprung etc.) zum Beispiel mittels der Fouriertransformation in streng periodische Eingangsgrößen zu zerlegen. Der davon
tatsächlich verwendete Frequenzbereich mit unterer Grenzfrequenz f_u und
oberer Grenzfrequenz f_O sind von Bedeutung.

Die obere Grenzfrequenz f_O wird bestimmt durch die maximal noch darzu-
stellende Flankensteilheit, die vom Oberschwingungsgehalt abhängt. Da
gefordert wurde, Segmentzahl/Wellenlänge ≥ 8, hängt unter Umständen auch
die Länge der Linienleiter–Segmente von der Wellenlänge $\lambda = 1/(f\sqrt{\epsilon\mu})$ ab.

Als untere Grenzfrequenz f_u wählt man zweckmäßig nicht $0\,Hz$, sondern eine
Frequenz f_u die von der Länge eines z.B. Eingangsimpulses abhängt. Dadurch
entsteht ein Hochpaßverhalten.

Schon aus diesen Näherungen, aber auch aus dem Fehlen von Gegeninduktivitäten und äußeren Induktivitäten von Stromkreisen erkennt man, daß die
mit diesem Verfahren zu gewinnenden Lösungen teilweise mit wesentlichen
Unsicherheiten verbunden sind. Daher ist stets eine kritische Beurteilung
des Verfahrens und eine ingenieurmäßige Abschätzung zwischen rechentechni-
schem Aufwand einerseits und Toleranz der Ergebnisse andererseits erforderlich.

Im Einzelfall sollte auch durchaus überlegt werden, ob es sinnvoll ist,
ein Verfahren auch dann anzuwenden, wenn andere Verfahren, bei denen
keine wesentlichen Einschränkungen zu machen sind, Beispiel: Laplace–
Transformation, vorteilhafter und mit geringerer Unsicherheit der Rechenergebnisse angewandt werden können. Dies gilt insbesondere bei Aufgaben
im niederfrequenten Bereich, wo die Wellenlängen klein sind gegenüber den
Leitungslängen.

5.5 Das Monte – Carlo – Verfahren

Dieses Verfahren beruht auf dem Mittelwertsatz der Potentialtheorie. Er gestattet, das Potential im Mittelpunkt einer Kugel als Mittelwert der Potentiale der Kugeloberfläche zu berechnen. Gehen die verschiedenen Potentiale auf der Kugeloberfläche kontinuierlich in einander über, dann können wir ein Integral anschreiben:

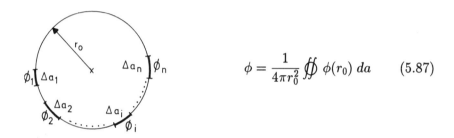

$$\phi = \frac{1}{4\pi r_0^2} \oiint \phi(r_0)\, da \qquad (5.87)$$

Bild 5.54: Kugel und Mittelwertsatz der Potentialtheorie

Will man mit Teilflächen von unterschiedlichem Potential rechnen, dann wird aus dem Integral eine Summe:

$$\phi \approx \frac{1}{\sum_{i=1}^{n} \Delta a_i} \sum_{i=1}^{n} \phi_i \Delta a_i \qquad (5.88)$$

Dabei können die einzelnen Δa_i verschieden groß sein. Sind diese jedoch gleich groß, so wird die Formel etwas einfacher:

$$\phi \approx \frac{1}{n\,\Delta a} \sum_{i=1}^{n} \phi_i \Delta a \;=\; \frac{1}{n} \sum_{i=1}^{n} \phi_i \qquad (5.89)$$

Das Monte–Carlo–Verfahren ist eine statistische Weiterentwicklung dieser Formel.

Ein elektrisches Feld soll berechnet werden. Wir wählen als Ränder der Einfachheit halber zwei Elektroden, die aber keineswegs parallel zueinander sein müssen und an unterschiedlichem elektrischem Potential liegen. Es soll sich für diese Erklärung um ein ebenes Feld handeln, was für den allgemeinen Fall nicht zwingend ist.

Am einfachsten überziehen wir in Gedanken den felderfüllten Bereich mit einem Rechtecknetz. Im Feldpunkt P soll das Potential ermittelt werden.

Ausgegehend von P bewegt man sich in horizontalen und vertikalen Schritten, gelenkt von einem Zufallsgenerator, vom Feldpunkt P bis zur oberen oder bis zur unteren Elektrode. Dies muß sehr häufig geschehen.

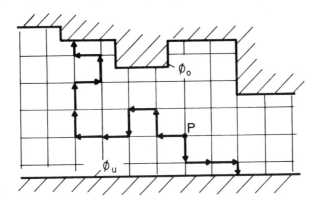

Bild 5.55: Feldberechnung nach dem Monte–Carlo–Verfahren

Hat man insgesamt N Versuche, so wird man n_u–Male unten beim Potential ϕ_u und n_o–Male oben beim Potential ϕ_o ankommen. Dabei gilt:

$$N = n_u + n_o \tag{5.90}$$

Nur wenn N eine hinreichend große Zahl ist, erhält man das Potential des Startpunktes P als statistischen Wert zu:

$$\boxed{\phi_P \approx \frac{1}{n_u + n_o}(n_u\,\phi_u + n_o\,\phi_o) \;=\; \frac{1}{N}(n_u\,\phi_u + n_o\,\phi_o)} \tag{5.91}$$

So ist man beispielsweise 100 Male vom Punkt P ausgegangen, und hat bis zu dem einen oder dem anderen Rand vielleicht 500 Schritte unternommen, um dessen Potential zu ermitteln. Das wären 50000 Schritte allein für das Potential eines Feldpunktes. Für jeden anderen Feldpunkt hat die gleiche Prozedur zu erfolgen. Es wird deutlich, daß ein ausgedehntes Feld sehr viele Läufe und Schritte erfordert, bis schließlich die Potentiale aller Gitterpunkte berechnet sind. Es kann sich dabei auch um ein räumliches Feld handeln!

Wegen dieses großen Aufwandes ist das Monte–Carlo–Verfahren besonders dort einzusetzen, wo das Potential nur an einem oder an wenigen kritischen Feldpunkten ermittelt werden soll.

Natürlich können, entsprechend dem Mittelwertsatz der Potentialtheorie, nicht nur zwei, sondern n Ränder mit Potentialen gegeben sein. Dann lautet das Potential ϕ_P im Punkt P, wobei der i–te Rand n_i–mal erreicht wird:

$$\boxed{\phi_P \approx \frac{1}{\sum_{i=1}^{n} n_i} \sum_{i=1}^{n} n_i \phi_i \;=\; \frac{1}{N} \sum_{i=1}^{n} n_i \phi_i} \qquad (5.92)$$

5.6 Das Ersatzladungsverfahren

Das Verfahren eignet sich grundsätzlich für statische und stationäre Felder, kann aber auch dort eingesetzt werden, wo instationäre Felder mit Antennenwirkung kurze Leitungslängen ($l < \lambda/10$) haben. Dann kann angenommen werden, daß die Oberflächen metallischer Leiter ein örtlich konstantes Potential haben.

Man versucht mit diesem Verfahren, eine solche Konfiguration von Ersatzladungen zu finden, daß deren Potentialfunktion $\phi_E(\mathbf{r})$ das auf einer geometrischen Konfiguration vorgegebene Potential möglichst gut annähert. Dieses vorgegebene Potential kann zum Beispiel das konstante Potential auf der Oberfläche eines Nichtleiters sein.

Die dafür nach Betrag, Anzahl und Ort möglichst optimale Plazierung der Ersatzladungen zu finden, ist die Schwierigkeit dieses Verfahrens.

Eine oft benutzte Vorgehensweise besteht darin, im Innern oder an der Oberfläche des an vorgegebenem Potential liegenden Körpers Ersatzladungen anzuordnen. Siehe die Ersatzladungen Q_1 bis Q_5 im Bild 5.56. Ob man gerade 5 oder weniger oder mehr Ersatzladungen anwendet, hängt von den Genauigkeitsansprüchen ab.

Der einfachste, sogar triviale Körper zur Anwendung des Ersatzladungsverfahrens ist eine dielektrische Kugel, deren Oberfläche konstantes Potential annehmen soll. Hier würde eine einzige punktförmige Ersatzladung im Kugelmittelpunkt hinreichend sein, um das geforderte Oberflächenpotential sogar exakt zu gewährleisten. Normalerweise genügen auch n Punktladungen nicht, um überall an einer gekrümmten Oberfläche gleiches Potential zu erzielen.

Eine für das Verfahren auch relativ gut geeignete Geometrie wäre eine dielektrische Ringelektrode (ein Toroid) mit kreisförmigem Querschnitt, an deren Oberfläche wieder konstantes Potential gefordert wird. Auf der auch kreisförmigen Achse der Ringelektrode sind die Ersatzladungen anzubringen. Man wird sie sinnvollerweise äquidistant anordnen. Ihre Anzahl kann gewählt werden und müßte umso größer sein, je geringer die Ortsabhängigkeit des Potentials auf der Oberfläche sein soll. Eine bessere Modellierung würde bei diesem Beispiel durch eine Linienladung als Ersatzladung längs der kreisförmigen Achse des Toroids erreicht. Damit würden örtlich gleiche Potentialwerte auf der Oberfläche des Toroids erzielt.

Es leuchtet ein, daß Ersatzladungen an Körpern mit scharfen Ecken und Kanten keine besonders guten Ergebnisse liefern.

Da die Potentiale einzelner Ladungen sich als Skalargrößen linear überlagern, ist das Ersatzpotential, z.B. im Punkt P_1, gleich:

$$\phi_1 = \sum_{i=1}^{8} \phi_{1i} = \frac{Q_1}{4\pi\epsilon r_{11}} + \frac{Q_2}{4\pi\epsilon r_{12}} + \ldots + \frac{Q_i}{4\pi\epsilon r_{1i}} + \ldots + \frac{Q_n}{4\pi\epsilon r_{1n}} \quad (5.93)$$

Die Radien r_{1i} gehen vom Meßpunkt P_1 zu den einzelnen Ersatzladungen.

Bei etwas komplizierteren Aufgaben ist es sinnvoll, mit Potentialkoeffizienten $p_{ki} = 1/(4\pi\epsilon r_{ki})$ zu arbeiten.

Beispiel

Wir wählen das wegen seiner Ecken und Kanten nicht besonders gut geeignete Beispiel einer nichtleitenden Pyramide, die gleiches Potential ϕ_E auf ihrer Oberfläche haben soll. Für sie lautet ϕ_1 in P_1:

$$\phi_1 = \sum_{i=1}^{5} \phi_{1i} = p_{11}Q_1 + p_{12}Q_2 + p_{13}Q_3 + p_{14}Q_4 + p_{15}Q_5 \quad (5.94)$$

Die fünf Ladungen wurden willkürlich angenommen. Ihr Betrag ist nicht bekannt. Bei den meisten technischen Aufgaben sind auch nicht die Ladungen, sondern die Potentiale an (z.B. metallischen) Oberflächen gegeben. Deshalb lautet die eigentliche Fragestellung beim Ersatzladungsverfahren:

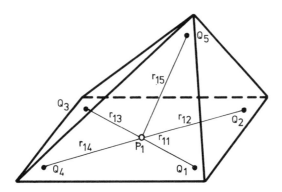

Bild 5.56: Pyramide mit den Ersatzladungen Q_1 bis Q_5

Man bestimme für die Orte bekannten Potentials (z.B. $\phi_i = \phi_E$ in P_i) die Beträge der (hier 5) Ersatzladungen. Die zum Gesamtpotential ϕ_E überlagerten Teilpotentiale der einzelnen Ladungen Q_i sollen nicht nur im Punkt P_1, sondern an möglichst allen (praktisch an möglichst vielen) Stellen des Randes mit dem dort vorgegebenen Potential übereinstimmen.

Bisher haben wir nur eine Gleichung angeschrieben. Um die 5 Ersatzladungen unseres Beispiels zu bestimmen, brauchen wir vier weitere Gleichungen. Dazu verwenden wir vier weitere für das Potential der Oberfläche wichtige Meßpunkte unseres Körpers. Dadurch erhalten wir für die Ersatzladungen das folgende Gleichungssystem:

$$p_{11}Q_1 + p_{12}Q_2 + p_{13}Q_3 + p_{14}Q_4 + p_{15}Q_5 = \phi_1$$
$$p_{21}Q_1 + p_{22}Q_2 + p_{23}Q_3 + p_{24}Q_4 + p_{25}Q_5 = \phi_2$$
$$p_{31}Q_1 + p_{32}Q_2 + p_{33}Q_3 + p_{34}Q_4 + p_{35}Q_5 = \phi_3 \qquad (5.95)$$
$$p_{41}Q_1 + p_{42}Q_2 + p_{43}Q_3 + p_{44}Q_4 + p_{45}Q_5 = \phi_4$$
$$p_{51}Q_1 + p_{52}Q_2 + p_{53}Q_3 + p_{54}Q_4 + p_{55}Q_5 = \phi_5 \qquad (5.96)$$

Die Potentiale rechts des Gleichheitszeichens haben auf der Oberfläche der Pyramide die vorgegebenen Werte: $\phi_1 = \phi_2 = \phi_3 = \phi_4 = \phi_5 = \phi_E$.

Hat man im allgemeinen Fall nicht 5, sondern n Ersatzladungen angenommen,

so benötigt man zu deren Betragsbestimmung auch n Gleichungen für n
Randpunkte auf der Oberfläche. In Matrixschreibweise lauten sie, unter
Verwendung der Potentialkoeffizienten p_{ki}:

$$
\begin{bmatrix}
p_{11} & \cdots\cdots & p_{1n} \\
p_{21} & \cdots\cdots & p_{2n} \\
\cdots & \cdots\cdots & \cdots \\
\cdots & \cdots\cdots & \cdots \\
\cdots & \cdots\cdots & \cdots \\
p_{n1} & \cdots\cdots & p_{nn}
\end{bmatrix}
\begin{bmatrix}
Q_1 \\
Q_2 \\
\cdots \\
\cdots \\
Q_{n-1} \\
Q_n
\end{bmatrix}
=
\begin{bmatrix}
\phi_E \\
\phi_E \\
\phi_E \\
\phi_E \\
\phi_E \\
\phi_E
\end{bmatrix}
\tag{5.97}
$$

abgekürzte Schreibweise:

$$
\boxed{[P]\,[Q] = [\phi_E]}
\tag{5.98}
$$

Das gelöste Gleichungssystem liefert die gesuchten Beträge der Ladungen:

$$
\boxed{[Q] = [P]^{-1}[\phi_E]}
\tag{5.99}
$$

Damit ist eine erste Näherungslösung gefunden. Näherung, trotz exakter
Lösung des Gleichungssystems, da die Ladungen nur in den (fünf) anfangs
gewählten Randpunkten das dort vorhandene Potential exakt nachbilden.

Durch lineare Superposition der Potentiale aus den jetzt bekannten Ladungen
kann überprüft werden, ob die (im Beispiel: fünf) Ersatzladungen ausreichen,
um auch in anderen Randpunkten das dort vorhandene Potential in
ausreichender Genauigkeit nachzubilden. Diese anderen Randpunkte sind
somit Kontrollpunkte. Reicht die Genauigkeit nicht aus, so ist meistens das
ganze Verfahren nochmals, jetzt aber mit einer größeren Anzahl von Ersatzladungen durchzurechnen.

Hat man, wie im Beispiel, nur einen Körper mit erhöhtem Potential, so daß
die Summe aller Ladungen $\Sigma(Q_+ + Q_-) \neq 0$ im Endlichen ungleich null ist,
dann kann die entsprechende Anzahl von gegenpoligen Ladungen entweder
auf einer äußeren Ebene, einem äußeren Zylinder, einer äußeren Kugel oder
auch im Unendlichen angenommen werden.

Die Matrix [P] ist zwar voll besetzt, aber infolge der wenigen Ladungen
klein, da ihre Ordnung durch die Anzahl an Ersatzladungen gegeben ist. Die

Berechnung sogenannter offener Felder bereitet beim Ersatzladungsverfahren, im Gegensatz zur Methode der finiten Elemente, keine Schwierigkeiten.

Als Ersatzladungen können an Stelle von Punktladungen auch Linienladungen und Flächenladungen verwendet werden, falls die gegebene Geometrie dies sinnvoll erscheinen läßt. Meist ist nur durch iteratives, jeweils verbesserndes Durchrechnen eine die Genauigkeitsanforderungen befriedigende Anordnung von Ersatzladungen zu erreichen.

Man kann die Elektrodenoberflächen wie bei der finite–Elemente Methode mittels ebener oder gekrümmter Flächenelemente diskretisieren. Auf diesen Elementen wird für die Flächenladungsdichte ein analytischer Ansatz gemacht, aus dem sich durch analytische oder numerische Integration das Potential berechnen läßt.

Zwar ist das Ersatzladungsverfahren, was gezeigt wurde, eine Methode zur zur Berechnung von statischen Feldern. Dennoch können die in der Modellierung angenommenen Ersatzladungen auch Funktionen der Zeit sein: $Q_i = Q_i(t)$. Damit können zeitlich veränderliche Potentialfelder nachgebildet werden. Selbst Leitungsströme sind realisierbar, indem man zum Beispiel die Leiterlängen segmentiert (siehe Momentenverfahren) und jeder Mitte eines Leitersegmentes eine zeitvariable Ladung zuordnet. Allerdings hat man sich auf Gleichzeitigkeit der Vorgänge zu beschränken.

Nach /4a/ ist das Ersatzladungsverfahren sogar für die Berechnung von dynamischen, also von hochfrequenten Vorgängen geeignet. Allerdings müssen dabei einige Voraussetzungen erfüllt werden:

- Die Leiterlängen ℓ, haben klein zu sein gegenüber der Wellenlänge λ. Empfehlung: $\ell < \lambda/10$.

- In dem zu untersuchenden Feld muß das elektrische Feld dominieren. Dies ist der Fall z.B. bei Stabantennen, kleinen Schleifen etc.

Im übrigen sollte man auch hier überlegen, ob die Anwendung eines Verfahrens bei aufwendigen Ergänzungen und geringer Sicherheit der Ergebnisse noch interessant ist.

5.7 Methode der finiten Elemente

Die hier beschriebene Methode der finiten Elemente ist eines der wenigen Rechenverfahren, das aus anderen Ingenieurwissenschaften in die Elektrotechnik übernommen wurde.

Das Verfahren wurde seit den vierziger Jahren hauptsächlich zur Bestimmung der mechanischen Beanspruchung von Konstruktionselementen angewandt. Das Prinzip besteht darin, die mechanisch beanspruchten Teile, wie z.B. Flugzeugtragflächen, durch endlich lange Stäbe, denen gleiche mechanische Eigenschaften an Elastizität und Steifigkeit zugeordnet wurde, zu ersetzen; vergleichbar dem Ersatz eines elektrischen Strömungsfeldes durch ein Netz von konzentrierten elektrischen Widerständen. Aber auch diskrete Stabkonstruktionen können behandelt werden. Und so wie wir mittels der Viereckformel für die einzelnen Feldpunkte Potentiale berechnen, können mechanische Spannungszustände in den einzelnen Drei– oder Vierecken oder Tetraedern berechnet werden. Allerdings sind die Anforderungen an das Verfahren bei der Berechnung mechanischer Größen (Beispiel: Biegungen) höher als bei der Berechnung elektrischer Potentiale. Dort muß häufig auch der Verlauf der Tangente von einem Element zum anderen stetig übergehen. Bei elektrischer Potentialberechnung genügt meist die Stetigkeit der Funktionswerte.

Bei der Anwendung z.B. der Viereckformel sind ordentliche Ergebnisse nur dann zu erwarten, wenn nahezu der ganze felderfüllte Raum (jedenfalls von Randwert zu Randwert) iterativ durchgerechnet wird; denn – man erinnere sich – gerade aktualisierte Potentiale eines Gitterpunktes werden für die Aktualisierung des Nachbarpotentials benötigt. Ohne sukzessive Mitbenutzung aktualisierter Potentiale bei der Berechnung der Nachbarpotentiale werden die Laplace'sche oder die Poissonsche Differentialgleichung nicht gelöst.

Für zweidimensionale mechanische Verstrebungen sind Dreiecks– oder aufwendiger auch Viereckselemente und für räumliche Verstrebungen Tetraeder vorgesehen. Auch dort muß sinnvollerweise die Anzahl der Strukturelemente (Dreiecke, Vierecke bzw. Tetraeder) an jenen Stellen am größten sein, wo auch die mechanische Beanspruchung am größten ist.

Der mechanischen Zerlegung von Belastungsproblemen in diskrete Stabkonstruktionen entspricht nun eine ähnliche Zerlegung des elektrischen oder magnetischen Feldes. Die folgende Darlegung ist eine Übersicht mit freundlicher Erlaubnis von Herrn Schwab in Anlehnung an /17/. Für die praktische Anwendung verwende man, falls greifbar, ein fertiges FINITE–ELEMENTE– Programm.

Die gängige Methode bei der Anwendung dieses Verfahrens zur Berechnung von Potentialfeldern ist die Variationsrechnung. Sie fragt für welche Funktionen $f(x)$ ein sogenanntes Funktional $X(f(x))$ (= Funktion einer Funktion) einen Extremwert aufweist.

(Dagegen wird bei der gewöhnlichen Extremwertberechnung gefragt, für welche Werte x_i eine Funktion $f(x)$ einen Extremwert annimmt.)

Auch beim Funktional $X(f(x))$ erhält man die Lösung durch Differenzieren und Nullsetzen des Differentialquotienten.

Ein Funktional, das sich zur Potentialberechnung statischer und stationärer Strömungsfelder eignet, ist die im felderfüllten Raum gespeicherte Energie. Denn die Ladungsverteilung auf Elektroden geschieht aus physikalischen Gründen stets mit einem Minimum an potentieller Energie.

Wir betrachten als Beispiel ein elektrostatisches Feld. Die in einem kleinen Volumen Δv dieses Feldes gespeicherte elektrische Energie berechnet sich bei homogenem Dielektrikum, mit konstantem ϵ, aus der Energiedichte zu:

$$W_{\Delta v} = \frac{\epsilon}{2} \iiint\limits_{\Delta v} \mathbf{E}^2 \, dv \tag{5.100}$$

Berücksichtigt man rechtwinklige Koordinaten mit $\mathbf{E} = -grad\,\phi$, dann wird:

$$W_{\Delta v} = \frac{\epsilon}{2} \iiint\limits_{\Delta v} [(\frac{\partial \phi}{\partial x})^2 + (\frac{\partial \phi}{\partial y})^2 + (\frac{\partial \phi}{\partial z})^2] \, dv \tag{5.101}$$

Es ist hier der Übersichtlichkeit wegen sinnvoll, daß wir uns auf ein ebenes, zweidimensionales Feld beschränken. Dann ist mit $dv = dz \cdot da$:

$$W_{\Delta v} = \frac{\epsilon}{2} \Delta z \iint\limits_{\Delta a} [(\frac{\partial \phi}{\partial x})^2 + (\frac{\partial \phi}{\partial y})^2] \, da \tag{5.102}$$

Bei ausreichend feiner Unterteilung der felderfüllten Querschnittsfläche in Flächenelemente Δa, so daß $\mathbf{E}$ innerhalb eines Flächenelements als konstant angesehen werden darf, gilt angenähert: $\int da \Rightarrow \Delta a$, daher kann in guter

Näherung (mit ”=” an Stelle des eigentlich angebrachten ”≈”) geschrieben werden:

$$W_{\Delta v} = \frac{\epsilon}{2} \Delta z \, \Delta a [(\frac{\partial \phi}{\partial x})^2 + (\frac{\partial \phi}{\partial y})^2] \qquad (5.103)$$

Beziehen wir die Energie dieses Volumenteilchens Δv noch auf die Längeneinheit Δz, so erhalten wir das gesuchte Funktional $X_{\Delta a} = f(\phi_{\Delta a}(x, y))$:

$$\boxed{\frac{W_{\Delta v}}{\Delta z} = \frac{\epsilon}{2} \Delta a [(\frac{\partial \phi}{\partial x})^2 + (\frac{\partial \phi}{\partial y})^2] = X_{\Delta a} = f(\phi_{\Delta a}(x, y))} \qquad (5.104)$$

Da dieses angeschriebene Funktional $X_{\Delta a}$ sich nur auf eines der vielen Flächenelemente des felderfüllten Querschnitts bezieht, müssen wir die Summe aller dieser (Teil–) Funktionale $X_{\Delta a}$ bilden und erhalten $X = f(\phi(x, y))$ als Gesamtfunktional aus der Summe der n Einzelfunktionale, entsprechend den n Flächenelementen:

$$\boxed{X = f(\phi(x, y)) = \sum_1^n \frac{W_{\Delta v}}{\Delta z} = \sum_1^n X_{\Delta a}} \qquad (5.105)$$

Soweit die theoretischen Grundlagen zur Gewinnung eines geeigneten Funktionals. Die nächsten Schritte des Finite–Elemente–Verfahrens sind die folgenden. Wir schreiben sie für unser Beispiel von Dreieckelementen an:

1. Der felderfüllte Raum (in unserem Beispiel ein felderfüllter Querschnitt) ist in Dreieckelemente zu diskretisieren.

2. Innerhalb eines jeden dieser Flächenelemente ist eine Approximationsfunktion für das Potential $\phi_{\Delta a}(x, y)$ anzusetzen.

3. Die Gleichungen für die Funktionale der Dreieckelemente sind aufzustellen und zu einer Elementematrix zusammenzufassen. (Dabei sind für Gl.(5.104) auch partielle Ableitungen von $\phi(x, y)$ zu bilden. Danach sind auch partielle Ableitungen der Funktionale $X_{\Delta a}$ erforderlich, um die Potentiale aus der Bedingung des Energieminimums zu berechnen.)

4. Systemgleichungen sind durch Zusammenfassung der Elemente zum System aufzustellen und zur Systemmatrix zusammenzufassen.

5. Schließlich sind die Randbedingungen zu berücksichtigen. Entsprechend ist das lineare Gleichungssystem zu lösen.

5.7.1 Aufteilung des felderfüllten Querschnitts

Man hat den felderfüllten Querschnitt in n Flächenelemente, auch von unterschiedlicher Größe aufzuteilen. Die Teilflächen können, je nach geometrischen Gegebenheiten, im ebenen Feld Dreiecke oder Vierecke, im dreidimensionalen Feld Tetraeder sein.

Die Reihenfolge bei der Numerierung der Knoten hat wesentlichen Einfluß auf die Struktur der später zu erstellenden Gesamtmatrix.

Will man numerische Probleme vermeiden, so ist nach Hinweisen aus der Literatur /15/, /17/ darauf zu achten, daß keine extrem stumpfen oder extrem spitzen Winkel bei den Teildreiecken auftreten. Am besten ist es, die Dreieckselemente gleichseitig zu gestalten. Eine Diskretisierung mit krummlininigen Elementen ist auch möglich. Sie gestatten, daß man mit weniger Elementen auskommt, wodurch der Eingabeaufwand verringert wird.

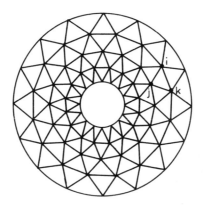

Bild 5.57: Aufteilung des felderfüllten Querschnitts in Dreieckselemente

Um zu vermeiden, daß man unendlich viele Teilflächen anordnen muß, was beim Fehlen eines äußeren Randes notwendig wäre, ist es angezeigt, die Methode der finiten Elemente nur für geschlossene Feldgebiete zu verwenden.

5.7.2 Approximationsfunktion innerhalb eines Elementes

Man wird des Gesamtaufwandes wegen versuchen, die Approximation der unbekannten Potentialfunktion $\phi_{\Delta a}$ innerhalb eines Elementes möglichst einfach zu halten. Am einfachsten ist der lineare Ansatz für Dreieckelemente.

x und y sind die Koordinaten im Querschnitt des ebenen Feldes:

$$\phi_{\Delta a}(x, y) = c_1 + c_2 x + c_3 y \tag{5.106}$$

Die Koeffizienten c_1, c_2, c_3 sind verallgemeinerte Koordinaten.

Bei räumlichern Problemen ist die dritte Koordinate hinzuzunehmen:

$$\phi_{\Delta a}(x, y) = c_1 + c_2 x + c_3 y + c_4 z$$

Denn gewöhnlich wird jeder Punkt im Raum infolge seiner drei Freiheitsgrade durch die räumlichen drei Koordinaten x, y, z festgelegt. Auch elektrische Systeme haben Freiheitsgrade. Man denke nur an die Spannungen und Ströme eines Netzwerkes. Solche Zustandsgrößen werden oft als "verallgemeinerte Koordinaten" bezeichnet. Ihre ersten Ableitungen nennt man "verallgemeinerte Geschwindigkeiten", obgleich sie mit Geschwindigkeiten im landläufigen Sinn nichts zu tun haben.

Würde man einen quadratischen Ansatz wählen:

$$\phi_{\Delta a}(x, y) = c_1 + c_2 x + c_3 y + c_4 x^2 + c_5 xy + c_6 y^2$$

so könnten damit drei weitere Punkte in der Mitte der Dreieckseiten festgelegt werden. Der nach /15/ *bilineare* Ansatz:

$$\phi_{\Delta a}(x, y) = c_1 + c_2 x + c_3 y + c_4 xy$$

ermöglicht die Einteilung des Feldraumes in Vierecke. Aber kehren wir zurück zu unserem Beispiel mit Dreiecken und dem linearen Ansatz nach Gl.(5.106).

Darin sind die Koeffizienten c_1, c_2, c_3 zu bestimmen. Dazu setzen wir zunächst die drei Wertepaare $x_i y_i$, $x_j y_j$, $x_k y_k$ für die drei Eckpunkte des einen im Bild 5.57 gekennzeichneten Dreiecks in drei Gleichungen (5.106) ein. Aus ihnen und den noch unbekannten Knotenpotentialen ϕ_i, ϕ_j, ϕ_k des Elements gewinnt man die Koeffizienten c_1, c_2, c_3 (bei räumlichen Problemen auch c_4, multipliziert mit den z–Werten):

$$\begin{aligned}
\phi_i(x_i, y_i) &= c_1 + c_2 x_i + c_3 y_i \\
\phi_j(x_j, y_j) &= c_1 + c_2 x_j + c_3 y_j \\
\phi_k(x_k, y_k) &= c_1 + c_2 x_k + c_3 y_k
\end{aligned} \tag{5.107}$$

Die entsprechenden drei Gleichungen sind für jedes Dreieck des felderfüllten Querschnitts aufzustellen. Nach Auflösen eines jeden dieser Gleichungssysteme erhält man die Koeffizienten c_ν mit den Unbekannten ϕ_i, ϕ_j, ϕ_k mit den festen Ortskoordinaten $(x_\nu, y_\nu$ zu:

$$c_\nu = f(\phi_i,\ \phi_j,\ \phi_k;\ x_i,\ x_j,\ x_k;\ y_i,\ y_j,\ y_k) \tag{5.108}$$

Setzt man diese Koeffizienten in den ursprünglichen, linearen Ansatz der Gl.(5.106) ein, dann erhält man nach Umformung eine zweite Darstellung der Approximationsfunktion, wobei sich die c_ν, da sie substituiert werden, herausheben. Das Potential eines Dreieckelementes ist hiermit:

$$\phi_{\Delta a}(x, y) = N_i(x, y)\phi_i + N_j(x, y)\phi_j + N_k(x, y)\phi_k \tag{5.109}$$

ϕ_i, ϕ_j, ϕ_k sind noch immer Unbekannte, also Variablen. Die Funktionen N_i, N_j, N_k werden "Interpolations– oder Formfunktionen" genannt. Sie hängen von der Form eines Elements ab. Sie sind eine Funktion der Eckpunkt–Koordinaten des jeweiligen Elements und daher von (Dreieck-) Element zu (Dreieck-) Element verschieden. Für den gewählten, linearen Ansatz nach den Gln.(5.106) und für die gewählten Dreiecke berechnet man die N_ν zu:

$$N_i(x, y) = \frac{1}{2\,\Delta a}[(x_j y_k - x_k y_j) + (y_j - y_k)\,x + (x_k - x_j)\,y]$$

$$N_j(x, y) = \frac{1}{2\,\Delta a}[(x_k y_i - x_k y_k) + (y_k - y_i)\,x + (x_i - x_k)\,y] \tag{5.110}$$

$$N_k(x, y) = \frac{1}{2\,\Delta a}[(x_i y_j - x_k y_i) + (y_i - y_j)\,x + (x_j - x_i)\,y]$$

x und y sind laufende Variablen.

5.7.3 Elementegleichungen und Elementematrix

Um für Gl.(5.104) die partiellen Ableitungen von $\phi_{\Delta a}(x, y)$ zu erhalten, muß Gl.(5.109) partiell differenziert werden:

$$\frac{\partial \phi_{\Delta a}}{\partial x} = \frac{\partial N_i(x, y)}{\partial x}\phi_i + \frac{\partial N_j(x, y)}{\partial x}\phi_j + \frac{\partial N_k(x, y)}{\partial x}\phi_k \tag{5.111}$$

$$\frac{\partial \phi_{\Delta a}}{\partial y} = \frac{\partial N_i(x,y)}{\partial y}\phi_i + \frac{\partial N_j(x,y)}{\partial y}\phi_j + \frac{\partial N_k(x,y)}{\partial y}\phi_k \qquad (5.112)$$

Diese Ausdrücke sind nach Gl.(5.104) in das Funktional $X_{\Delta a}$, immer noch für ein einziges Dreieckelement, einzusetzen. Es war

$$X_{\Delta a} = \frac{1}{2}\epsilon\,\Delta a\,[(\frac{\partial \phi_{\Delta a}}{\partial x})^2 + (\frac{\partial \phi_{\Delta a}}{\partial y})^2] \qquad (5.113)$$

Somit haben wir das Elementfunktional des Dreiecks mit den Eckpunkten (Knoten) i, j, k als Funktion der Knotenpotentiale erhalten. Gl.(5.113) kann also abgekürzt geschrieben werden:

$$X_{\Delta a} = f(\phi_i,\ \phi_j,\ \phi_k), \qquad (5.114)$$

worin x und y, infolge der vorher durchgeführten partiellen Differentiation, als Variablen nicht mehr enthalten sind.

Nun haben wir, um das Minimum der sich einstellenden Energie zu finden, die folgenden partiellen Differentiationen der Elementfunktionale durchzuführen:

$$\frac{\partial X_{\Delta a}}{\partial \{\phi_{\Delta a}\}} \qquad (5.115)$$

Diese Differentiation bedeutet im Einzelnen, hier für das Dreieckelement mit den Eckpunkten i, j, k:

$$\frac{\partial X_{\Delta a}}{\partial \phi_i} \overset{!}{=} 0 \qquad \frac{\partial X_{\Delta a}}{\partial \phi_j} \overset{!}{=} 0 \qquad \frac{\partial X_{\Delta a}}{\partial \phi_k} \overset{!}{=} 0 \qquad (5.116)$$

Wir erhalten je Dreieck drei Bestimmungsgleichungen für die drei unbekannten Potentiale ϕ_i, ϕ_j, ϕ_k, noch immer für das eine markierte Dreieckelement:

$$\begin{bmatrix} p_{ii} & p_{ij} & p_{ik} \\ p_{ji} & p_{jj} & p_{jk} \\ p_{ki} & p_{kj} & p_{kk} \end{bmatrix} \begin{bmatrix} \phi_i \\ \phi_j \\ \phi_k \end{bmatrix} = 0 \qquad (5.117)$$

oder in zusammenfassender Schreibweise:

$$\boxed{[p_{\Delta a}][\phi_{\Delta a}] = 0} \qquad (5.118)$$

Dieses Gleichungssystem ist, für sich allein betrachtet, trivial. Erst die gegenseitige Kopplung mit den Gleichungen der Nachbardreiecke bringt uns der Lösung näher.

Die Koeffizienten p der Matrix (5.117) sind Funktionen der Knotenkoordinaten und der Permittivitätszahl ϵ_r der einzelnen Dreieckelemente:

$$p_{mn} = F(x_i, x_j, x_k; y_i, y_j, y_k; \epsilon_r) \qquad (5.119)$$

Hat man ein homogenes Dielektrikum, dann kann ϵ_r als Konstante vor die Matrix treten.

Wegen ihrer Dimension wird diese Matrix oft *Permittivitätsmatrix*, bei dreidimensionalen Aufgaben *Kapazitätsmatrix* genannt. Bei Letzterer muß Δz auf der rechten Gleichungsseite bleiben. Jedes Dreieckelement besitzt eine eigene Permittivitätsmatrix, in der jede Zeile einen Elementknoten und dessen Verknüpfung mit den beiden anderen Elementeknoten beschreibt.

5.7.4 Ermittlung der Systemmatrix

Hierbei erfolgt die Zusammenfassung der n Elementematrizen zur System- matrix. Denn erst die Verbindung aller Elemente (hier Dreiecke) mitein- ander ermöglicht auch die Verbindung der Potentiale bzw. den Feldstärke- aufbau über das Gesamtsystem hinweg. Oder: Die gesamte Feldenergie setzt sich aus den Einzelenergien jedes Elementes zusammen. Man hat daher alle Elementfunktionale $X_{\Delta a}(x, y) = f(\phi(x, y))$ aufzusummieren zum Systemfunk- tional $X(x, y) = f(\phi(x, y))$:

$$X = f(\phi(x, y)) = \sum X_{\Delta a} = f(\phi_{1\ldots n}; x_{1\ldots n}; y_{1\ldots n}; \epsilon_{r1\ldots n}) \qquad (5.120)$$

Wie in Gl.(5.116) für ein Element, so hat man dieses Systemfunktional partiell zu differenzieren und gleich null zu setzen:

$$\frac{\partial X}{\partial \phi_1} = 0, \quad \frac{\partial X}{\partial \phi_2} = 0, \quad \ldots\ldots\ldots, \quad \frac{\partial X}{\partial \phi_i} = 0, \quad \ldots\ldots\ldots, \quad \frac{\partial X}{\partial \phi_n} = 0 \quad (5.121)$$

und erhält daraus n Bestimmungsgleichungen für n Eckpunkt– oder Knoten- potentiale ϕ_1 bis ϕ_n, also das Gleichungssystem (jetzt mit großem Buchstaben P zur Unterscheidung von den Potentialkoeffizienten p des Einzelelements):

$$\boxed{[P][\phi] = 0} \qquad (5.122)$$

Die Koeffizienten P dieser Systemmatrix erhält man durch Aufsummieren der zusammengehörigen Koeffizienten der Elementematrizen. Jede Zeile der Systemmatrix beschreibt einen Elementknoten und dessen Verknüpfung mit den Elementeknoten aller anderen anstoßenden Elemente. Dank dieser gegenseitigen Kopplung besitzen die Elementegleichungen nichttriviale Lösungen.

$$\boxed{P_{mn} = \Sigma\, p_{mn}}$$ (5.123)

Knoten 10 im Bild 5.58 verdeutlicht den Sachverhalt.

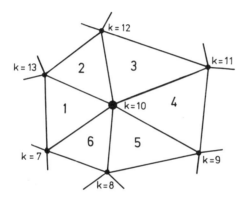

Bild 5.58: Beispiel zu Knoten 10 und seiner Umgebung

Zusammenfassung der Dreieck–Elementematrizen zur gesamten Systemmatrix, Knoten 10 als Beispiel:

Dreieckelement 3:

$$\begin{bmatrix} p_{10,10} & p_{10,11} & p_{10,12} \\ p_{11,10} & p_{11,11} & p_{11,12} \\ p_{12,10} & p_{12,11} & p_{12,12} \end{bmatrix} \begin{bmatrix} \phi_{10} \\ \phi_{11} \\ \phi_{12} \end{bmatrix} = 0;$$

Dreieckelement 2:

$$\begin{bmatrix} p_{10,10} & p_{10,12} & p_{10,13} \\ p_{12,10} & p_{12,12} & p_{12,13} \\ p_{13,10} & p_{13,12} & p_{13,13} \end{bmatrix} \begin{bmatrix} \phi_{10} \\ \phi_{12} \\ \phi_{13} \end{bmatrix} = 0$$

Betrachtet man den Knoten 10 im Bild 5.58, so erhält man ein Diagonalelement der Systemmatrix (P), z.B. $P_{10,10}$ zu:

$$P_{10,10} = p_{10,10(1)} + p_{10,10(2)} + p_{10,10(3)} + \ldots\ldots\ldots + p_{10,10(6)}.$$

Ein Element außerhalb der Matrixdiagonalen, z.B. $p_{10,12}$, erhält man zu:

$$P_{10,12} = p_{10,12(2)} + p_{10,12(3)}$$

Da nicht jeder Knoten mit jedem anderen Knoten verbunden ist, ist die Systemmatrix nur schwach besetzt. Durch geschickte Numerierung dieser schwach besetzten Matrizen läßt sich erreichen, daß die wenigen von Null verschiedenen Elemente der Matrix in einem schmalen Band, symmetrisch zur Diagonalen zu liegen kommen, wodurch kompakte Speicherung möglich wird.

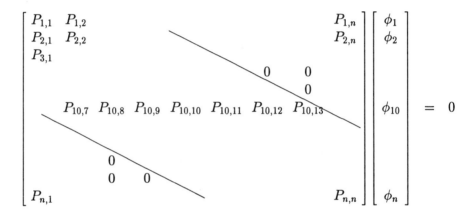

5.7.5   Einführung der Randbedingungen

Ohne Einführung von Randbedingungen ist das Gleichungssystem der Systemmatrix nicht eindeutig lösbar. Da man die Potentiale der Randknoten kennt, können die Zeilen der Randknoten gestrichen werden. Mit dem Verschwinden der Randknoten im Knotenpotentialvektor würden aber gleichzeitig auch alle Produkte, die Randpotentiale als Faktoren enthalten, $P_{mn}\phi_{Rand}$, verschwinden. Um dies zu vermeiden, bringt man die Produkte auf die rechte Gleichungsseite, wodurch auch der beim Streichen der Zeilen mit Randpotentialen verlorengegangene quadratische Charakter der Matrix wieder hergestellt wird, und man erhält folgendes Gleichungssystem:

$$[P][\phi] = [P_{Rand}][\phi_{Rand}] \tag{5.124}$$

Die rechte Seite dieses Gleichungssystems ist bekannt. Die Auflösung nach dem Knotenpotentialvektor $[\phi]$ liefert die gesuchten Potentialwerte der Elementeknoten:

$$\boxed{[\phi] = [P]^{-1}[P_{Rand}][\phi_{Rand}]} \qquad\qquad (5.125)$$

In vielen Fällen der Praxis wird das mitunter doch recht umfangreiche Gleichungssystem nicht durch Inversion, sondern iterativ gelöst!

Hat man so die Knotenpotentiale ermittelt, dann können die Potentialfunktionen $\phi_{\Delta a}(x, y)$ und die Feldstärke $\mathbf{E} = -grad\,\phi$ in den Einzelelementen berechnet werden.

Da als Diskretisierungsansatz lineare Gleichungen verwendet wurden, ist die im Ergebnis berechnete Feldstärke innerhalb eines jeden Elementes konstant. Dadurch ändern sich die Funktionswerte ϕ von einem Dreieckelement zum nächsten sprunghaft. Allerdings ist der Sprung dieser Werte vom einen zum nächsten Element dann unbedeutend, wenn von Anfang an eine ausreichend feine Diskretisierung des Feldraumes vorgenommen worden war.

Nur durch Ansätze höherer Ordnung kann ein deutlich glatterer Feldverlauf erzielt werden. So ist beispielsweise auch ein Feldverlauf erzielbar, bei dem nicht nur die Potentiale einigermaßen glatt ineinander übergehen, sondern auch deren Ableitungen, die Feldstärken.

Da die Lösung dieser Gleichungssysteme, den Ausgangsbedingungen entsprechend, nur diskrete Potential– und Feldstärkewerte liefert, sind zum Zeichnen von Äquipotential– und Feldlinien spezielle Zeichenprogramme erforderlich.

Wer sich eingehend mit der Methode der finiten Elemente beschäftigt, dem wird Schwarz /15/ sehr anempfohlen. Zwar bezieht sich dieses Buch vorwiegend auf die Lösung mechanischer Probleme, die dabei verwendeten theoretischen Grundlagen sind aber losgelöst von der Mechanik allgemeingültig und daher auch für den Elektroingenieur eine große Hilfe. Denn es werden eine Reihe von typischen und anwendungsorientierten Problemstellungen formuliert und anschließend werden die zur Lösung notwendigen mathematischen und physikalischen Grundlagen dargelegt.

Im übrigen gibt es eine von Jahr zu Jahr zunehmende Fülle von Veröffentlichungen zum Thema der finiten Elemente.

5.8 Das Programmsystem MAFIA

5.8.1 Theoretische Grundlagen

Das System MAFIA (Lösung der MAxwellgleichungen durch Finiten Integrations–Algorithmus, siehe /7a/) gestattet die Berechnung dreidimensionaler elektromagnetischer Felder. Es besteht dabei eine gewisse Verwandtschaft zum finiten Differenzenverfahren. Aber während dort die differentielle Lösung z.B. der Potentialgleichung gesucht wird, geht MAFIA von den integralen Gleichungen, dem Durchflutungs– und dem Induktionsgesetz aus. Damit sind Lösungen sowohl im Frequenzbereich wie auch im Zeitbereich möglich und vorgesehen. Natürlich ist einerseits die Statik erfaßt, andererseits aber sind auch Wirbelstromberechnungen und die Verteilung elektrischer Ladungen unter Feldeinfluß in das Verfahren einbezogen. Wichtig ist, daß teilweise auch offene Felder bearbeitet werden können. (Nicht so beim Modul W3, siehe Abschnitt 5.8.2.) Die Feldgrößen am offenen Rand werden iterativ angenähert. Dadurch kann das Gitternetz wesentlich kleiner und die Rechenzeit wesentlich kürzer sein, als dies bei Methoden ohne Randupdating der Fall ist.

Den Kern von MAFIA bilden die als Differenzen angeschriebenen, diskretisierten Integralformen der Maxwellgleichungen nach /24/. Zunächst die bekannte, differentielle Schreibweise:

$$rot\ \mathbf{H} = \mathbf{J} + \dot{\mathbf{D}}; \qquad\qquad rot\ \mathbf{E} = -\dot{\mathbf{B}} \qquad\qquad (5.126)$$

$$div\ \mathbf{D} = \eta \qquad\qquad\qquad div\ \mathbf{B} = 0 \qquad\qquad (5.127)$$

Dazu gehören auch die Materialgleichungen:

$$\mathbf{D} = \epsilon_0 \epsilon_r \mathbf{E} \qquad\qquad\qquad \mathbf{B} = \mu_0 \mu_r \mathbf{H}, \qquad\qquad (5.128)$$

wobei die Materialien (ϵ_r und μ_r) inhomogen und daher ortsabhängig, ferner aussteuerungsabhängig (nichtlinear) und in den drei Raumrichtungen richtungsabhängig (anisotrop) sein können.

Tatsächlich verwendet werden an Stelle der genannten Differential– deren Integralgleichungen, das Induktions– und das Durchflutungsgesetz:

$$\oint \mathbf{E}\,ds = -\iint \dot{\mathbf{B}}\,da \qquad\qquad \oint \mathbf{H}\,ds = \iint (\mathbf{J} + \dot{\mathbf{D}})\,da \qquad (5.129)$$

Weichen aber die Geometrien, z.B. die von Spulen oder Kondensatoren, von der liebgewonnenen Symmetrie ab, dann ist es unerläßlich, zur Gewinnung der Feldgrößen von den Differentialgleichungen oder von Differenzengleichungen im Kleinen auszugehen. MAFIA zerlegt die Integralgleichungen in kleine Flächen– und Raumelemente, die den Differentialgleichungen entsprechen. An den Rändern der Körper gelten die bekannten Grenzflächenbedingungen:

$$
\begin{aligned}
Rot \ \mathbf{E} \ &= \ \mathbf{0}: & E_{1t} - E_{2t} &= 0 & & & & \text{(5.130)}\\
Rot \ \mathbf{H} \ &= \ \mathbf{0}: & H_{2t} - H_{1t} &= 0 & &\text{für} & \kappa &\to 0\\
Rot \ \mathbf{H} \ &= \ \mathbf{j}_a: & H_{2t} - H_{1t} &= j_a & &\text{für} & \kappa &\to \infty\\
Div \ \mathbf{D} \ &= \ \sigma: & D_{2n} - D_{1n} &= \sigma\\
Div \ \mathbf{B} \ &= \ 0: & B_{2n} - B_{1n} &= 0
\end{aligned}
$$

Bei der Sprungrotation von $\mathbf{H}$ bezieht sich κ auf die elektrische Leitfähigkeit der Grenzschicht und den darin vorhandenen Strombelag j_a , σ ist die Flächendichte der Ladungen.

Anwendung des Induktionsgesetzes

Infolge der Diskretisierung werden die Integralgleichungen auf die einzelnen Flächenelemente angewandt. Im Falle des Induktionsgesetzes sind ein Umlaufintegral und ein Flächenintegral zu diskretisieren. Grundlage dafür ist die Schreibweise:

$$\int_{s_0}^{s_0+\delta} f(s)\, ds \ \Longrightarrow \ \delta \cdot f(s_0 + \frac{\delta}{2}) + O(\delta^2) \qquad \text{(5.131)}$$

$$\int_{x_0}^{x_0+\delta,\, y_0+\delta} \int_{y_0} f(x,y)dx\, dy \ \Longrightarrow \ \delta^2 \cdot f(x_0 + \frac{\delta}{2},\ y_0 + \frac{\delta}{2}) + O(\delta^4) \qquad \text{(5.132)}$$

$O(\delta^2) = $ Funktion–Näherungswerte höherer als erster Ordnung

Bild 5.59 links zeigt den Funktionswert $f(s_0 + \delta/2)$ bei $s_0 + \delta/2$ als einfachsten Näherungswert, wenn Funktionsanteile höherer Ordnung $O(\delta^2)$

beim Linienintegral bzw. $O(\delta^4)$ beim Flächenintegral vernachlässigt werden. Bild 5.59 rechts zeigt ein Rechteckelement mit den Komponenten der elektrischen Feldstärke an den Rändern des Flächenelementes und dem Flußdichtevektor $\mathbf{B_0}$ in dessen Mitte.

Damit wird aus der linken Seite des Induktionsgesetzes, dem Umlaufintegral der elektrischen Feldstärke, unter Vernachlässigung der höheren Funktionsanteile $O(\delta^2)$:

$$\oint_{Element} \mathbf{E}\, d\mathbf{s} \Longrightarrow \delta \cdot (E_1 + E_2 - E_3 - E_4) \tag{5.133}$$

Und aus der rechten Seite des Induktionsgesetzes, dem Flächenintegral über $-\dot{\mathbf{B}}$, wird:

$$-\int\!\!\int_{Element} \dot{\mathbf{B}}\, d\mathbf{a} \Longrightarrow -\delta^2 \cdot \dot{B}_0 \tag{5.134}$$

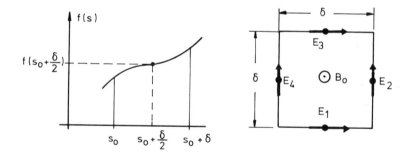

Bild 5.59: Links mittlerer Funktionswert, rechts ein Rechteckelement

Die im Rechteckelement von Bild 5.59 angebrachten Pfeile für die elektrische Feldstärken $\mathbf{E}$ sind Bezugspfeile, die an den Grenzen zu den Nachbarelementen mit deren Bezugspfeilen übereinstimmen müssen.

Damit kann das Induktionsgesetz für ein Flächenelement δ^2 zusammengefaßt, angeschrieben werden zu:

$$\delta \cdot (E_1 + E_2 - E_3 - E_4) = -\delta^2 \cdot \dot{B}_0 \tag{5.135}$$

Entsprechend wird das Durchflutungsgesetz von MAFIA diskretisiert:

$$\delta \cdot (H_1 + H_2 - H_3 - H_4) = -\delta^2 \cdot (J_0 + \dot{D}_0) \qquad (5.136)$$

Da alle Gitterknoten numeriert werden, können die Komponenten der elektrischen Feldstärke zu einem Spaltenvektor und ebenso die Komponenten der magnetischen Flußdichte zu einem zweiten Spaltenvektor zusammengefaßt werden.

Wie Bild 5.59 rechts zeigt, durchdringt der Flußdichtevektor B_0 die Mitte des Flächenelementes. Er fällt daher nicht mit den Kanten des Gitternetzes zusammen. Man benötigt daher für solche senkrecht zueinander stehenden und einander wechselseitig bedingenden Vektoren: $-\dot{B} \rightarrow E$ und analog: $J, \dot{D} \rightarrow H$ ein zweites Gitternetz, das in jeder der drei Raumrichtungen um $\delta s/2$ gegenüber dem ersteren verschoben ist. Die Bilder 5.60 und 5.61 skizzieren dies.

E, D, $\dot{D}$ und J–Vektoren sind den Kanten des Gitters G_1, dagegen sind H, B und $\dot{B}$–Vektoren den Kanten des um $\delta s/2$ versetzten Gitters G_2 zugeordnet. Auf diese Weise durchsetzen die eine Sorte Vektoren stets die Mitte der Flächenelemente des anderen Gitters.

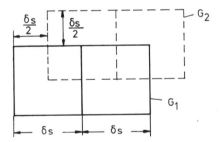

Bild 5.60: Um je $\delta s/2$ gegeneinander versetzte Gitternetze G_1 und G_2 in der Ebene; siehe auch Bild 5.61

Da die Flächenelemente getrennt voneinander bearbeitet werden, bereitet es keine Schwierigkeiten, nichtlineare, also ortsabhängige Materialien zu berücksichtigen. Man kann jedoch innerhalb eines einzelnen Flächenelements nur konstante Materialeigenschaft vorsehen, was aber bei ausreichend feiner Diskretisierung keine wesentliche Einschränkung bedeutet.

Es handelt sich bei MAFIA um eine geschlossene Theorie, die unterschiedliche Feldprobleme in Form algebraischer Matrizengleichungen löst.

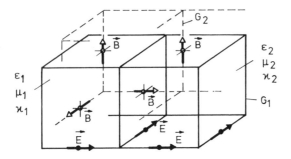

Bild 5.61: Räumlich um $\delta s/2$ in jeder der drei Richtungen gegeneinander versetzte Volumenelemente mit verschiedenen Materialwerten

5.8.2 Der modulare Aufbau von MAFIA

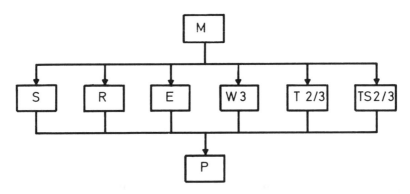

Bild 5.62: Gliederung des Programmsystems MAFIA

Dieses Programmsystem gliedert sich in drei Ebenen, siehe Bild 5.62.

Einen Preprozessor M,
die eigentlichen Lösungsmodule S, R, E, W3, T2/3, TS2/3 und einen Postprozessor P.

Der Preprozessor M besorgt die Gittergenerierung, der Postprozessor P
die Darstellung und bei Bedarf eine recht komfortable Weiterverarbeitung,
während dazwischen die eigentlichen Lösungsmodule liegen: S für Statik, R
und E für Lösungen im Frequenzbereich, W3 für Wirbelstromlösungen im
Frequenzbereich, T2 bzw. T3 für zwei– bzw. dreidimensionale Lösungen im
Zeitbereich und TS2 bzw. TS3 zur Lösung der Bewegungsgleichung geladener
Teilchen und ihre Verteilung unter Feldeinfluß.

Die Simulation eines elektromagnetischen Feldes beginnt bei MAFIA stets
mit dem Aufruf des Gitter–Generators (=Mesh Moduls) zur diskretisierten
Nachbildung des geometrischen Feldproblems. Dann wird das geeignete
Lösungsmodul für statische, harmonische oder transiente Felder und die
Lösung im Zeit– oder im Frequenzbereich durchgeführt. Danach kann der
Postprozessor die ermittelten Feldgrößen darstellen oder weiterverarbeiten.

Das M – Modul zur Gittergenerierung

Das vom M–Modul erzeugte Gitter hat in kartesischen Koordinaten für
zwei– oder dreidimensionale Probleme rechteckige Gitterzellen, dagegen für
Zylinderkoordinaten in der Version 3.1 nur eine radialsymmetrische Struktur.
Die Gitterabstände müssen nicht konstant sein.

Nach Generierung des Gitters werden die Bauelemente darin plaziert.
Dafür stellt MAFIA eine Bibliothek verschiedener Körper zur Verfügung.
Beispiele: Zylindrische Körper mit beliebigen kreisförmigen oder elliptischen
Querschnitten, Quader, Kugeln, Ellipsoide, Toroide, ferner Rotationskörper
mit verschiedenen Längsschnitten. Ebenso werden stromführende Drähte und
drahtförmige Elektroden als Hilfsmittel zur Erzeugung oder Modellierung von
Spulen und anderen drahtförmigen Gebilden angeboten. Es gibt auch die
Möglichkeit, schräger Materialfüllungen an Oberflächen, die nicht mit den
Gitterkanten übereinstimmen.

Die physikalischen Eigenschaften der Bauelemente werden später in den
Lösungsmodulen zugeordnet. Zur Überprüfung und geometrischen Darstellung
der eingegebenen Daten können Schnitte durch die Gitterebenen betrachtet
oder Strukturen unter beliebigen Winkeln gedreht und angesehen werden.

Die Außenränder der physikalischen Körper müssen mit den Gitterpunkten
und den Verbindungszweigen benachbarter Knoten zusammenfallen. Dadurch
können bei der Simulation Körpermaße gegenüber der Realität abweichen. Zur
Korrektur können Gitterlinien verschoben oder andere hinzugefügt werden.

Die Abspeicherung der Geometrie erfolgt in einer Datei (MAFIA–File), um sie anschließend in einen der Lösungsmodule überzuführen.

Die Lösungsmodule

Innerhalb der Lösungsmodule werden den einzelnen Körpern zuerst deren Materialeigenschaften (Dielektrizitätszahl, Permeabilitätszahl, elektrische Leitfähigkeit) zugeordnet. Dann bestimmt man die Art der Grenzbedingungen: In der Statik sind gegebene Randpotentiale oder gegebene Randfeldstärken definiert und zu berücksichtigen. Im Zeitbereich spricht man von einer elektrischen oder magnetischen Wand. Bei der elektrischen Wand gehen die Normalkomponenten von **E**, bei der magnetischen Wand die Tangentialkomponenten von **H** stetig über.

Eventuell vorhandene Symmetrieebenen sind zu berücksichtigen. Nutzt man sie aus, so verkürzt sich die Rechenzeit. Dann wird der Verursacher des Feldes: Ein Kondensator, eine Spule, ein Dauermagnet, ein Dipol, etc. genau festgelegt und ein Lösungsalgorithmus ausgewählt. Schließlich beginnt das Iterationsverfahren.

Das Statikmodul S

Es löst zwei– oder dreidimensionale elektro– oder magnetostatische Probleme mittels des Skalar- oder des Vektorpotentials. Dabei können Dirichletsche Randbedingungen: $\phi(x, y, z)$ und/oder $H_t(x, y, z)$ oder Neumannsche Randbedingungen $E_n(x, y, z)$ und/oder $H_n(x, y, z)$ gegeben sein. (Zu "Randbedingungen": Siehe Glossar)

Als Ergebnisse können die Ortsabhängigkeiten der Komponenten der Vektoren **E**, **D**, **H**, **B** oder der Skalargrößen ϕ, q oder μ, auch $\mu(H)$ abgefragt werden.

Die Materialeigenschaften können elektrisch oder magnetisch ideal sein oder auch real mit endlichen Werten von ϵ und μ. Auch anisotrope, also richtungsabhängige Materialeigenschaften sind ebenso zugelassen, wie Permanentmagnete.

Zur Simulation können ideale oder auch reale, sogar anisotrope und nichtlineare elektrische und magnetische Eigenschaften vorausgesetzt werden.

Das Frequenzbereichsmodul R/E

Die MAFIA–Programme R und E lösen die Maxwellgleichungen im Frequenzbereich für zwei– und dreidimensionale Aufgaben. Die beiden Programme
werden nacheinander aufgerufen. In R werden zunächst die Matereialeigen-
schaften und die Randbedingungen spezifiziert. In E werden dann die Lösungen berechnet.

Als Randbedingungen kommen in Frage: $H_t = 0$ oder $E_t = 0$ oder periodisch
auftretende Randwerte. Die Materialeigenschaften dürfen wieder elektrisch
und magnetisch ideal oder real endlich und sogar anisotrop sein.

Es lassen sich damit zum Beispiel auch Eigenmoden von Hohlleitern
und Resonatoren mit **E** und **B** sowie Eigenfrequenzen ω_i berechnen.
Kontrollrechnungen mittels $div\,$**E**, div**B** und andere sind möglich.

Die Zeitbereichsmodule T2 und T3

Sie berechnen zeitabhängige elektromagnetische Felder und zwar T2 von
zweidimensionalen, T3 von allgemeinen dreidimensionalen und von rotations-
symmetrischen Aufgaben.

Als Anregungen können beliebige statische oder harmonische Felder, aber
auch ebene Wellen, Dipole, Wellenleitermoden und Teilchenstrahlen wirksam
sein.

Mögliche Randbedingungen sind $H_t = 0$ oder $E_t = 0$ oder offene,
nicht abgeschlossene Felder. Die Materialeigenschaften dürfen elektrisch und
magnetisch wieder ideal oder real sein.

Die Lösungen sind vielfältig. So können beispielsweise Amplituden von
Wellenleitermoden, Fernfeldtransformationen oder auch nur **E** und **B** an
festen Orten oder zu festen Zeiten berechnet werden.

Der Benutzer gibt die Zeitabstände, die Anzahl der durchzuführenden
Iterationen und wählt einen Ausschnitt aus der Geometrie sowie die
Zeitpunkte zu denen er die berechneten Wertesätze von **E** und **B** abspeichern
will. Mit diesen T–Modulen kann auch die für EMV–Technik wichtige
Dämpfungswirkung von Abschirmungen berechnet werden.

Die Module TS2 und TS3

Diese Module können die Verteilung elektrisch geladener Teilchen unter dem Einfluß elektromagnetischer Felder in zylindersymmetrischen Anfangskonfigurationen und dreidimensional simulieren. Solche Probleme treten unter anderem bei der Entwicklung von HF–Klystrons und Elektronenquellen auf. Die Anfangsbedingungen für Geschwindigkeit, Position und Ladungsdichte der Teilchen oder statische oder harmonische Anregungen werden vom Anwender wieder vorgegeben.

Das Zeitbereichsmodul W3 für Wirbelströme

Dieses Modul löst die Maxwellgleichungen dreidimensional im Frequenzbereich. Dabei wird die Verschiebungsstromdichte $\dot{D}$ voll berücksichtigt. Die Materialien können wieder ideal oder real sein, homogen oder auch anisotrop.

Als Ergebnisse können **E**, **B**, **H** und die Stromdichte abgefragt werden.

5.8.3   Lösungsalgorithmen und Postprozessor

Als Lösungsalgorithmen werden verwendet:

1. SOR: Methode der Überrelaxation (Successive OverRelaxation)
2a. OCG: Konjugiertes Gradientenverfahren (Ordinary Conjugate Gradient)
2b. CGSSOR: Konjugiertes Gradientenverfahren mit SOR Vorkonditionierung
3a. OCOCG: Bikonjugiertes Gradientenverfahren (Ordinary Conjugate Orthogonal Conjugate Gradient)
3b. COCGSSOR: Bikonjugiertes Gradientenverfahren mit symmetrischer SOR Vorkonditionierung (Conjugate Orthogonal Conjugate Gradient Symmetric Successive OverRelaxation)

Einzelheiten hierzu entnehme man den zugehörigen Handbüchern, siehe /7a/.

Der Postprozessor P

Der Postprozessor P dient der weiteren Auswertung und Visualisierung der Ergebnisse. So können zum Beispiel in definierten Bereichen die Feldenergien oder die Verlustleistungen unter Berücksichtigung der Verlustwinkel von Spulen oder Kondensatoren berechnet werden. Ferner können Integrale ausgewertet werden: Elektrische oder magnetische Umlaufspannungen oder Ergiebigkeiten lassen sich berechnen. Auch kann man Verknüpfungen von Feldgrößen durchführen.

Interessant sind dabei die verschiedenen Visualisierungsmöglichkeiten durch zwei- oder dreidimensionale Vektorpfeile, oder durch Gitterplots, oder durch Konturplots skalarer Felder, oder von Vektorfeld-Komponenten.

Auch die Benutzung von Fensterausschnitten, das Zoomen, die Erstellung von Listen, Graphik unter XWindows, Hardcopy-Files, Grauwert- und Farbdarstellungen und anderes ist möglich.

5.8.4 Feldberechnung

Beispiel: Eine Feldberechnung im Zeitbereich läuft wie folgt ab:

1. Man überzieht das Feld mit zwei hinreichend großen Gitternetzen, die um die halbe Gitterweite $\delta s/2$ gegeneinander verschoben sind.

2. Man baut die vorhandenen elektrischen Elemente in geeigneter Weise ein.

3. Man gibt einen Startwert: Eine Spannung, ein Strom oder eine von links kommende elektromagnetische Welle vor.

4. Für den Fall einer einlaufenden Welle berechnet man aus den E-Werten des Zeitpunktes t und den H-Werten des Zeitpunktes $t - \delta t/2$ die neuen H-Werte für den Zeitpunkt $t + \delta t/2$.

5. Aus den H-Werten des Zeitpunktes $t + \delta t/2$ und den E-Werten zum Zeitpunkt t werden die neuen E-Werte des Zeitpunktes $t + \delta t$ berechnet.

Im Frequenzbereich sind lineare Gleichungssysteme zu lösen, die Resonanzfrequenzen oder in der Hochfrequenztechnik Eigenmoden zu ermitteln etc.

Anhang A

Glossar

Als **Abbildungsfunktion**
bei konformen Abbildungen bezeichnet man die Funktion $\underline{w} = f(\underline{z})$, wenn die
$\underline{w}$-Ebene das Homogenfeld enthält. Dann ist $\underline{z} = g(\underline{w})$ die Umkehrfunktion
der Abbildungsfunktion, die aus Gründen der Einfachheit oft ebenso als
"Abbildungsfunktion" bezeichnet wird.

Analytisch
oder **holomorph** oder **regulär** heißt eine komplexe Funktion $\underline{f}(\underline{z})$ in einem
Punkt $\underline{z} = \underline{z}_0$, wenn sie in einer Umgebung von $\underline{z}_0$ stetig und differenzierbar
ist. Im ganzen Gebiet G ist $\underline{f}(\underline{z})$ dann analytisch oder holomorph oder regulär,
wenn die komplexe Funktion diese Eigenschaft in jedem Punkt $\underline{z}$ des Gebietes
besitzt.

Anisotrop
nennt man Medien, deren elektrische oder magnetische Eigenschaften, zum
Beispiel die Leitfähigkeit, die Permeabilitäts- oder die Dielektrizitätszahl
richtungsabhängig sind.

Das **Biot-Savartsches Gesetz**
gestattet die Berechnung der von einem fiktiven stromdurchflossenen Linien-
element ds erzeugten magnetischen Feldstärke $d\mathbf{H}$ nach Betrag und Richtung.
Die Gesamtfeldstärke $\mathbf{H}$ eines Stromkreises in einem Punkte $P(x, y, z)$ erhält
man durch geometrische Überlagerung aller magnetischen Teilfeldstärken $d\mathbf{H}$
dieses Stromkreises.

Die **Cauchy–Riemannschen Differentialgleichungen**
lauten $\partial u/\partial x = \partial v/\partial y$ und $\partial u/\partial y = -\partial v/\partial x$. Sie beziehen sich auf komplexe Funktionen: $\underline{w}(\underline{z}) = u(x,y) + jv(x,y)$. Sind diese Differentialgleichungen in einem ganzen Gebiet G erfüllt, dann ist die komplexe Funktion $\underline{w}(\underline{z}) = u(x,y) + jv(x,y)$ in diesem Gebiet differenzierbar, das heißt: $d\underline{w}/d\underline{z}$ kann gebildet werden.

Divergenz

Die Divergenz oder *Quellendichte* ist die auf ein Volumenelement bezogene Quellenstärke oder, mit anderen Worten, die Volumendichte der Ergiebigkeit eines Vektorfeldes. Beispiel elektrische Flußdichte **D**: Dafür gilt $div\,\mathbf{D} = \eta$. Die Raumladungsdichte η ist die Divergenz oder Quellendichte eines elektrischen **D**–Feldes.

η,dv

Quelle
in dv

Die Divergenz berechnet man aus dem Hüllenfluß. Rechenvorschrift in rechtwinkligen Koordinaten:

$$div\,\mathbf{D} = \nabla\,\mathbf{D} = \frac{\partial D_x}{\partial x} + \frac{\partial D_y}{\partial y} + \frac{\partial D_z}{\partial z} = \eta.$$

Die Divergenz beschreibt Quellendichten als *Längsänderungen* eines Feldes im Kleinen. Sie können von Raumladungsdichten $\eta(x,y,z)$ oder von ortsabhängigen Materialeigenschaften, z.B. μ_r oder ϵ_r verursacht werden.

Das **Durchflutungsgesetz**

liefert einen Zusammenhang zwischen Leitungs– und Verschiebungsströmen einerseits und der davon erzeugten magnetischen Feldstärke andererseits: Die magnetische Umlaufspannung $\oint \mathbf{H} \cdot d\mathbf{s}$ ist gleich der Summe aller durch den Umlauf hindurchtretenden Leitungs– und Verschiebungsströme.

Ebene Felder

die beispielsweise in der x, y–Ebene liegen, haben keine Änderungen in Richtung $\mathbf{e}_z$. Für sie gilt: $\partial/\partial z = 0$. Ihre z–Komponente ist eine Konstante.

Eingeprägtes Potential

ist ein von außen erzwungenes, konstant vorgegebenes Potential. Eine eingeprägte Potentialdifferenz ist eine ebenfalls von außen erzwungene, starr vorgegebene Spannung.

Als **Elektrolytischen Trog**
bezeichnet man einen meist nichtleitenden Behälter mit einer leitfähigen
Flüssigkeit (z.B. Salzwasser), dem man eine komplexe Ebene zuordnet.
Dem Elektrolyten kann man Potentiale als Quellen und Senken einprägen.
Dies können auch Pole und Nullstellen gebrochen rationaler Übertragungs-
funktionen (z.B. von Filtern) sein. Im entstehenden Strömungsfeld können
die elektrischen Potentiale mit einer beweglichen Potentialsonde abgetastet
werden. So können beispielsweise auch Dämpfungsverläufe von Filtern durch
Abtasten des Potentials längs der imaginären Achse gewonnen werden.

Will man Verzerrungen am Trogrand weitgehend vermeiden, so gibt es mit
einem kreisrunden Trog nach /21/ die Möglichkeit, die Ausdehnung vom
Trogrand bis ins Unendliche in eine untere Troghälfte zu spiegeln. Als
Abbildungsfunktion dazu dient die Inversion am Einheitskreis $\underline{w} = 1/\underline{z}$. Siehe
folgenden Querschnitt durch einen solchen elektrolytischen Trog.

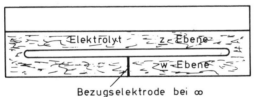

Bezugselektrode bei ∞

Ergiebigkeit
Die Ergiebigkeit oder Quellenstärke ist der aus der Hüllfläche eines endlichen
Volumens austretende elektrische Fluß $\psi = \Sigma Q_+ - \Sigma Q_-$. Ihn berechnet man
aus dem Hüllenintegral der elektrischen Flußdichte **D**, das auch als Gauß'scher
Satz bekannt ist .

Ersatzladungsverfahren
Um zum Beispiel an der Oberfläche eines dielektrischen Körpers eine
bestimmte Potentialverteilung zu erreichen, bringt man an zweckmäßig zu
wählenden Orten im Innern des Körpers sogenannte Ersatzladungen an.
Dies können Punkt-, Linien- oder Flächenladungen sein. Ihre Werte sind zu
berechnen. Handelt es sich im einfachsten Fall nur um Punktladungen, so ist
ein Gleichungssystem zu lösen. Hat man den Betrag der ladungen berechnet,
so kann die Potentialverteilung an der Oberfläche des Körpers damit überprüft
werden.

Finite Differenzen

sind endliche, aber kleine Differenzen, zum Beispiel von Potentialwerten, die man erhält, indem man ein felderfülltes Gebiet in der Ebene zweidimensional, im Raum dreidimensional mit einem Gitternetz überzieht. Nach dem Mittelwertsatz der Potentialtheorie werden in den Gitterpunkten die Potentiale berechnet, die "finite" Differenzen zu den Nachbarpotentialen haben.

Flußbelag

ist die magnetische Flußdichte $\mathbf{b}$ mit der Einheit Vs/m in einem dünnen, z.B. hochpermeablen Blech, wodurch die Sprungrotation $Rot\,\mathbf{E} = -\dot{\mathbf{b}} \neq 0$ ist. Damit gehen Tangentialkomponenten von $\mathbf{E}$ nicht mehr stetig durch das Blech hindurch.

Fouriersumme

P e r i o d i s c h e aber nicht sinusförmige (nichtharmonische) Vorgänge werden in streng harmonische (von $t = -\infty$ bis $t = +\infty$) andauernde Vorgänge zerlegt. Deren Sinus- und Cosinusamplituden werden berechnet. Das Frequenzspektrum der berechneten Amplituden ist diskret, d.h. es beginnt bei der Grundfrequenz des periodischen Vorgangs und hat Schwingungen bei ganzzahligen Vielfachen der Grundfrequenz. Theoretisch reichen die Frequenzen bis unendlich. Die Amplituden nehmen aber mit zunehmender Frequenz ab, so daß sie ab einer bestimmten Ordnung vernachlässigt werden können.

Fouriertransformation

E i n m a l i g e, nichtperiodische Vorgänge werden mit der Fouriertransformation in streng periodische Vorgänge zerlegt. Das Amplitudenspektrum (Amplituden abhängig von der Frequenz) ist kontinuierlich, d.h. die Spektrallinien liegen unendlich dicht nebeneinander. Die Amplituden nehmen ab einer bestimmten Frequenz kontinuierlich ab. Die zugehörigen Schwingungen können daher ab einer wählbaren Grenzfrequenz vernachlässigt werden.

Geschlossenes Feld

Ein "geschlossenes" Feld hat nur in einem endlichen, abgegrenzten Bereich von null verschiedene Werte. "Offene" Felder dagegen reichen theoretisch bis ins Unendliche.

Gradientenverfahren
Ein Verfahren, das bei einer numerisch durch ihre Randbedingungen oder
analytisch gegebenen Funktion in finiten Schritten den Gradienten als
Suchrichtung verwendet, um den Extremwert der Funktion zu finden.

Holomorph
siehe **analytisch**.

Das Induktionsgesetz
in Integralform beschreibt die in einem geschlossenen Umlauf induzierte
Umlaufspannung. Sie ist gleich der diesen Umlauf durchsetzenden zeitlichen
Abnahme des magnetischen Flusses: $u(t) = -\dot{\phi}_m(t)$.
Das Induktionsgesetz in Differentialform ist die zweite Maxwellgleichung.

Inhomogen
sind alle jene Materialien, deren skalare Eigenschaften (z.B. μ oder ϵ)
ortsabhängig sind. Inhomogene Felder haben eine ortsabhängige Feldstärke.

Ein komplexes Potential
ohne elektrische Einheit sei: $w(z) = u(x,y) + jv(x,y)$. Dabei sind $u(x,y)$ und
$v(x,y)$ orthogonal zueinander wirkende Potentiale. Sie sind Skalarpotentiale
und genügen der Laplace'schen Potentialgleichung. Sie lösen zueinander duale
feldtheoretische Aufgaben. (Siehe auch konjugierte Potentiale.)

Konforme Abbildungen
Ist $\underline{w} = f(\underline{z})$ und $\underline{z} = x + jy$, dann können ebene inhomogene Feldprobleme,
die in der $\underline{z}$–Ebene auftreten, auf ein Homogenfeld in der $\underline{w}$–Ebene abgebildet
werden. Allerdings gibt es keine Methode zum Ermitteln der geeigneten
Abbildungsfunktion (ausgenommen die Methode nach Schwarz–Christoffel,
siehe dort). Man benötigt daher einen Vorrat an Abbildungsfunktionen, um
feststellen zu können, ob eine davon zur Lösung des eigenen Feldproblems
geeignet ist.

Konjugiertes Gradientenverfahren

Wird die Suchrichtung des Gradientenverfahrens beispielsweise durch Vektor-addition oder durch Bewertung mit einer Matrix verändert, so sind diese neue Suchrichtung und die Suchrichtung des Gradienten konjugierte Richtungen zueinander. Stehen beide Richtungen senkrecht aufeinander, dann geht der allgemeine Fall konjugierter Richtungen in den Sonderfall orthogonaler Richtungen über. Derart konjugierte Richtungen werden beim konjugierten Gradientenverfahren verwendet, um den Extremwert einer Funktion zu finden. (Siehe auch Gradientenverfahren.)

Konjugierte Potentiale

Wir verstehen darunter orthogonale Potentiale $u(x, y)$ und $v(x, y)$. Sie beide genügen den Cauchy–Riemannschen und daher auch der Laplaceschen Differentialgleichung und lösen, da Linien $u = const$ und $v = const$ senkrecht aufeinander stehen, duale Feldaufgaben als Äquipotential– und Feldlinien.

Die **Laplacesche Potentialgleichung**

$\Delta \phi(x, y, z) = 0$ ist bei quellenfreien Feldern stets erfüllt. Δ ist der Laplace–Operator, in rechtwinkligen Koordinaten: $\Delta = \partial^2/\partial x^2 + \partial^2/\partial y^2 + \partial^2/\partial z^2$.

Maxwellgleichungen

nennt man die beiden Grundgleichungen des Durchflutungs– und Induktions-gesetzes in Differentialform mit den zugehörigen Materialgleichungen:

$$rot\, \mathbf{H} = \mathbf{J} + \dot{\mathbf{D}} \qquad \mathbf{D} = \epsilon\, \mathbf{E}$$

$$rot\, \mathbf{E} = -\dot{\mathbf{B}} \qquad \mathbf{B} = \mu\, \mathbf{H}$$

Gelegentlich werden auch $div\, \mathbf{D} = \eta$ und die Sprungänderungen $Div\, \mathbf{D} = \sigma$ und $Rot\, \mathbf{H} = \mathbf{j}_a$ hinzugenommen.

Meßgröße

nennt man eine mit Meßgeräten technisch zu erfassende physikalische (elektrische oder nichtelektrische) Größe.

Meßwert

ist das am Ausgang einer Meßeinrichtung zur Verfügung stehende elektrische Meßergebnis.

Mittelwertsatz der Potentialtheorie

Nach diesem Mittelwertsatz wird ein Potentential ϕ_0 als örtlicher Mittelwert aus seinen Nachbar– oder Umgebungspotentialen, z.B. in der Ebene ϕ_1 bis ϕ_4 (Viereckformel) oder ϕ_1 bis ϕ_6 (Sechseckformel) berechnet.

Linear polarisierte Felder

sind Vektorfelder mit nur einer einzigen Richtung im Raum.

Als Linienladung bzw. Linienleiter

bezeichnet man die auf einem unendlich dünnen Leiter gleichmäßig verteilte Ladung (z.B. Q/l) bzw. die in diesem Leiter vorhandene endliche Stromstärke I. Der Linienleiter ist die Idealisierung eines realen Leiters, die Linienladung die Idealisierung eines realen Ladungsträgers.

MAFIA

ist ein Programmpaket: Lösung der Maxwellgleichungen durch finiten Integrations–Algorithmus. Die Integralformen der Maxwellgleichungen werden im Kleinen iterativ gelöst. Das Programmsystem ermöglicht das Lösen vieler spezieller Rechenprobleme auch in anisotropen Medien und deren unterschiedlichste Präsentation.

Als Momentenmethode

bezeichnet man eine besonders für Hochfrequenz (Leiterlängen in der Größenordnung der Wellenlängen) geeignete Methode zur Berechnung der elektrischen Ströme und daraus wieder der elektrischen und der magnetischen Feldstärken.

Beim Monte–Carlo–Verfahren

handelt es sich um ein statistisches Verfahren zur Berechnung der Feldstärke besonders von ebenen, bevorzugt geschlossenen Feldern in nur wenigen Feldpunkten. Man durchläuft dabei, von einem Zufallsgenerator gesteuert, das Gitternetz iterativ.

Die Poissonsche Potentialgleichung

$\Delta\phi(x,y,z) = -\eta/\epsilon$ gilt dort, wo ein Feld aus seinen Raumladungsdichten $\eta(x,y,z)$ zu berechnen ist. Δ ist der Laplace–Operator. Er lautet in rechtwinkligen Koordinaten: $\Delta = \partial^2/\partial x^2 + \partial^2/\partial y^2 + \partial^2/\partial z^2$.

Quasistationäre Felder

sind Felder mit nur langsamer zeitlicher Änderung. Meist sind dies Felder ohne Antennenstrahlung. Man kann auch sagen, es handelt sich um Felder, deren Leitungslängen viel kleiner sind als ihre Wellenlängen.

Quellen

Es gibt elektrische und magnetische Quellen eines Feldes.

Elektrische Quellen sind nicht nur Elektronen und Defektelektronen, sondern auch polarisierte Stirnflächen von Dielektrika. Siehe "Sprungdivergenz". Aber auch stetige Ortsabhängigkeiten der Dielektrizitätszahl sind Quellen von **E**.

Magnetische Quellen als isolierte Einzelpole kennt man bisher nicht. Stets gilt $Div\,\mathbf{B} = 0$ oder $B_{1n} = B_{2n}$. Allerdings sind polarisierte magnetische Stirnflächen (Polflächen), die senkrecht von magnetischen Feldkomponenten durchsetzt werden, Quellen von **H**. Aber auch stetige Ortsabhängigkeiten der Permeabilitätszahl sind Quellen von **H**.

Quellendichte

siehe **Divergenz**

Randwerte

1. Art, nach Dirichlet: Bei einem gegebenen Rand ist die Potentialfunktion längs dieses Randes gegeben. Bei n Rändern einer Potentialwertaufgabe sind auch n Potentialfunktionen ϕ_R gegeben. Handelt es sich um metallische Ränder, so sind sie Äquipotentialflächen und die Potentialfunktionen vereinfachen sich zu n Potentialwerten.

2. Art, nach Neumann: Bei n Rändern sind die n senkrecht darauf stehenden (Komponenten der) Randfeldstärken $\partial\phi/\partial\mathbf{n}$ als Funktionen gegeben. Handelt es sich um metallische Ränder, so existieren nur diese Normalfeldstärken.

3. Art, nach Cauchy–Riemann: Bei n metallischen Rändern sind n–m Randpotential-Funktionen und m (Komponenten der) Randfeldstärken $\partial\phi/\partial\mathbf{n}$ gegeben.

Reguläre Funktionen
siehe **analytisch**.

Rotation

Beispiel erste Maxwellgleichung für Gleichstrom I: Die Stromdichte **J** ist die Wirbelursache, *Wirbeldichte* oder Rotation eines davon erzeugten Magnetfeldes der Feldstärke **H**. Dort, wo **J** vorkommt, ist **H** wirbelhaft, es gilt: *rot* **H** = **J**; wo dagegen **J** = 0 ist, gilt: *rot* **H** = 0. Bei Wechselstrom ist die Leitungsstromdichte um die Verschiebungsstromdichte **Ḋ** zu ergänzen. Ist sie ungleich null, so ist sie, ebenso wie Leitungsstromdichte, Wirbelursache, *Wirbeldichte* oder Rotation eines davon erzeugten Magnetfeldes. Analoges gilt für die zweite Maxwellgleichung.

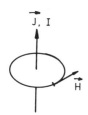

Definition der Herleitung entsprechend: *rot* **H** ist die auf eine gegen null gehende Fläche a bezogene, richtungbehaftete magnetische Umlaufspannung $\oint \mathbf{H} \cdot d\mathbf{s}$.

Praktische Rechenvorschrift: In rechtwinkligen Koordinaten ist sie als Determinante zu berechnen:

$$rot\ \mathbf{H} = \nabla \times \mathbf{H} = \begin{vmatrix} \mathbf{e}_x & \mathbf{e}_y & \mathbf{e}_z \\ \frac{\partial}{\partial x} & \frac{\partial}{\partial y} & \frac{\partial}{\partial z} \\ H_x & H_y & H_z \end{vmatrix}$$

Die Rotation bezieht sich auf die Differenz von Queränderungen des Feldes im Kleinen.

Schwarz–Christoffelsche–Abbildungen

sind konforme Abbildungen ebener Feldprobleme, deren Ränder nur aus Geradenstücken (Teilebenen) bestehen. Bei ihnen kann die Abbildungsfunktion $\underline{w} = f(\underline{z})$ aus den gegebenen Winkeln über eine komplexe Zwischenebene (die $\underline{t}$-Ebene) ermittelt werden. Allerdings macht das Verfahren mathematische Schwierigkeiten, wenn mehr als vier bis fünf Winkel vorkommen. Diese Schwierigkeiten sind zu umgehen, wenn ein Teil des Feldes homogen ist.

Singuläre Punkte

einer komplexen Funktion $\underline{f}(\underline{z})$ sind dort, wo $d\underline{f}/d\underline{z} = 0$ oder $d\underline{f}/d\underline{z} = \infty$ wird. In solchen Punkten ist die komplexe Funktion $\underline{f}(\underline{z})$ nicht analytisch. Eine konforme Abbildung ist in solchen Punkten nicht winkeltreu. Diese Punkte werden mitunter auch "Verzweigungspunkte" genannt.

Skalarpotentential

nennt man die skalare Ortsfunktion $\phi(x, y, z)$, aus der ein wirbelfreies, zum Beispiel elektrisches Feld durch $\mathbf{E} = -grad\,\phi$ berechnet werden kann.

SOR

ist eine Abkürzung für **S**uccessive **O**ver**R**elaxation, ein iteratives Verfahren der Überrelaxation.

Als Spiegelungsverfahren

bezeichnet man die Möglichkeit, bei ausgewählten Geometrien die Feldstärke elektrischer Felder unter Hinzunahme von Hilfs– oder Spiegelladungen berechnen zu können. (Dies geht nur in Halbräumen oder Teilräumen, mit metallische Halbebenen, für deren Öffnungswinkel γ gilt: $360^0/\gamma$ = geradzahlig.)

Sprungdivergenz

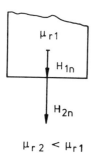

μ_{r1}

H_{1n}

H_{2n}

$\mu_{r2} < \mu_{r1}$

Am Beispiel der **magnetischen Feldstärke** ist die Sprungdivergenz gleich der Differenz zweier beidseitig senkrecht auf eine Grenzfläche auftreffenden Vektoren oder deren senkrecht aufeinander stehenden Komponenten. Rechenvorschrift: $B_{1n} = B_{2n}$, daher: $Div\,\mathbf{H} = \mathbf{n}_{12} \cdot (\mathbf{H}_2 - \mathbf{H}_1) = H_{2n} - H_{1n}$.

Tritt die Komponente eines **elektrischen Feldes** senkrecht durch eine Grenzfläche zweier Dielektrika mit unterschiedlicher Dielektrizitätszahl ($D_{2n} = D_{1n}$), so ist diese Grenzfläche eine Quelle von $\mathbf{E}$.

Flächenladungsdichten σ sind Sprungquellen für $\mathbf{E}$ und für $\mathbf{D}$. Die Sprungdivergenz ist ein Skalar.

Sprungrotation

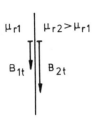

μ_{r1} | $\mu_{r2} > \mu_{r1}$

B_{1t} | B_{2t}

Beispiel magnetische Flußdichte $\mathbf{B}$: Die Sprung-rotation oder der Sprungwirbel eines Flußdichte-Feldes ist gleich der Differenz der tangential bei-derseits der Grenzfläche vorhandenen Vektoren. Definition: $Rot\,\mathbf{B} = \mathbf{n}_{12} \times (\mathbf{B}_2 - \mathbf{B}_1) = \mathbf{B}_{2t} - \mathbf{B}_{1t}$. $\mathbf{B}_{2t}$ und $\mathbf{B}_{1t}$ sind Vektoren. Sie werden, falls Strom-belag innerhalb der Grenzfläche auftritt, nicht parallel zueinander verlaufen, gehen also nicht stetig durch die Grenzfläche hindurch.

Streng stationäre Felder

sind Felder, die zeitlich exakt konstant sind. ("Stationär" heißt eigentlich "ortsfest", gemeint ist aber stets "zeitlich konstant".)

Srombelag

nennt man die in einer dünnen, leitfähigen Fläche (z.B. einer Folie) vorhandene Stromdichte $\mathbf{j}_a$. Sie hat im Gegensatz zur üblichen Stromdichte die Einheit A/m.

Ein Vektorpotential A

ist das wirbelhaften Feldern zuzuordnende richtungsbehaftete Potential im Gegensatz zum Skalarpotential wirbelfreier Felder. Beispiel: $\mathbf{B} = rot\,\mathbf{A}$. Magnetische Flußdichte ist die Wirbeldichte eines magnetischen Vektorpoten-tials.

Verzweigungspunkte

bei konformer Abbildung sind jene Punkte in der komplexen Ebene, in denen die Funktion $d\underline{z}/d\underline{w} = f'(z)$ gleich 0 oder gleich ∞ wird. In solchen Punkten ist $\underline{z}(\underline{w})$ nicht analytisch. Beispiel: Der Nullpunkt bei Potenzabbildungen.

Wellenzahl

oder **Phasenkonstante** ist $k_0 = \beta = \omega\sqrt{\epsilon\mu}$. Ihre Einheit ist $[k_0] = 1/m$. Sie hängt eng zusammen mit der Wellenlänge: $\lambda = 2\pi/k_0 = 2\pi/\beta$ oder $\beta \cdot \lambda = 2\pi$.

Wirbeldichte
siehe **Rotation**

Ein zirkular polarisiertes Feld
liegt vor, wenn die Spitze des Feldvektors (z.B. in einer Welle) mit
fortschreitender Zeit einen Kreis beschreibt. Ein Sonderfall davon ist die
elliptische Polarisation.

Die Zirkulation
oder **Wirbelstärke** eines Vektorfeldes ist gleich der der Umlaufspannung.
Beispiel 1: Die Zirkulation oder Wirbelstärke im magnetischen Feld **H** ist
gleich der magnetischen Umlaufspannung. Sie erhalten wir in der Integralform
der ersten Maxwellgleichung:

$$Z_{mag} = \oint \mathbf{H}\, d\mathbf{s} = \iint (\mathbf{J} + \dot{\mathbf{D}})\, d\mathbf{a} = \sum \mathbf{i} + \sum \dot{\mathbf{Q}}(\mathbf{t}),$$

wobei diese Ströme den Umlauf **s** des Umlaufintegrals durchdringen.

Beispiel 2: Die Zirkulation im elektrischen Feld ist gleich der elektrischen
Umlaufspannung: Sie erhalten wir aus der Integralform der zweiten Maxwellgleichung:

$$Z_{el} = \oint \mathbf{E}\, d\mathbf{s} = -\iint \dot{\mathbf{B}}\, d\mathbf{a},$$

wobei die magnetische Flußänderung $\dot{\phi}(t)$ den Umlauf **s** des Umlaufintegrals
durchdringt.

Anhang B

Literatur

/1/ **Betz, A.**, Konforme Abbildung, Springer 1964

/2/ **Binns, K.J. u. P.J. Lawrenson**: Analysis and Computation of Electric and Magnetic Field Problems, Pergamon Press, 2. Aufl., 1973

/3/ **Buchholz, H.**, Elektrische und magnetische Potentialfelder, Springer 1957

/4/ **Durand, E.**, Electrostatique et Magnetostatique, Masson Paris, 1953

/4a/ **Gonschorek, K.H.** und **H. Singer**, Elektromagnetische Verträglichkeit, B.G. Teubner Stuttgart, 1992

/5/ **Kober, H.**, Dictionary of Conformal Representations, Dover Publications, New York 1957

/6/ **Koppenfels W. von u. F. Stallmann**, Praxis der konformen Abbildung, Springer 1959

/7/ **Lehner, Günther**, Elektromagnetische Feldtheorie für Ingenieure und Physiker, Springer–Lehrbuch, 1990

/7a/ **The MAFIA Collaboration**, MAFIA Release 3.1 (Benutzer-
handbuch), 1990.
Das Softwareprodukt **MAFIA** ist zu beziehen durch: CST Gesell-
schaft für Computer–Simulationstechnik mbH, Lauteschlägerstr.
38, Darmstadt

/7b/ **MATHEMATICA** als Softwareprodukt gibt es in verschiedenen
Versionen von der **Wolfram Research, Inc.** Europäische
Vertretung: Wolfram Research Europe Ltd., Evenlode Court, Main
Road, Long Hanborough, OXON QX8 2LA, England

/8/   **Nehari**, Conformal Mapping, Mc Graw Hill, 1952

/9/   **Ollendorf**, Potentialfelder der Elektrostatik, Springer 1932

/10/ **Prinz, Hans**, Hochspannungsfelder, Oldenbourg, 1969

/11/ **Reiß, Karl**, Deformation des Potentialfeldes einer Punktladung
durch eine kugelförmige Materialinhomogenität, Archiv für
Elektrotechnik, 74 (1990), S. 135 – 144

/12/ **Reiß, Karl**, Erzeugung von Lösungsklassen für feldtheoretische
Zweimedienprobleme aus speziellen Dirichlet– und Neumann–
Lösungen, Archiv für Elektrotechnik, 72 (1989), S.219-223

/13/ **Sauer, R. u. I. Szabo**, Mathematische Hilfsmittel des Ingenieurs,
Teil I, Springer 1967

/14/ **Scheible, J.**, Die Lösung des feldtheoretischen Viermedien-
problems, Archiv für Elektrotechnik 75 (1991), S. 9–17

/15/ **Schwarz, H.R.**, Methode der finiten Elemente, Eine Einführung
unter besonderer Berücksichtigung der Rechenpraxis, Teubner, 3.
Auflage 1991

/16/ **Shadowitz, Albert**, The Electromagnetic Field, International
Student Edition, Mc Graw–Hill 1975

/17/ **Schwab, Adolf**, Begriffswelt Feldtheorie, Springer, 4. Aufl. 1993

/18/ **Silvester, P.P. und R.L.Ferrari**, Finite Elements for Electrical Engineers, Cambridge University Press, 1983

/19/ **Simonyi, Karoly**, Theoretische Elektrotechnik, VEB Berlin, 1973

/20/ **Strassacker, G.** Rotation, Divergenz und das Drumherum, eine Einführung in die elektromagnetische Feldtheorie, Teubner, 3. Aufl. 1992

/21/ **Strassacker, G. u. K. Damian** Der elektrolytische Trog als Analogrechner für Vierpolprobleme, Zeitschrift für angewandte Physik, 25. Band, 2. Heft, 1968, S. 90–94

/22/ **Vitkowitch, D.**, Field Analysis, Experimental and Computational Methods, Van Nostrand 1976

/23/ **Weber, E.**, Electromagnetic Fields, Theory and Applications, Bd. 1, Mapping and Fields, Chapman Hall, London, 1950

/24/ **Weiland, Th.**, Die Diskretisierung der Maxwellgleichungen, Ein allgemeines Verfahren zur Berechnung elektromagnetischer Felder und seine Anwendung in Physik und Technik, Physik. Blätter, 42(1986) Nr.7

Index

Ähnlichkeit konformer Abb. 46 f
analytische Funktion 41, 216
Äquipotentiallinien 39,
   Bestimmung der – 132 f
Abbildung, konforme 43 ff
   – elliptischer Zylinder 72 f
   – exzentrischer Zylinder 67
   – für das Zweierbündel 77 ff
   – für Linienleiter in Ecke 85 ff
   – hyperbolischer Flächen 72 f
   – nach dem Maxwellansatz 75 f
   – $\underline{w} = \sqrt{\underline{z}^2 + B^2}$ 82 ff
   – $\underline{z} = \underline{w}^{-1}$ 61 ff
   – $\underline{z} = Exp(\underline{w})$
   – $\underline{z} = \underline{w}^{1/2}$ 55 ff
   – $\underline{z} = a \; sin \; \underline{w}$ 71 ff
Abbildungsfunktion 43, 51, 213
   Definition der – 53
Ableitungen $d\underline{w}/d\underline{z}$ 44 ff
Achtpunkteformel 116
Ableitungen, partielle 45 f, 135 ff
analytische Funktion 39, 41 f, 213
Anisotropie 130, 213
Bedingungen für das Spiegelungs-
   verfahren 29
Biot–Savart 158 ff, 160 ff
   – numerisch 160 ff
   – segmentiert 160 f, 163
Biot–Savartsche Regel 159 f, 213
Brechungsgesetze,
   – für das elektrische Feld 6
   – für das magnetische Feld 6
Bündelfluß 158 f, 163

Cauchy–Riemann 36, 37 f, 40f, 44,
   48, 135, 214
   Anwendung von – 135 ff
   Feldlinienbestimmung nach –
   135 ff
   numerisches Beispiel nach –
   139-149
Dünndrahtleiter 170 ff
Diagonalformel 114
Differentialgl. des Vektorpot. 31
Differenzenverfahren bei homogenen
   Materialien 129
   Abbruch des – 127
   – bei inhomogenen Mat. 129 f
   – höherer Ordnung 150
   – mit Großrechnern 124 ff
   – dreidimensional 129
Diffusionsgleichung 165
Divergenz 4 ff, 36, 39, 169, 214
DK–Formel 115
Doppelleiter, Feldlinienbild 79
Durchflutungsgesetz 1, 3, 214
   Beispiele zum – 3 f
ebene Potentialfelder 35 ff, 53 ff, 100
   ff, 111 ff
Eichfaktor
   – bei homogenem Feld 54, 58 f
   – bei radialhomogenem Feld 59,
   66
elektrische Feldstärke 2 ff
elektrischer Fluß 4
elektrolytischer Trog 144, 214 f
elektrostatisches Feld 10 f

Energieinvarianz 89 ff
Ergiebigkeit 5, 215
Ersatzladungsverfahren 186 ff, 215
  - mit Beispiel 188
  Gleichungssystem des - 188 f
  Potentialberechnung beim - 187
  Potentialkoeffizienten beim -
  187 ff
Exponentialabbildung 64 ff
Exzentrische Kreiszylinder 67 ff
Feld,
  ebenes 214
  geschlossenes 217
  linear polarisiertes 219
  quasistationäres 220
  zirkular polarisiertes 224
Feld zwischen zwei Zylindern 63 f
Feld, linear polarisiertes 218
Feldberechnung bei konf. Abb. 47 ff
feldbestimmender Winkel 54 f
Feldlinienbestimmung 132 ff
Feldstärke magnetische 169
Feldstärke, elektrische 168 ff
  - elektrische in segmentiertem
  Leiter 172
finite Differenzen 111 ff, 216
  - mit Workstations 124 ff
  - Beispiel 1, 122 ff
finite Elemente
  - Approximationsfunktion 194 f
  - Elementegleichungen 196 f
  - Elemente, -matrix 196 f
  - Ermittlung der Systemmatrix
  198 ff
  - Methode 191 ff
  - Randbedingungen 200 f
  - Zerlegung in Dreiecke 194
Flächenladungsdichte 4
Flächensegmentierung 170

Fluß, elektrischer 168
Flußberechnung, magnetisch 163
Flußdichte, magnetische 168
Flußdichte u. Vektorpotential 31
Folgeabbildungen 84 ff
Formeln für konf. Abbildung 51
Fouriersumme 216
Fouriertransformation 178, 216
Gauß'scher Satz 4 f
Geraden in der w-Ebene 57
Gesetz nach Biot-Savart 158 ff
Gradient 49
Gradientenfeld 8, 9 ff, 36
Gradientenverfahren 218
graphische Integration 132 ff
Grenzfläche bei verschiedener Leit-
  fähigkeit 120
Hüllenfluß 5
Helmholtz-Gleichung 166 f
holomorph 41, 217
Homogenisierung des Feldes 57 ff, 97
Induktionsgesetz 217
Inhomogenität 217
Induktivität
  äußere 159
  innere 159
Induktivitätsberechnung 159 ff
Invarianz der Kapazität 89 ff
  - der Energie 89 ff
Iterationen mit Großrechnern 124 ff
Iterationen mit Workstations 124 ff
  - Abbruch 127
Kapazitätsinvarianz 89 ff
Kapazitätsmatrix 198
Knotenpotential bei diskretisierten
  Leitwerten 119
komplexe Variablen 40 ff
komplexes Potential 39 ff, 217
konforme Abbildungen 50, 53 ff, 217

Feldberechnung bei – 47 ff
– Folgeabbildungen 84 ff
Formeln der – 51
Grundlagen der – 43 ff
Praxis der – 53 ff
konjugiertes Gradientenverfahren 218
konjugierte Potentiale 41 ff, 218
   – Anwendungen nach Cauchy-
      Riemann 137 ff
Konvergenzfaktor 155
Kreiszylinder, exzentrische 67 ff
Ladungsdichte 12, 167 ff
   – kugelsymmetrisch 13 f
   – zylindersymmetrisch 12 f
Laplace–Gleichung 8, 40
   Lösungen der – 10 ff
Laplace–Operator 8
Leitersegment, reales 175
linear polarisiertes Feld 219
Linienleiter 14 ff, 161, 170 ff, 219
   – segmentiert 163
MAFIA 202 ff, 219
   Gitternetze bei – 205f
   Induktionsgesetz bei – 203 f
   modularer Aufbau von – 206ff
   Randwerte bei – 203
magnetische Feldstärke 3 ff
magnetische Flußdichte 2 ff
magnetischer Flußbelag 7, 216
magnetisches Streufeld 4
MATHEMATICA 88 f
matrizielle Lösungen 127 f
Maxwellansatz 75 ff
Maxwellgleichungen 2 ff, 218
Meßgröße 218
Meßwert 218
Mittelwertsatz d. Potentialtheorie
   184, 219
Momentenverfahren 165 ff, 219

– Anregungen, elektrische 177 f
– Anwendungen 170 ff
– Basisfunktionen 173
– Beispiel Dipol 174 f
– Beispiel Stabantenne 180 f
– Flächenstrukturen 170, 176 f
– Gleichungssystem 174, 181 f
– Kopplungsmatrix 174 ff
– Kopplungswiderstände 179
– Praxis 173 ff, 178
– Randwerte 179
– Vorgehensweise 178 f
Monte–Carlo–Verfahren 184 ff, 219
– Beispiel 185 f
Nabla 8
numerische Verfahren 111 ff
orthogonale Potentiale 39
Ortsfunktion, skalare 36
Permittivitätsmatrix 198
Phasenkonstante 167
Plotten von Feldlinien 88 ff
Plotten von Potentiallinien 88 ff
Poissongleichung 8, 219
Polygonabbildungen 92 ff
Potential,
   eingeprägtes 214
   skalares 222
Potentialgleichung 9,
   Lösungen der – 9 ff
Potentialtheorie, Mittelwertsatz 184,
   219
Potenzfunktionen 54 ff, 59
Potenzabbildungen 60
Praxis konformer Abbildung 53 ff
Programmpaket MATHEMATICA
   88 f, 202 ff
quasistationäres Feld 220
Quellen 219
Quellen–dichte 5 ff, 169, 219

–feld 4 ff
–freiheit 36
Radialfeldeingabe 62 f
Randgebietsformel 114
Randbedingungen 14, 18 ff, 29, 179
Randwerte 167, 179, 220
Raumladungen 5
Raumladungsdichte 4, 11 ff
reguläre Funktion 41, 213
Relaxationsverfahren 151 ff
  – handgerechnet
  – mit Großrechnern 153 ff
  – mit PC 153 ff
  – dreidimensional 151, 157
  Lösung der Poissongleichung mit
    – 155 ff
Rotation 2 ff, 221
Runddraht Idealisierung 163 f
Schwarz–Christoffel Abb. 92 ff, 221
  – Ecke gegen Ebene 94 ff
  – Ecke gegen Ecke 105 ff
  – Halbebene gegen Ebene 102 ff
  – Rechenerleichterungen 101
  – rezeptartig 100 ff
Sechseckformel 150
Segmentierung eines Volumens 167
Separation der Variablen 10 ff
Separationsansatz 165 f
Simultanabbildung durch Maxwell-
    ansatz 75 ff
singuläre Punkte 42, 221
Skalarpotential 8 ff, 222
Spannung, elektrische 169
  – in segmentiertem Leiter 172
Sperrfläche 9
Spiegelladungen 14 ff,
  Feldberechnungen mit – 15 ff
Spiegelungsverfahren 14 ff, 222
  – bei metallischen Ecken 26 ff

  – beim Zweimedienproblem 18 ff
Sprungdivergenz 7, 222
Sprungrotation 7, 223
Sprungwirbel,
  – elektrische 7
  – magnetische
streng stationäres Feld 223
Strombelag 176, 223
Strömungsfeld 117
Stromdichte 3 ff
Stromfunktion 36 ff
Stromlinienbestimmung 133
Stromverdrängungsgleichung 165
Taylorreihe 112 f
Telegraphengleichung 165
trigonometrische Abbildung
  $\underline{z} = a \sin \underline{w}$ 71 ff
Überrelaxation 155, 157
Vektorpotential 30 ff, 168 ff, 223
  Differentialgleichung des – 31
  Lösungen der Dgl. des – 32, 37
  magnetisches – 30 ff
Verbesserung der Konvergenz 130 f
Vergleich: Statik – Strömungsfeld
    117
Verschiebungsstromdichte 1 f, 4
Verzweigungspunkte 138, 143, 223
Viereckformel 112 f
  – mit Leitwerten 118
Viererbündel, Feldlinienbild 81
vollständige Ableitg. analyt. Funktionen
    45
  konf. Abb. des – 79 ff
Wärmeleitungsgleichung 165
$\underline{w}$–Ebene 50 ff
$\underline{w}$–Ebene mit Plattenkondensator 56
    ff
Wellengleichung 165
Wellenzahl 167, 223

Winkeltreue konformer Abbildungen
        46 ff
Wirbel an Grenzflächen 6 ff
Wirbeldichte 2 ff, 35 f, 224
Wirbelfelder 2, 3
    – wirbelfreie 2, 3, 9
    – wirbelhafte 3

wirbelfreie Felder 8 ff
z–Ebene 50 ff
zirkular polarisiertes Feld 224
Zirkulation 224
Zweierbündel, konf. Abb. 77 ff
Zweimedienproblem 18 ff